中央空调安装与维修全攻略

韩雪涛 主 编
吴瑛 韩广兴 副主编

机械工业出版社
CHINA MACHINE PRESS

本书以国家相关职业资格要求为标准，以市场就业为导向，采用图解和视频二维码结合的互动学习模式，全面系统地讲解了中央空调安装、调试、维护与维修的专业知识和技能。根据中央空调的技术特点和行业从业的培训特色，本书将中央空调安装调试维修的知识技能划分为15个模块，包括：中央空调基础知识；风冷式中央空调结构原理；水冷式中央空调结构原理；多联式中央空调结构原理；中央空调安装施工的管材配件；中央空调安装工具；制冷管路加工连接；抽真空和充注制冷剂；中央空调室外机规划安装；中央空调管路系统施工安装；中央空调室内机规划安装；中央空调常见故障检修；中央空调管路系统检修技能；中央空调电路系统的检修技能；中央空调调试检修案例。

本书可作为专业技能认证的培训教材，也可作为各职业技术院校的实训教材，同时适合中央空调设备生产、安装、维护及维修的技术人员和广大电工电子技术爱好者阅读。

图书在版编目（CIP）数据

中央空调安装与维修全攻略/韩雪涛主编．—北京：机械工业出版社，2024.3
ISBN 978-7-111-74565-5

Ⅰ．①中… Ⅱ．①韩… Ⅲ．①集中式空气调节器–安装②集中式空气调节器–维修 Ⅳ．① TB657.2

中国国家版本馆 CIP 数据核字（2024）第 028117 号

机械工业出版社（北京市百万庄大街22号　邮政编码100037）
策划编辑：任　鑫　　　　责任编辑：任　鑫　闾洪庆
责任校对：梁　园　李　婷　　封面设计：马若濛
责任印制：李　昂
河北泓景印刷有限公司印刷
2024年4月第1版第1次印刷
184mm×260mm・21.5 印张・632 千字
标准书号：ISBN 978-7-111-74565-5
定价：99.00 元

电话服务　　　　　　　网络服务
客服电话：010-88361066　机 工 官 网：www.cmpbook.com
　　　　　010-88379833　机 工 官 博：weibo.com/cmp1952
　　　　　010-68326294　金 书 网：www.golden-book.com
封底无防伪标均为盗版　机工教育服务网：www.cmpedu.com

前言

近年来，随着人们生活水平的提升和对生活居住环境舒适度要求的提高，国内外的中央空调企业不断加大研发投入，推出了更节能、智能、环保、舒适的中央空调产品，以适应不同用户的个性化需求。

新产品的升级和技术的创新带动了整个中央空调行业的发展。作为技术密集型行业，中央空调的安装、调试与维护维修等一系列新型岗位的社会需求强烈，广阔的市场前景带动了行业服务的整体发展，越来越多的学习者希望从事相关的工作。但是这些新型岗位都具有明显的技术特色，需要从业人员具备专业知识和熟练的操作技能。然而现实中在中央空调专业化技能培训方面存在严重的脱节，尤其是相关培训教材难以适应岗位就业的需求，难以在短时间内向学习者传授专业、完善的知识技能。

针对上述情况，我们策划编写了本书。

1. 在策划编写方面

本书在编写过程中充分考虑到中央空调从业者的技术特点和学习习惯，对中央空调的岗位需求进行了充分的调研，在知识构架上将传统教学模式与岗位就业培训相结合，以国家职业资格要求为标准，以上岗就业为目的。

2. 在内容编排方面

本书充分考虑社会岗位需求，根据中央空调的专业培训特点对实际工作中的岗位进行细化，与培训的知识内容相融合，对实际工作中的操作案例进行知识技能的拆分，注重内容的专业性，知识讲解以实用、够用为原则，减少繁琐且枯燥的概念论述和单纯的原理说明。所有知识都以技能为依托，通过案例引导式学习，让读者真正得到技能的提升，真正能够指导就业和实际工作。

3. 在表达方式方面

本书在表达方式上，充分发挥多媒体图解演示特色，加入了大量结构图、效果图、示意图、实操照片，生动诠释知识技能，让学习者一看就懂，一学就会。考虑到学习者的学习和认知习惯，书中运用大量图片来代替文字表述，同时在语言表述方面以及图形符号的使用上，也尽量采用行业通用术语和常见的主流图形符号，而非生硬机械地套用国家标准。这样做的目的是尽量保证让学习者能够快速、主动、清晰地了解知识和技能，实现学习与岗位实训的无缝衔接。

4. 在增值服务方面

本书为适应读者的需求，进一步升级了全新的多媒体互动学习模式。除图解方式助力学习外，在书中，关键的知识点和技能操作环节都会增设二维码，读者通过使用手机扫描二维码即可打开相关的微视频完成学习。微视频针对知识技能中的重点、难点和关键点进行了细致的讲解和演示，让学习者有目的地学习，力求在最短时间内帮助学习者领悟知识内容，轻松掌握实操技能。

　　专业的知识和技能我们也一直在学习和探索，由于水平有限，书中难免会出现一些疏漏，欢迎读者指正，也期待与您的技术交流。

　　网络平台：www.taoo.cn

　　咨询电话：022-83715667、13114807267

　　电子邮箱：chinadse@126.com

作　者

目 录

前言

第1章 中央空调基础知识 \\ 1

1.1 中央空调的功能特点 \\ 1
1.1.1 中央空调的功能 \\ 1
1.1.2 中央空调的分类 \\ 2

1.2 中央空调电路基础 \\ 6
1.2.1 基础电路 \\ 6
1.2.2 欧姆定律 \\ 8
1.2.3 单元电路 \\ 9

1.3 中央空调电路元件 \\ 14
1.3.1 中央空调电路中的常用电子元器件 \\ 14
1.3.2 中央空调电路中的常用电气部件 \\ 15

1.4 中央空调的主要指标和应用参数 \\ 17
1.4.1 中央空调的性能指标 \\ 17
1.4.2 中央空调的运行参数 \\ 22

第2章 风冷式中央空调结构原理 \\ 26

2.1 风冷式中央空调的特点 \\ 26
2.1.1 风冷式风循环中央空调 \\ 26
2.1.2 风冷式水循环中央空调 \\ 31

2.2 风冷式中央空调的工作原理 \\ 36
2.2.1 风冷式风循环中央空调的工作原理 \\ 36
2.2.2 风冷式水循环中央空调的工作原理 \\ 38

第3章 水冷式中央空调结构原理 \\ 43

3.1 水冷式中央空调的特点 \\ 43
3.1.1 冷却水塔 \\ 44
3.1.2 冷水机组 \\ 45
3.1.3 水管路系统组件 \\ 55

3.2 水冷式中央空调的工作原理 \\ 55
3.2.1 水冷式中央空调的控制原理 \\ 55
3.2.2 水冷式中央空调的制冷原理 \\ 56
3.2.3 水冷式中央空调的油路循环过程 \\ 58

第4章 多联式中央空调结构原理 \\ 59

4.1 多联式中央空调的特点 \\ 59

4.1.1 多联式中央空调的室外机 \\ 60
4.1.2 多联式中央空调的室内机 \\ 65
4.2 **多联式中央空调的工作原理** \\ 70
4.2.1 多联式中央空调的制冷原理 \\ 70
4.2.2 多联式中央空调的制热原理 \\ 70

第 5 章 中央空调安装施工的管材配件 \\ 73

5.1 **中央空调安装施工管材** \\ 73
5.1.1 钢管 \\ 73
5.1.2 铜管 \\ 75
5.1.3 PE 管 \\ 76
5.1.4 PP-R 管 \\ 76
5.1.5 PVC 管 \\ 77
5.1.6 金属板材 \\ 78
5.1.7 型钢 \\ 80
5.2 **中央空调安装施工配件** \\ 82
5.2.1 管材配件 \\ 82
5.2.2 阀门 \\ 86
5.2.3 风口 \\ 92
5.2.4 水泵 \\ 94
5.2.5 风机 \\ 95

第 6 章 中央空调安装工具 \\ 96

6.1 **加工工具** \\ 96
6.1.1 倒角器 \\ 96
6.1.2 刮刀 \\ 96
6.1.3 坡口机 \\ 98
6.1.4 扩管器 \\ 98
6.1.5 胀管器 \\ 100
6.1.6 弯管器 \\ 101
6.1.7 套丝机 \\ 103
6.1.8 合缝机和咬口机 \\ 104
6.2 **钻孔工具** \\ 105
6.2.1 冲击钻 \\ 105
6.2.2 钻孔机 \\ 106
6.2.3 台钻 \\ 108
6.2.4 吊顶器（固钉器/射钉枪）\\ 109
6.3 **切割工具** \\ 111
6.3.1 切管器 \\ 111
6.3.2 钢管切割刀 \\ 111
6.3.3 管子剪 \\ 113
6.3.4 管路切割机 \\ 113

6.4 测量工具 \\ 114
 6.4.1 测量尺（水平尺、角尺、卷尺）\\ 114
 6.4.2 称重计 \\ 116
 6.4.3 三通压力表 \\ 117
 6.4.4 双头压力表 \\ 118
 6.4.5 检漏仪 \\ 119

6.5 辅助设备 \\ 120
 6.5.1 真空泵 \\ 120
 6.5.2 电动试压泵 \\ 122
 6.5.3 制冷剂钢瓶 \\ 122

6.6 焊接设备 \\ 124
 6.6.1 电焊设备 \\ 124
 6.6.2 气焊设备 \\ 126
 6.6.3 热熔焊接设备 \\ 127

第 7 章 制冷管路加工连接 \\ 130

7.1 管路加工 \\ 130
 7.1.1 切管加工 \\ 130
 7.1.2 扩管加工 \\ 131
 7.1.3 胀管加工 \\ 132

7.2 管路连接 \\ 134
 7.2.1 管路气焊 \\ 134
 7.2.2 管路电焊 \\ 138
 7.2.3 螺纹连接 \\ 141

第 8 章 抽真空和充注制冷剂 \\ 144

8.1 抽真空 \\ 144
 8.1.1 新机抽真空 \\ 144
 8.1.2 维修后抽真空 \\ 145

8.2 充注制冷剂 \\ 147
 8.2.1 新机充注制冷剂 \\ 147
 8.2.2 维修后充注制冷剂 \\ 151

第 9 章 中央空调室外机规划安装 \\ 153

9.1 风冷式中央空调室外机安装 \\ 153
 9.1.1 风冷式中央空调室外机安装要求 \\ 153
 9.1.2 风冷式中央空调室外机安装固定 \\ 157

9.2 水冷式中央空调冷水机组安装 \\ 159
 9.2.1 水冷式中央空调冷水机组安装要求 \\ 159
 9.2.2 水冷式中央空调冷水机组吊装 \\ 162

9.3 多联式中央空调室外机安装 \\ 163
 9.3.1 多联式中央空调室外机安装要求 \\ 163
 9.3.2 多联式中央空调室外机安装固定 \\ 169

第 10 章　中央空调管路系统施工安装 \\ 171

10.1　风道施工安装 \\ 171
10.1.1　风管加工制作 \\ 171
10.1.2　风管连接 \\ 175
10.1.3　风管与风道设备连接 \\ 177
10.1.4　风道安装 \\ 179

10.2　水管路施工安装 \\ 180
10.2.1　水泵安装 \\ 181
10.2.2　过滤器安装 \\ 181
10.2.3　排气阀和排水阀安装 \\ 182
10.2.4　水流开关安装 \\ 183

10.3　制冷剂管路施工安装 \\ 183
10.3.1　制冷剂管路施工原则 \\ 183
10.3.2　制冷剂管路选材 \\ 184
10.3.3　制冷剂管路存放 \\ 185
10.3.4　制冷剂管路长度要求 \\ 186
10.3.5　制冷剂管路的固定方式和要求 \\ 188
10.3.6　制冷剂管路的画线定位和钻穿墙孔 \\ 189
10.3.7　制冷剂管路固定附件的安装 \\ 189
10.3.8　制冷剂管路的裁切和弯曲 \\ 189
10.3.9　制冷剂管路的保温 \\ 192
10.3.10　制冷剂管路的固定 \\ 195
10.3.11　分歧管安装连接 \\ 198
10.3.12　存油弯安装连接 \\ 200
10.3.13　冷凝水管安装 \\ 202
10.3.14　冷凝水管的排水测试　\\ 207

第 11 章　中央空调室内机规划安装 \\ 208

11.1　室内机的规划安装 \\ 208

11.2　风管式室内机的安装 \\ 210
11.2.1　风管式室内机的安装位置 \\ 210
11.2.2　风管式室内机的进场与安装准备 \\ 210
11.2.3　风管式室内机吊杆的制作与安装 \\ 213
11.2.4　风管式室内机的固定 \\ 214
11.2.5　风管式室内机的连接 \\ 216
11.2.6　风管式室内机的防尘保护 \\ 218

11.3　嵌入式室内机的安装 \\ 219
11.3.1　嵌入式室内机的安装位置 \\ 219
11.3.2　嵌入式室内机的安装连接 \\ 219

11.4　壁挂式室内机的安装 \\ 220
11.4.1　壁挂式室内机的安装位置 \\ 220
11.4.2　壁挂式室内机的安装连接方法 \\ 220

11.5 风机盘管的安装 \\ 223
　11.5.1 测量定位 \\ 223
　11.5.2 安装吊杆 \\ 224
　11.5.3 吊装风机盘管 \\ 224
　11.5.4 风机盘管与水管道连接 \\ 225
11.6 风冷式室内机的安装与连接 \\ 226
　11.6.1 风冷式室内机的安装 \\ 226
　11.6.2 风冷式室内机与风道的连接 \\ 227

第 12 章　中央空调常见故障检修 \\ 229

12.1 风冷式中央空调常见故障检修 \\ 229
　12.1.1 风冷式中央空调高压保护故障的检修 \\ 229
　12.1.2 风冷式中央空调低压保护故障的检修 \\ 230
12.2 水冷式中央空调常见故障检修 \\ 232
　12.2.1 水冷式中央空调无法起动故障的检修 \\ 232
　12.2.2 水冷式中央空调制冷或制热效果差故障的检修 \\ 235
　12.2.3 水冷式中央空调压缩机工作异常故障的检修 \\ 241
12.3 多联式中央空调常见故障检修 \\ 244
　12.3.1 多联式中央空调制冷或制热异常的故障检修 \\ 244
　12.3.2 多联式中央空调不开机或开机保护的故障检修 \\ 247
　12.3.3 多联式中央空调压缩机工作异常的故障检修 \\ 250
　12.3.4 多联式中央空调室外机不工作的故障检修 \\ 252

第 13 章　中央空调管路系统检修技能　255

13.1 中央空调管路系统的检修分析 \\ 255
　13.1.1 中央空调管路系统的特点 \\ 255
　13.1.2 中央空调管路系统检修流程 \\ 261
13.2 压缩机的检修 \\ 262
　13.2.1 压缩机的特点 \\ 262
　13.2.2 压缩机的检测代换 \\ 268
13.3 电磁四通阀的检修 \\ 271
　13.3.1 电磁四通阀的特点 \\ 271
　13.3.2 电磁四通阀的检测代换 \\ 272
13.4 风机盘管的检修 \\ 277
　13.4.1 风机盘管的特点 \\ 277
　13.4.2 风机盘管的检修 \\ 278
13.5 冷却水塔的检修维护 \\ 279
　13.5.1 冷却水塔的特点 \\ 279
　13.5.2 冷却水塔的检测维护 \\ 280

第 14 章　中央空调电路系统的检修技能 \\ 284

14.1 中央空调电路系统的检修分析 \\ 284
　14.1.1 风冷式中央空调电路系统的特点 \\ 284

14.1.2　水冷式中央空调电路系统的特点 \\ 286
　　　14.1.3　多联式中央空调电路系统的特点 \\ 293
　　　14.1.4　中央空调电路系统的检修流程 \\ 297
　14.2　中央空调电路系统的检修 \\ 301
　　　14.2.1　断路器的检修 \\ 301
　　　14.2.2　交流接触器的检修 \\ 303
　　　14.2.3　变频器的检修 \\ 306
　　　14.2.4　PLC 的检修 \\ 308

第 15 章　中央空调调试检修案例 \\ 310

　15.1　格力中央空调故障检修案例 \\ 310
　　　15.1.1　格力水冷式中央空调出现水流开关保护故障检修案例 \\ 310
　　　15.1.2　格力风冷冷（热）水机组断相故障检修案例 \\ 310
　　　15.1.3　格力 GMV 多联式中央空调室内机显示 L5 故障检修案例 \\ 312
　　　15.1.4　格力 GMV 多联式中央空调室外机显示 P5 故障检修案例 \\ 314
　　　15.1.5　格力 GMV_star 直流变频多联式中央空调线控器显示 L9
　　　　　　　故障检修案例 \\ 315
　15.2　美的中央空调故障检修案例 \\ 315
　　　15.2.1　美的水冷螺杆机组排气温度低，不能回油故障检修案例 \\ 315
　　　15.2.2　美的风冷热泵型模块机组通信故障检修案例 \\ 317
　　　15.2.3　美的风冷热泵型模块机组系统水流量不足故障检修案例 \\ 317
　　　15.2.4　美的多联式中央空调系统中一台室内机报 E9 故障检修案例 \\ 322
　15.3　大金中央空调故障检修案例 \\ 324
　　　15.3.1　大金单螺杆水冷机中央空调制冷效果不佳故障检修案例 \\ 324
　　　15.3.2　大金变频多联式中央空调室外机报 E9 故障检修案例 \\ 326
　　　15.3.3　大金变频多联式中央空调室外机报 A6 故障检修案例 \\ 333

第 1 章 中央空调基础知识

1.1 中央空调的功能特点

1.1.1 中央空调的功能

中央空调是一种应用于大范围（区域）的空气温度调节系统。它通常是由一台（或一组）室外机通过风道、制冷管路或冷/热水管路连接多台室内末端设备，实现对大面积室内空间或多个独立房间的温度（制冷、制热）、湿度（加湿、除湿）及空气质量（通风换气）等进行调节的机电一体化节能设备。

1 温度调节功能

温度调节是中央空调最基本的功能。中央空调可在用户需求控制下，根据室内和室外的温度差异进行制热或制冷工作，从而控制室内温度保持在舒适范围内。

2 湿度调节功能

中央空调一般具有湿度调节功能。在高温季节，不仅需要调节室内温度，而且也需要对室内湿度进行调节。若室内环境湿度过高将影响体感舒适度；湿度过低，也将导致空气过于干燥而不利于身体健康。因此，中央空调湿度调节功能常与温度调节功能配合，在调节温度的基础上，进行加湿或除湿，以保持室内环境舒适。

3 空气净化功能

除了温度、湿度调节功能外，中央空调大多还具有空气净化功能，即通过管道或风道进行通风换气，去除室内空气中的花粉、尘埃、细菌或其他污染物等，实现室内空气净化。

4 高效节能特点

与普通空调对比，中央空调具有高效节能的特点，如图 1-1 所示。

图 1-1 普通空调与中央空调的应用特点对照

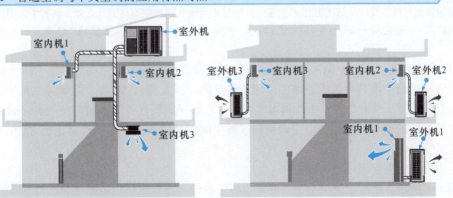

a）中央空调应用特点示意图　　　　b）普通空调应用特点示意图

普通分体式空调的室外机安装在室外，室内机安装在需要制冷（或制热）的房间内，室外机和室内机通过管路进行连接。如果房间很多，就需要在每个制冷房间都安装一套分体式空调。这将给安装、保养、维护、检修带来很多不便，同时也会造成不必要的浪费。

采用中央空调系统时，户外只需安装一台（或一组）室外机，在每个房间（或区域）内安装室内末端设备（室内机）即可。室外机与室内末端设备（室内机）之间通过管路相互连接。

中央空调系统实际上是将多个普通分体式空调的室外机集中到一起，完成对空气的净化、冷却、加热或加湿等处理，再通过连接管路送到多个室内末端设备（室内机），进而实现对不同房间（或区域）的制冷（制热）和空气调节。

| 提示说明 |

普通空调在实现大范围（多房间区域）的温度调节时，需要安装多组分体式空调，即每一台室外机都需要通过独立的制冷管路与一台室内机连接，形成一个独立的系统，这样会使布线凌乱、制冷效果无法统一调整，同时也会造成很大的浪费。

而采用中央空调，即由一台（或一组）室外机集中工作，室内的不同位置安装多个室内末端设备（室内机），这些设备通过统一规划的管路连接，可在很大程度上降低成本，使安装规划更加简单，既美观又节能，还便于维护。

1.1.2 中央空调的分类

1 根据制冷方式和结构组成不同分类

根据制冷方式和结构组成的不同，中央空调可分为风冷式、水冷式、多联式。

（1）风冷式中央空调

风冷式中央空调根据热交换方式的不同又可细分为风冷式风循环中央空调和风冷式水循环中央空调。

1）风冷式风循环中央空调。如图1-2所示，风冷式风循环中央空调工作时，借助空气与制冷管路中的制冷剂进行热交换，然后将降温或升温后的制冷剂经管路送至风管机中，以空气作为热交换介质，实现制冷或制热的效果，最后由风管机经风道将冷风（或暖风）通过送风口送入室内，实现室内温度的调节。

| 提示说明 |

为确保空气的质量，许多风冷式风循环中央空调安装有新风口、回风口和回风风道。室内的空气由回风口进入风道与新风口送入的室外新鲜空气进行混合后再吸入室内，起到良好的空气调节作用。这种中央空调对空气的需求量较大，所以要求风道的截面积也较大，很是占用建筑物的空间。除此之外，这种中央空调的耗电量较大，有噪声。一般应用于有较大空间的建筑物中，例如，超市、餐厅以及大型购物广场等。

2）风冷式水循环中央空调。如图1-3所示，风冷式水循环中央空调以水作为热交换介质。工作时，由风冷机组实现对冷冻水管路中冷冻水的降温（或升温）。然后，将降温（或升温）后的水送入室内末端设备（风机盘管）中，再由室内末端设备（风机盘管）与室内空气进行热交换，从而实现对空气温度的调节。这种中央空调结构安装空间相对较小，维护、检修比较方便，适用于中、小型公共建筑。

（2）水冷式中央空调

如图1-4所示，水冷式中央空调主要是由冷水机组、冷却水塔、冷却水泵、冷却水管路、冷冻水管路以及风机盘管等部分构成。

图 1-2　典型风冷式风循环中央空调系统示意图

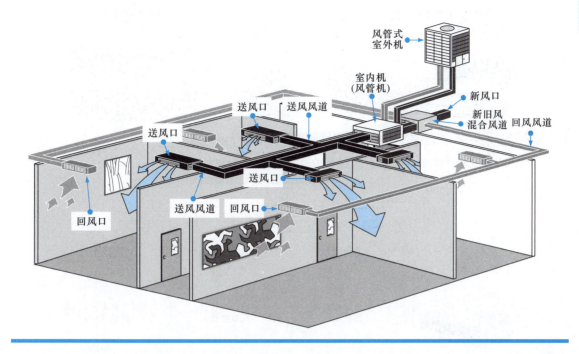

图 1-3　典型风冷式水循环中央空调系统示意图

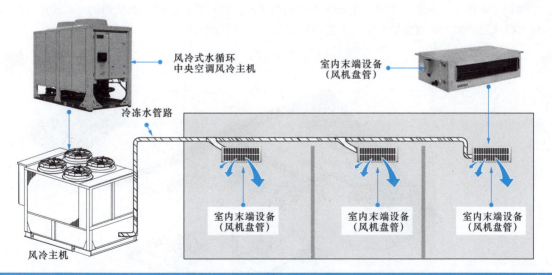

　　工作时，冷却水塔、冷却水泵对冷却水进行降温循环，从而对冷水机组中冷凝器内的制冷剂进行降温，使降温后的制冷剂流到蒸发器中，经蒸发器对循环的冷冻水进行降温，再将降温后的冷冻水送至室内末端设备（风机盘管）中，由室内末端设备（风机盘管）与室内空气进行热交换，从而实现对空气的调节。冷却水塔是系统中非常重要的热交换设备，其作用是确保制冷（制热）循环得以顺利进行，这种中央空调安装施工较为复杂，多用于大型酒店、商业办公楼、学校、公寓等大型建筑。

图 1-4　典型水冷式中央空调系统示意图

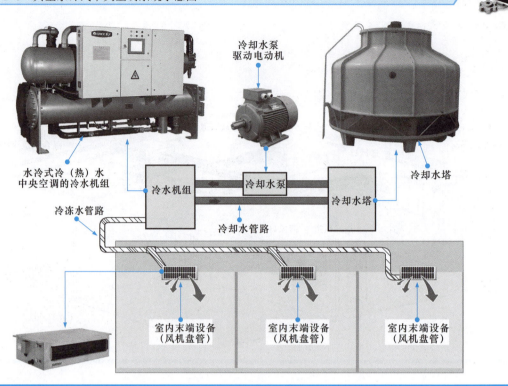

（3）多联式中央空调

如图 1-5 所示，多联式中央空调是家用中央空调的主要形式，这种中央空调的结构简单，通过一台主机（室外机）即可实现对室内多处末端设备制冷或制热的控制。

图 1-5　典型多联式中央空调的结构特点

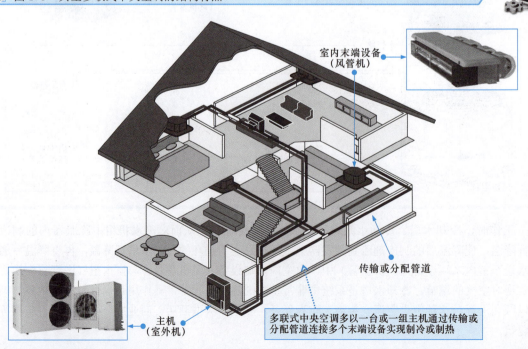

这种中央空调系统采用集中空调的设计理念,室外机安装与户外,并具有一组(或多组)压缩机,可以通过一组(或多组)管路与室内机相连,构成一个(或多个)制冷(制热)循环。多联式中央空调的室内机有嵌入式、卡式、吊顶式、落地式等多种形式。一般可在房屋装修时嵌入到客厅、餐厅、卧室等各个房间(或区域),不影响室内布局,同时其还具有送风形式多样、送风量大、送风温差小、制冷(制热)速度快、温度均衡等特点。

2 根据制冷机组类型不同分类

根据制冷机组类型不同,中央空调主要有离心式、螺杆式、活塞式、溴化锂吸收式等,如图1-6所示。

图1-6 不同类型的制冷机组

a) 离心式制冷机组

b) 螺杆式制冷机组

c) 活塞式制冷机组

d) 溴化锂吸收式制冷机组

离心式制冷机组由离心式压缩机、蒸发器、冷凝器、控制系统、抽气回收装置、润滑系统等组成。

螺杆式制冷机组主要由螺杆式压缩机、冷凝器、蒸发器、膨胀阀及电控系统组成,是一种以螺杆式压缩机为核心的制冷设备,它通过压缩机内部两个螺杆的旋转实现气体的压缩。

活塞式制冷机组主要由活塞式压缩机、冷凝器、蒸发器、热力膨胀阀、电控柜等组成,是通过压缩机内气缸容积在往复运动中的变化来对制冷剂进行压缩。

溴化锂吸收式制冷机组是一种以蒸汽、热水、烟气、燃气等为驱动热源(其中溴化锂溶液为吸收剂,水为制冷剂),获取空调用冷水、温水的设备。

1.2 中央空调电路基础

1.2.1 基础电路

1 串联方式

如果电路中多个负载首尾相连,那么它们的连接状态就是串联的,该电路即称为串联电路。

如图 1-7 所示,在串联电路中,通过每个负载的电流是相同的,且串联电路中只有一个电流通路,当开关断开或电路的某一点出现问题时,整个电路将处于断路状态,因此当其中一盏灯损坏后,另一盏灯的电流通路也被切断,该灯不能点亮。

图 1-7 电子元件的串联关系

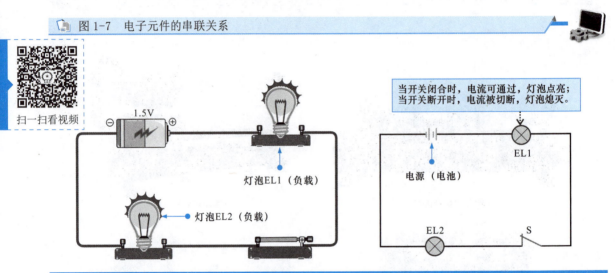

在串联电路中,流过每个负载的电流相同,各个负载分享电源电压。如图 1-8 所示,电路中有三个相同的灯泡串联在一起,那么每个灯泡将得到 1/3 的电源电压。每个串联的负载可分到的电压与它自身的电阻有关,即自身电阻较大的负载会得到较高的电压值。

图 1-8 灯泡(负载)串联的电压分配

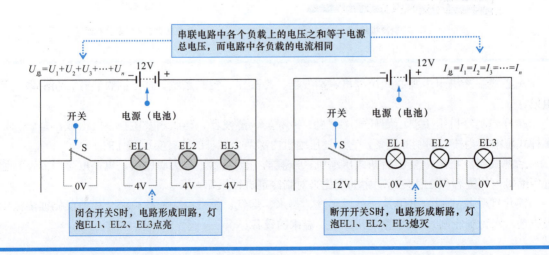

2 并联方式

两个或两个以上负载的两端都与电源两极相连,这种连接状态就是并联的,该电路即为并联电路。

如图 1-9 所示,在并联状态下,每个负载的工作电压都等于电源电压。不同支路中会有不同的电流通路,当支路某一点出现问题时,该支路将处于断路状态,灯泡会熄灭,但其他支路依然可以正常工作,不受影响。

图 1-9 电子元件的并联关系

扫一扫看视频

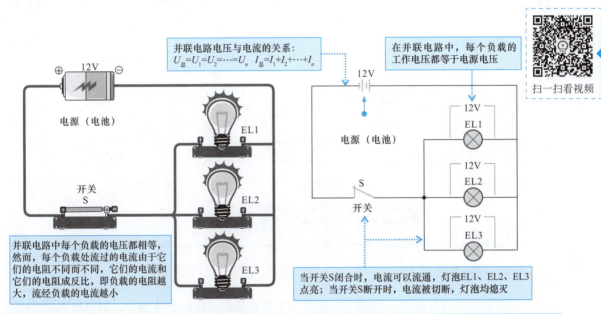

3 混联方式

如图 1-10 所示,将电气元件串联和并联后构成的电路称为混联电路。

图 1-10 电子元件的混联关系

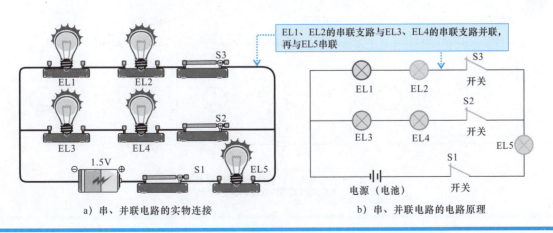

a)串、并联电路的实物连接　　b)串、并联电路的电路原理

1.2.2 欧姆定律

1 电压与电流的关系

电压与电流的关系如图 1-11 所示。电阻阻值不变的情况下，电路中的电压升高，流经电阻的电流也成比例增大；电压降低，流经电阻的电流也成比例减小。例如，电压从 25V 升高到 30V 时，电流也会从 2.5A 增大到 3A。

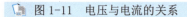
图 1-11 电压与电流的关系

扫一扫看视频

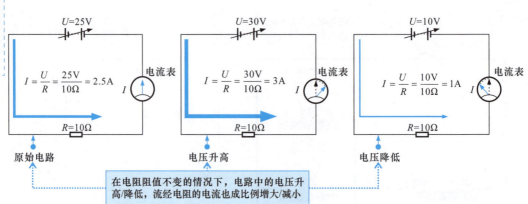

2 电阻与电流的关系

电阻与电流的关系如图 1-12 所示。当电压不变的情况下，电路中的电阻阻值增大，流经电阻的电流成比例减小；电阻阻值减小，流经电阻的电流则成比例增大。例如，电阻从 10Ω 升高到 20Ω 时，电流值会从 2.5A 减小到 1.25A。

图 1-12 电阻与电流的关系

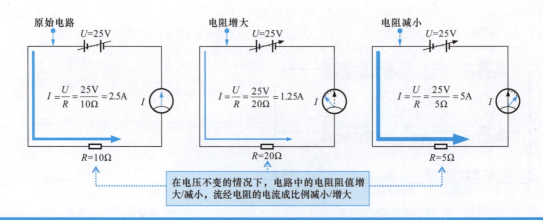

1.2.3 单元电路

1 基本 RC 电路

RC 电路（电阻器和电容器联合"构建"的电路）是一种由电阻器和电容器按照一定的方式连接并与交流电源组合而成的简单功能电路。下面先来了解一下 RC 电路的结构形式，接下来再结合具体的电路单元弄清楚该电路的功能特点。

根据不同的应用场合和功能，RC 电路通常有两种结构形式：一种是 RC 串联电路，另一种是 RC 并联电路。

电阻器和电容器串联后"构建"的电路称为 RC 串联电路，该电路多与交流电源连接，如图 1-13 所示。

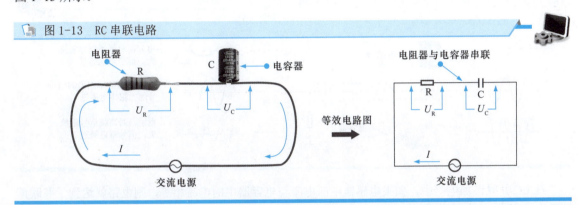

图 1-13 RC 串联电路

RC 串联电路中的电流引起了电容器和电阻器上的电压降，这些电压降与电路中的电流及各自的电阻值或容抗值成比例。电阻器电压 U_R 和电容器电压 U_C 用欧姆定律表示为（X_C 为容抗）：$U_R = IR$，$U_C = IX_C$。

电阻器和电容器并联于交流电源的组合称为 RC 并联电路，如图 1-14 所示。与所有并联电路相似，在 RC 并联电路中，电压 U 直接加在各个支路上，因此各支路的电压相等，都等于电源电压，即 $U = U_R = U_C$，并且三者之间的相位相同。

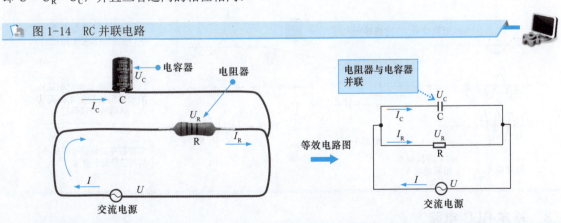

图 1-14 RC 并联电路

2 基本 LC 电路

LC 电路是一种由电感器和电容器按照一定的方式连接而成的功能电路。下面先来了解一下 LC 电路的结构形式，接下来再结合具体的电路单元弄清楚该电路的功能特点。

由电容器和电感器组成的串联或并联电路中，感抗和容抗相等时，电路处于谐振状态，该电路称为 LC 谐振电路。LC 谐振电路又可分为 LC 串联谐振电路和 LC 并联谐振电路两种。

在串联谐振电路中，当信号接近特定的频率时，电路中的电流达到最大，这个频率称为谐振频率。

图 1-15 为不同频率信号通过 LC 串联电路的效果示意图。由图中可知，当输入信号经过 LC 串联电路时，根据电感器和电容器的特性，信号频率越高，电感器的阻抗越大，而电容器的阻抗则越小，阻抗大则对信号的衰减大，频率较高的信号通过电感器会衰减很大，而直流信号则无法通过电容器。当输入信号的频率等于 LC 谐振频率时，LC 串联电路的阻抗最小，此频率的信号很容易通过电容器和电感器输出。由此可看出，LC 串联谐振电路可起到选频的作用。

图 1-15 不同频率信号通过 LC 串联电路的效果

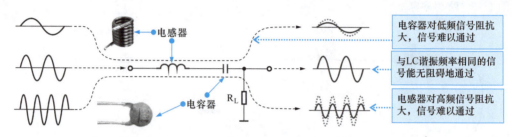

在 LC 并联谐振电路中，如果电感器中的电流与电容器中的电流相等，则电路就达到了并联谐振状态。图 1-16 为不同频率的信号通过 LC 并联谐振电路时的状态，当输入信号经过 LC 并联谐振电路时，同样根据电感器和电容器的阻抗特性，较高频率的信号则容易通过电容器到达输出端，较低频率的信号则容易通过电感器到达输出端。由于电路在谐振频率 f_0 处的阻抗最大，谐振频率点的信号不能通过 LC 并联谐振电路。

图 1-16 信号通过 LC 并联谐振电路前后的波形

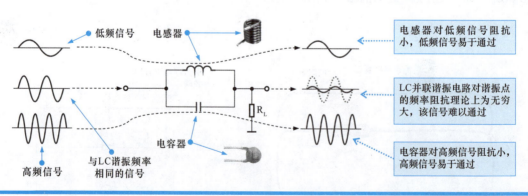

3 基本 RLC 电路

RLC 电路是由电阻器、电感器和电容器构成的电路单元。由前文可知，在 LC 电路中，电感器和电容器都有一定的阻值，如果电阻值相对于电感器的感抗或电容器的容抗很小时，往往会被忽略，而在某些高频电路中，电感器和电容器的阻值相对较大，就不能忽略，原来的 LC 电路就变成了 RLC 电路，如图 1-17 所示。

图 1-17　RLC 电路

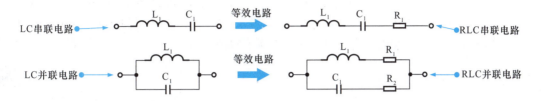

4　遥控发射电路

遥控发射电路（红外发射电路）是用红外发光二极管发出经过调制的红外光波的电路。其电路结构多种多样，电路工作频率也可根据具体的应用条件而定。遥控信号有两种制式：一种是非编码形式，适用于控制单一的遥控系统中；另一种是编码形式，常应用于多功能遥控系统中。

在电子产品中，常采用红外发光二极管来发射红外光信号。常用的红外发光二极管的外形与普通发光二极管相似，但普通发光二极管发射的光是可见的，而红外发光二极管发射的光是不可见光。

图 1-18 为红外发光二极管基本工作过程。图中的晶体管 VT1 作为开关管使用，当在晶体管的基极加上驱动信号时，晶体管 VT1 随之饱和导通，接在集电极回路上的红外发光二极管 VD1 也随之导通工作，向外发出红外光（近红外光，其波长约为 0.93μm）。红外发光二极管的电压降约为 1.4V，工作电流一般小于 20mA。为了适应不同的工作电压，在红外发光二极管的电路中常串联有限流电阻 R2 控制其工作电流。

图 1-18　红外发光二极管基本工作电路

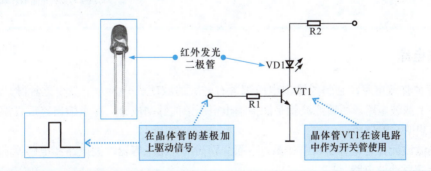

5　遥控接收电路

遥控发射电路发射出的红外光信号，需要特定的电路接收，才能起到信号远距离传输、控制的目的，因此电子产品上必定会设置遥控接收电路，从而组成一个完整的遥控电路系统。遥控接收电路通常由红外接收二极管、放大电路、滤波电路和整形电路等组成，它们将遥控发射电路送来的红外光接收下来，并转换为相应的电信号，再经过放大、滤波、整形后，送到相关控制电路中。

图 1-19 为典型遥控接收电路。该电路主要是由运算放大器 IC1 和锁相环集成电路 IC2 等构成的。锁相环集成电路外接由 R3 和 C7 组成的具有固定频率的振荡器，其频率与发射电路的频率相同，C5 与 C6 为滤波电容器。

由遥控发射电路发射出的红外光信号由红外接收二极管 D01 接收，并转变为电脉冲信号，该信号经集成运算放大器 IC1 进行放大，输入到锁相环集成电路 IC2。由于 IC1 输出信号的振荡频率与 IC2 的振荡频率相同，IC2 的 8 脚输出高电平，此时使晶体管 Q01 导通，继电器 K1 吸合，其触点可作为开关去控制被控负载。平时没有红外光信号发射时，IC2 的 8 脚为低电平，Q01 处于截止状态，继电器不会工作。这是一种具有单一功能的遥控电路。

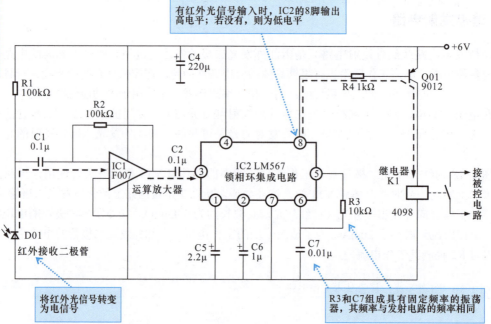

图 1-19　典型遥控接收电路

6　滤波电路

无论哪种整流电路，它们的输出电压都含有较大的脉动成分。为了减少这种脉动成分，在整流后都要加上滤波电路。所谓滤波就是滤掉输出电压中的脉动成分，尽量输出趋近直流的成分，使输出接近理想的直流电压。

常用的滤波元件有电容器和电感器。下面分别简单介绍电容器滤波电路和电感器滤波电路。

（1）电容器滤波电路

电容器（平滑滤波电容器）应用在直流电源电路中构成平滑滤波电路。图 1-20 为没有平滑滤波电容器的电源电路。从波形图中可以看到，交流电压变成直流后电压很不稳定，呈半个正弦波形，波动很大。

图 1-21 为加入平滑滤波电容器的电源电路。由于平滑滤波电容器的加入，特别是由于电容器的充放电特性，使电路中原本不稳定、波动比较大的直流电压变得比较稳定、平滑。

（2）电感器滤波电路

电感器滤波电路如图 1-22 所示。由于电感器的直流阻抗很小，交流阻抗却很大，有阻碍电流变化的特性，因此直流分量经过电感器后基本上没有损失，但对于交流分量，将在电感器上产生电压降，从而降低输出电压中的脉动成分。显然，电感器电感量越大，R_L 越小，滤波效果越好，所以电感器滤波电路适合于负载电流较大的场合。

图 1-20 没有平滑滤波电容器的电源电路

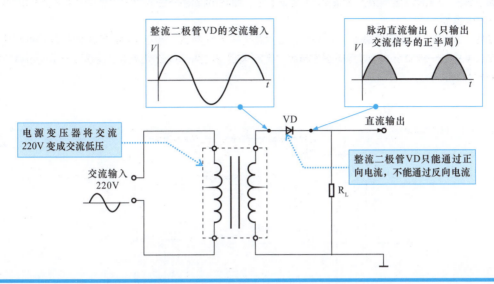

图 1-21 加入平滑滤波电容器的电源电路

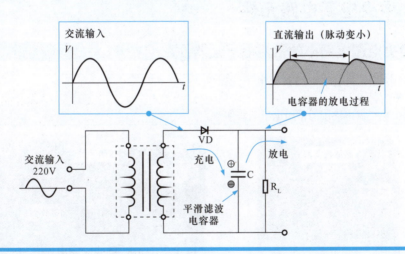

图 1-22 电感器滤波电路

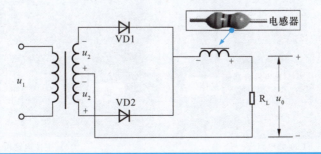

| 相关资料 |

为了进一步改善滤波效果，可采用 LC 滤波电路，即在电感器滤波电路的基础上，再在负载电阻 R_L 上并联一个电容器。

在图 1-23 所示的滤波电路中，由于在 R_L 上并联了一个电容器，增强了平滑滤波的作用，使 R_L 并联部分的交流阻抗进一步减小。电容器电容量越大，输出电压中的脉动成分就越小，但直流分量与没有加电容器时一样大。

图 1-23 LC 滤波电路

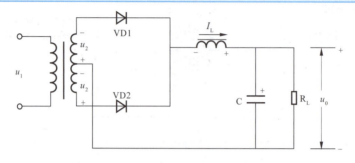

1.3 中央空调电路元件

1.3.1 中央空调电路中的常用电子元器件

图 1-24 为中央空调电路中的常用电子元器件。

图 1-24 中央空调电路中的常用电子元器件

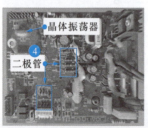

a) 风机驱动电路板

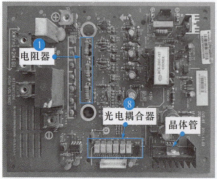

b) 变频电路板

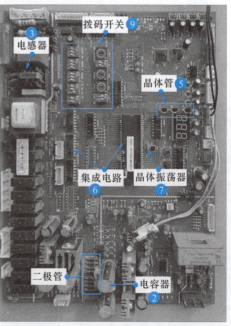

c) 主控电路板

1）电阻器是应用较多的电子元器件之一，常用于分压电路、限流电路等。常见的电阻器主要有色环电阻器、贴片电阻器、排电阻器、可调电阻器等。

2）电容器常用于电源滤波电路，可隔直流、通交流。常见的电容器主要有电解电容器、贴片电容器及排电容器等。

3）电感器在电路中可起到滤除杂波的作用。常见的电感器有色环电感器、色码电感器、贴片电感器等。

4）二极管常用于整流电路、稳压电路中，具有单向导通的特性。常见的二极管主要有整流二极管、稳压二极管及发光二极管等。

5）晶体管在电路中具有放大电流、实现开关等功能，有三个引脚，分别为基极（b）、集电极（c）和发射极（e）。

6）集成电路在电路中常用 IC 表示，具有多个引脚。在中央空调电路中常见的集成芯片有微处理器、存储器、电压比较器、反相器、稳压器、开关振荡芯片等。

7）晶体振荡器和陶瓷谐振器是中央空调电路中与微处理器芯片配合工作的重要元器件，通常安装在微处理器附近，主要用来和微处理器内部的振荡电路构成时钟振荡器，产生时钟信号，使微处理器能够正常运行，以确保控制电路可以正常工作。

8）光电耦合器简称光耦，是利用光电变换器件传输控制信息，它是中央空调通信电路中的关键器件。光电耦合器内部实际上是由一个光电晶体管和一个发光二极管构成的。它是一种以光电方式传递信号的器件。

9）拨码开关也称为地址开关，是一种常用的电子开关，内部由多个小开关组成，每个小开关都可以打开或关闭，主要用于调整中央空调主电路板的参数，如温度控制、风速控制、压缩机起停、室内机与室外机之间通信等。不同品牌和型号的中央空调，拨码开关的数量和功能也不一样。

1.3.2 中央空调电路中的常用电气部件

图 1-25 为中央空调电路中的常用电气部件。安装在电路板上的电气部件主要有变压器、继电器、功率模块、数码管、按键开关、接插件等。通过接插件与电路板关联的电气部件主要有温度传感器、电动机、压缩机、电子膨胀阀、电磁四通阀等。

图 1-25 中央空调电路中的常用电气部件

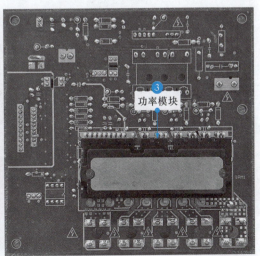

a）中央空调变频电路板正面　　　　b）中央空调变频电路板背面

图 1-25 中央空调电路中的常用电气部件（续）

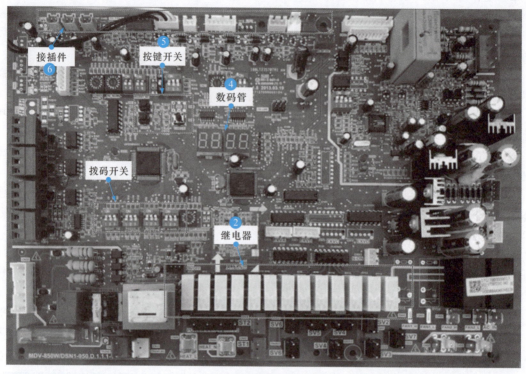

c）中央空调主控电路板

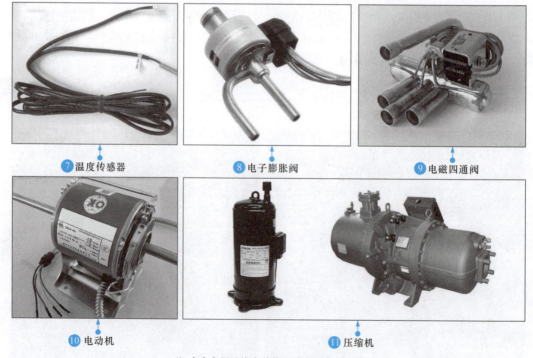

d）中央空调系统中其他几种常用电气部件

1）变压器是一种电压变换器件。在中央空调电路中，变压器一般安装在电源电路部分，常见的有两种，即降压变压器和开关变压器。其中，降压变压器主要用于实现降压功能；开关变压器可将高频高压脉冲变成多组高频低压脉冲。

2）继电器在电路中作为控制部件主要用于控制供电及其他部件的运行状态等。

3）功率模块是中央空调变频电路中特有的器件，它是一种混合集成电路，其内部集成有逆变器电路（功率输出管）、逻辑控制电路等多个电路单元用于驱动压缩机工作。

4）数码管是一种数字显示器件，又可称为 LED 数码管。在中央空调电路中，数码管用于显示参数代码、故障代码等信息。

5）按键开关一般为轻触式按键开关，一般在中央空调主控电路板的数码管旁边安装有按键开关，用于配合数码管进行相应参数设定。

6）接插件是一种连接器，用于电路板与其他电气部件的连接，是电路板与独立电气部件之间的桥梁。

7）温度传感器通过导线与电路板相连，可将管路中的温度变化送至控制电路中。中央空调电路系统中安装的温度传感器较多，常见有环境温度传感器、压缩机排／吸气口温度传感器、蒸发器管路温度传感器、冷凝器管路温度传感器等。

8）电子膨胀阀由中央空调主控电路板控制，安装在制冷系统管路中，起到节流降压的作用。

9）电磁四通阀是一种用于控制制冷剂流向的器件，一般安装在中央空调室外机的压缩机附近，可以在控制电路作用下通过改变压缩机送出制冷剂的流向来改变空调系统的制冷和制热状态。

10）电动机是中央空调电路系统中的重要部件，主要包括中央空调室内机中的贯流风扇电动机、风管机电动机、室外机轴流风扇电动机等。

11）压缩机是中央空调管路和电路系统中的核心部件，用于驱动制冷剂流动。根据中央空调系统类型不同，所采用压缩机类型也不同，如离心式压缩机、螺杆式压缩机、活塞式压缩机等。

1.4 中央空调的主要指标和应用参数

1.4.1 中央空调的性能指标

1 制冷量

中央空调的制冷量也称为制冷功率。它是衡量空调器制冷效果的参数。该参数直接反映中央空调的制冷能力。其主要是指在规定制冷工况下，空调单位时间内从室内转移到室外的热量。或者说是从密闭空间或区域内去除热量的总和，单位为 W（瓦特）。

通常，空调制冷量越大，表明其单位时间内产生的冷量越多，因此其制冷速度越快。

一般从中央空调铭牌标识上可了解到相应的制冷量，如图 1-26 所示。

图 1-26 中央空调铭牌上标识的制冷量

另外，从中央空调室内机的型号标识也可看出室内机相关的参数。例如，室内机的型号为 MJV-28T2/DX-LLIIA，其中 28 表示制冷量为 2800W（大 1 匹机），MJV-71T2/DX-LLIIA，其中 71 表示制冷量为 7100W（3 匹机）；室外机型号为 MDS-H120W-A（1）III，其中 120 表示制冷量为 12000W（5 匹机）。

| 相关资料 |

制热量是衡量中央空调制热能力的重要参数，即在规定的制热能力条件下连续稳定制热运行时，中央空调单位时间内向封闭空间、房间或区域送入的热量总和，单位为 W（瓦特）。

2　输入功率

空调的输入功率是衡量空调耗电情况的参数。该参数直接反映空调器的耗电能力。它主要是指在规定制冷工况下，空调单位时间内消耗的电能。

| 提示说明 |

早期，空调销售时常常会用"匹"作为其制冷性能的衡量参数。严格意义上说，"匹"并不能准确地表达空调的制冷能力，只是一个根据空调消耗功率综合计算出的估算值。通过匹数的大小，基本可以大致估算空调的输入功率和制冷量。

根据规定，1 匹所对应的制冷量应大约为 2000kcal/h，换算成国际单位制为 2000kcal/h× 1.162 = 2324W。

因此，习惯上将制冷量在 2200～2600W 的空调称为 1 匹机，其中，小于 2400W 的称为小 1 匹，大于 2400W 的称为大 1 匹。而制冷量为 3200～3600W 的空调称为 1.5 匹机。有些时候，为了计算方便，直接将 1 匹机的制冷量定义为 2500W，这样可以快速计算出不同匹数空调器所对应的大致制冷量。

同时，单位匹与单位瓦特之间的换算关系是 1 匹 =735W。因此，如果是 1 匹的空调，它所消耗的功率（即输入功率）大约为 735W；如果是 1.5 匹的空调，它所消耗的功率为 735W×1.5 = 1102.5W，约为 1100W。

表 1-1 为多联式中央空调匹数、制冷量和输入功率对照表（粗略计算）。

表 1-1　多联式中央空调匹数、制冷量和输入功率对照表（粗略计算）

空调器匹数	制冷量 /W	输入功率 /W	空调器匹数	制冷量 /W	输入功率 /W
小 1 匹	2200	735	大 2 匹	5600	1470
1 匹	2500		2.5 匹	6300	1840
大 1 匹	2800		3 匹	7100	2200
小 1.5 匹	3200	1100	5 匹	12000	3675
1.5 匹	3600		6 匹	15000	4410
大 1.5 匹	4000		7 匹	18000	5145
小 2 匹	4500	1470	8 匹	20000	5880
2 匹	5000		10 匹	25000	7350

3　能效比（能耗比）

能效比（能耗比）就是空调制冷量与输入功率的比值。换句话说，就是空调消耗一定量的电能所能产生的制冷量。该参数反映了中央空调的节能性能。中央空调能效比越大，在制冷量相等时节省的电能就越多,空调能效比越高就越省电。

根据国家规定,目前空调的能耗比(简称能耗)设定为 5 级,5 级能耗的能耗比在 2.6 以上;4 级能耗的能耗比在 2.8 以上;3 级能耗的能耗比在 3.0 以上;2 级能耗的能耗比在 3.2 以上;1 级能耗的能耗比在 3.4 以上。能耗比数值越大,所对应的能耗等级越低,表明空调越节能。

制冷能效比(EER):在规定的制冷能力试验条件下,中央空调制冷量与制冷消耗功率之比,其值用 W/W 表示。

制热性能系数(COP):在规定的制热能力试验条件下,中央空调制热量与制热消耗功率之比,其值用 W/W 表示。

需要注意的是,在新国家标准中引入了全新的 APF 指标。在制冷季节及制热季节中,机组进行制冷(热)运行时从室内除去的热量及向室内送入的热量总和与同一期间内消耗的电量总和之比,其值用 Wh/Wh 表示。总的来说,APF 是针对整个空调系统的综合评估,包括制冷量的产生、消耗及能源效率等多方面因素。

| 相关资料 |

关于能耗因素,空调参数中还包括有 IPLV(C)、SEER、HSPF 等。

IPLV(C)为制冷综合部分负荷性能系数。用来衡量多联式中央空调在制冷季节的部分负荷效率,其值用 W/W 表示。

SEER 为制冷季节能效比。在制冷季节中,空调进行制冷运行时从室内除去的热量总和与消耗的电量总和之比,其值用 W/W 表示。

HSPF 为制热季节能效比。在制热季节中,空调进行制热运行时向室内送入的热量总和与消耗的电量总和之比,其值用 W/W 表示。

图 1-27 为中央空调室外机铭牌上的 APF 值标识。

图 1-27 中央空调室外机铭牌上的 APF 值标识

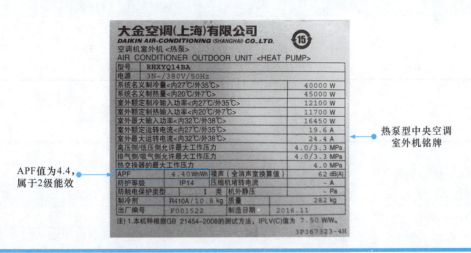

图 1-28 为两种国家标准 GB 21455—2019 和 GB 21454—2021 中规定的空调能效标识。

| 相关资料 |

空调能效评价指标发展至今,从 COP(能效比)到 IPTV,再到 APF,已经经历三个阶段。APF 标准既考虑了空调的制冷能力又包含制热因素,即全年的能耗水平,对空调性能的评价更加严格和全面。

图 1-28 两种国家标准 GB 21455—2019 和 GB 21454—2021 中规定的空调能效标识

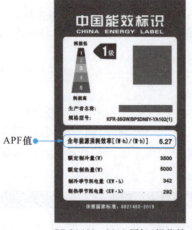
GB 21455—2019 国标5级能效

GB 21454—2021 国标3级能效

根据国家标准 GB 21455—2019《房间空气调节器能效限定值及能效等级》的规定，空调系统 APF 能效等级分为 5 级，其中 1 级能效等级最高。

表 1-2 为热泵型空调系统 APF 能效等级指标值。表 1-3 为单冷式空调系统 APF 能效等级指标值。

表 1-2 热泵型空调系统 APF 能效等级指标值

额定制冷量（CC）/W	全年能源消耗效率（APF）				
	能效等级				
	1级	2级	3级	4级	5级
CC ≤ 4500	5.00	4.50	4.00	3.50	3.30
4500 < CC ≤ 7100	4.50	4.00	3.50	3.30	3.20
7100 < CC ≤ 14000	4.20	3.70	3.30	3.20	3.10

表 1-3 单冷式空调系统 APF 能效等级指标值

额定制冷量（CC）/W	制冷季节能效比（SEER）				
	能效等级				
	1级	2级	3级	4级	5级
CC ≤ 4500	5.80	5.40	5.00	3.90	3.70
4500 < CC ≤ 7100	5.50	5.10	4.40	3.80	3.60
7100 < CC ≤ 14000	5.20	4.70	4.00	3.70	3.50

根据国家标准 GB 21454—2021《多联式空调（热泵）机组能效限定值及能效等级》的规定，多联式中央空调能效等级分为 3 级。

表 1-4 为风冷式热泵型多联机 APF 能效等级指标值。表 1-5 为水冷式多联机能效等级指标值。表 1-6 为低温多联机能效等级指标值。

表 1-4　风冷式热泵型多联机 APF 能效等级指标值

名义制冷量（CC）/W	能效等级					
	1 级		2 级		3 级	
	EER_{min}/（W/W）	APF/（Wh/Wh）	EER_{min}/（W/W）	APF/（Wh/Wh）	EER_{min}/（W/W）	APF/（Wh/Wh）
CC ≤ 14000	3.50	5.20	2.80	4.40	2.00	3.60
14000＜CC ≤ 28000	—	4.80	—	4.30	—	3.50
28000＜CC ≤ 50000	—	4.50	—	4.20	—	3.40
50000＜CC ≤ 68000	—	4.20	—	4.00	—	3.30
CC＞68000	—	4.00	—	3.80	—	3.20

表 1-5　水冷式多联机能效等级指标值

指标	类型	名义制冷量（CC）/W	能效等级		
			1 级	2 级	3 级
IPLV（C）/（W/W）	水环式	CC ≤ 28000	7.00	5.90	5.20
		CC＞28000	6.80	5.80	5.00
EER/（W/W）	地埋管式	—	4.60	4.20	3.80
	地下水式	—	5.00	4.50	4.30

表 1-6　低温多联机能效等级指标值

名义制热量（HC）/W	能效等级				
	1 级	2 级	3 级		
	HSPF/（Wh/Wh）	HSPF/（Wh/Wh）	HSPF/（Wh/Wh）	$COP_{-12℃}$/（W/W）	$COP_{-20℃}$/（W/W）
HC ≤ 18000	3.40	3.20	3.00	2.20	1.80
HC＞18000	3.20	3.00	2.80	1.90	1.50

注：1. 不同静压机组的能源效率应按照 GB/T 18837—2015、GB/T 18836—2017 规定的方法进行修正。
　　2. 名义制热量小于或等于 18000W 为户用型低温多联机；名义制热量大于 18000W 为工商业用型低温多联机。

4　冷量配比

冷量配比是指所有室内机（室内末端）额定制冷量总和与室外主机额定制冷量的比值。一般来说，因为室内机很少同时开启（一般开机率为 70%～90%），因此一般情况下中央空调的冷量配比为 1.0～1.3。

| 相关资料 |

一般多联式中央空调系统中，当室内机在 5 台以内时，冷量配比可稍低一些，一般为 1.0～1.1；当室内机超过 5 台时，可进行适当超配，冷量配比为 1.2～1.3 比较合适。

例如，各房间中央空调室内机容量可按如下标准确定：
客厅（27m²）——27m²×230W/m²=6210W ≈ 2.5 匹
餐厅（14m²）——14m²×230W/m²=3220W ≈ 1.5 匹
主卧室（15m²）——18m²×220W/m²=3960W ≈ 1.5 匹
次卧室（10m²）——12m²×220W/m²=2640W ≈ 1 匹

书房（10m²）——10m²×220W/m²=2200W≈1匹

室内机总容量 = 6210W + 3220W + 3960W + 2640W + 2200W = 18230W。若家用中央空调室内机开机率为70%，则18kW×70% = 12.6kW，按照冷量配比1.0～1.1，再根据实际机型取大原则，则配置室外机应选择14kW或者15kW左右的室外机。若同时开机率为达到80%～90%，应配置18kW左右的中央空调室外机。

1.4.2 中央空调的运行参数

1 冷量

冷量是指封闭空间、房间或区域所需要的制冷量。所需冷量一般可根据房间面积大小及密封保温条件好坏、楼层、朝向、高度等因素，按每平方米配制冷量180～240W粗略计算制冷量大小，即

所需冷量 = 房间实际受冷面积 × 单位面积所需要的制冷量

一般情况下，房间实际受冷面积按照房间实际使用面积（若有到顶落地书架、衣柜等可以扣除相应占地面积）计算。

单位面积所需要的制冷量的计算很复杂，要考虑建筑结构、墙体厚度和导热系数、门窗面积/朝向、室内人数、各种设备、室内外温差等对热负荷的影响。一般情况下吊顶标高3m以内的标准层建筑可按照每平方米制冷量220W计算；若房间为建筑的顶层或有西晒情况，可在此基础上加20～40W/m²。

例如，一个家庭中客厅面积为27m²，单位面积所需要的制冷量取230W，则客厅所需的制冷量为27m²×230W/m² = 6210W≈2.5匹，即27m²的客厅需要2.5匹的室内机；主卧室面积为15m²，单位面积所需要的制冷量取210W，所需的制冷量为15m²×210W/m² = 3150W≈1.5匹（小1.5匹）。

| 相关资料 | |

家用电器要消耗制冷量的较大部分，电视机、电灯、电冰箱等每瓦功率要消耗制冷量1W。门窗的方向、大小和家居人数等都会消耗一定的制冷量，如东面窗150W/m²，西面窗280W/m²，南面窗180W/m²，北面窗100W/m²，如果是楼顶可考虑适当增加制冷量。

表1-7为各功能房间单位面积所需要的制冷量（数据有一定浮动范围，该表可作为基本情况参考）。

一般规定，15m²的居室所选用的空调制冷量在2500W左右，见表1-8。

表1-7 各功能房间单位面积所需要的制冷量

房间功能	单位冷负荷/（W/m²）	房间功能	单位冷负荷/（W/m²）
客厅	220～280	普通客房	220～230
客厅（中空）	280～320	观景客房	250+
餐厅	220～280	阳光房	400+
视听室	220～280	咖啡厅、茶座	250+
多功能室	220～280	普通餐饮包间（单面外墙、外窗）	280+
厨房	280～350	挂角餐饮包间（多面外墙外窗）、VIP包间	300+
普通房间（单面外墙、外窗）	210～230	大堂就餐区	250+
衣帽间	160～220	自助烧烤店、火锅店	250+
健身房	220～280	普通KTV包间（单面外墙、外窗）、足疗包间、SPA包间、沐浴更衣区	250+
过道（无窗）	100～160	挂角KTV包间（多面外墙外窗）、VIP包间	280+

（续）

房间功能	单位冷负荷 /（W/m²）	房间功能	单位冷负荷 /（W/m²）
挂角房间（多面外墙外窗）、带大面积飘窗的房间、带落地窗或推拉门的房间	230～250	酒吧卡座、包间及网吧	250+
酒窖	160～220	酒吧舞池区	350+
普通办公室（单面外墙、外窗）	200～220	棋牌室	280+
单层会议室、多功能厅及大堂	250+	超市、商场	200+
食堂、餐厅	250+	普通教室	250+
挂角办公室（多面外墙、外窗）	220～250	多功能阶梯教室	290+
挑空大会议室、多功能厅、展厅及大堂	280+	阅览室、图书馆	220+
厂房、机房	200+ 设备发热量	门诊、病房、值班室	200～220

表 1-8　不同面积房间选用空调制冷量对照参考表（粗略计算）

制冷量 /W	普通房间 /m²	客厅 / 饭店 /m²	一般办公室 /m²	会议室 / 茶座 /m²	商场 /m²
2200（小 1 匹）	≤ 12	—	≤ 12	7～10	—
2500（1 匹）	10～14	—	9～15	7～10	—
3200（小 1.5 匹）	14～19	12～17	11～19	7～11	—
3500（1.5 匹）	16～23	13～20	13～21	8～12	—
5000（2 匹）	24～37	19～32	18～30	12～17	20～28
7200（3 匹）	34～53	27～45	26～42	16～24	29～40

2　风量

送风量是指在规定的风量条件下，中央空调单位时间内向封闭空间、房间或区域送入的空气量，也就是每小时流过蒸发器的空气量，单位为 m³/h。

标准风量是指将送风量换算成大气压为 101.325kPa、温度为 20℃、密度为 1.204kg/m³ 标准条件下的风量，单位为 m³/h。

风量是空调的重要参数之一。空调风量大，则进、出风口空气温差小，同时风机噪声大；而风量小时，噪声下降，进、出风口空气温差大，造成空调器能效比下降，电耗增加。

相对来说，在噪声符合标准要求的前提下，空调的风量越大越节能。

3　循环水系统的运行参数

水冷式中央空调系统中，循环水系统包括冷冻水循环系统和冷却水循环系统。循环水系统的运行参数直接影响水冷式中央空调系统的制冷效果。

循环水系统的运行参数主要包括进、出水的压差和进、出水的温差等。

（1）进、出水的压差

在正常情况下，水冷式中央空调冷冻水循环系统和冷却水循环系统中进、出水的压差应为 0.08～0.15MPa。例如，若冷冻水的进水压力为 0.5MPa，则出水压力应为 0.42～0.35MPa。若压差过小，则可能的原因为机组水流量不够，需要对水循环系统进行检查，如确认水泵运行是否正常，阀门是否开启，过滤器是否堵塞等。

检查循环水系统进、出水的压差应在开机前进行。

(2)进、出水的温差

水冷式中央空调水循环系统的进、出水温差将直接影响热交换器的热交换效果。一般情况下，在机组正常运行时，水循环系统冷冻水、冷却水的进、出水的温差应为3~5℃。例如，若冷冻水的进水温度为16℃，其出水温度就应为11~13℃。若温差过小，则说明热交换效果差。

除此之外，一般情况下，冷冻水、冷却水的出水温度与蒸发器制冷剂温度、冷凝器制冷剂温度的温差应不大于2.5℃。例如，冷冻水的出水温度是12℃，蒸发器制冷剂温度就应为10~12℃；冷却水的出水温度是28℃，冷凝器制冷剂温度就应为26~28℃。温差越小，说明机组热交换器热交换效果越好。

冷却水塔的进、出水温度也有一定的温差要求。当进水温度接近环境温度时，温差应在3~5℃之间。例如，冷却水塔的进水温度是32℃（接近环境温度），冷却水塔的出水温度就应为27~29℃。若温差过小，说明冷却水塔的冷却效果较差。当冷却水塔的进水温度高于环境温度时，环境温度与冷却水塔的出水温度的温差应不大于3℃。

4　制冷系统的运行参数

中央空调制冷系统的运行参数主要有蒸发温度和蒸发压力、冷凝温度和冷凝压力、压缩机吸气和排气温度、压缩机吸气和排气压力。

（1）蒸发温度和蒸发压力

蒸发温度是指制冷剂液体沸腾时的温度，而制冷剂液体沸腾时所对应的压力值即为蒸发压力。通常，蒸发压力（低压）越低，蒸发温度也就越低。蒸发温度与制冷量的关系是，在制冷剂流量一定时，蒸发温度越低，那么与热负荷（热风）的温差就越大，制冷量越大，换言之，蒸发压力越低，制冷量就越大，并且相同质量的同一制冷剂，在不同的温度下蒸发，其蒸发潜热也不相同，蒸发温度越低，蒸发潜热越大，吸热能力越强。

（2）冷凝温度和冷凝压力

冷凝温度是指过热制冷剂蒸汽在冷凝器中冷凝为制冷剂液体时的温度。而制冷剂冷凝为液体时所对应的压力值即为冷凝压力。在制冷剂冷凝过程中，冷凝压力（高压）一定，冷凝温度也一定。两者的关系是一一对应的。

（3）压缩机的吸、排气温度和吸、排气压力

压缩机的吸、排气温度和吸、排气压力是压缩制冷系统重要的运行参数。一般来说，压缩机吸气温度高，则排气温度也高；压缩机的排气温度可通过排气管路的温度计测得。

压缩机的吸气压力是指压缩机吸气口的压力，排气压力是指压缩机出口处排气管内制冷剂气体的压力。这两个压力与蒸发温度、冷凝器温度、制冷剂类型和压缩机类型有关。

一般认为吸气压力接近于蒸发压力；排气压力近似等于冷凝压力。

5　润滑系统的运行参数

中央空调润滑系统的运行参数主要包括油温、油压差和油液高度。

（1）油温

油温是指润滑油在系统运行过程中的温度。油温的高低与润滑油的黏度有着密切的关系。如果系统在实际运行过程中油温偏低，则导致润滑油黏度提高，润滑油的流速会随之减慢，造成功耗增加。反之，若油温偏高，则会使得润滑油的黏度降低，使得油体膜厚度无法达到要求，进而大大增加运行部件之间的磨损。

（2）油压差

油压差是润滑系统中润滑油能够正常循环的动力保证。油压差不能达到设计要求，润滑系统便无法向系统供应足量的润滑油，整个空调系统的运行部件便不能得到很好的润滑和冷却。

（3）油液高度

通常，在储油容器上都会标识油液高度。该参考值对空调系统运行非常重要。特别是压缩机在运行过程中对油量有着严格的要求。若油液高度达不到标称值，则意味着系统中的油量不能满足正常运转的需要，设备内极易出现磨损，引发运行事故。因此，一旦发现实际油液高度偏低，需要及时为系统补充油量以满足系统正常运转。

6 机组工作电源参数

中央空调机组工作电源一般要求采用独立电源，设备应符合如下供电条件：

单相供电：50Hz，220V（1±10%）；

三相供电：50Hz，380V（1±10%）。

中央空调机组运行对电源要求比较严格，电压过高或过低都会造成机组压缩机电动机运行电流偏大，严重时可能会烧坏压缩机电动机绕组。通常，电源三相电压不平衡度应不大于2%；电源三相电流不平衡度应不大于10%。

第 2 章 风冷式中央空调结构原理

2.1 风冷式中央空调的特点

2.1.1 风冷式风循环中央空调

风冷式风循环中央空调是一种常见的中央空调系统，常在商用环境下应用。这种空调系统是借助空气流动（风）作为冷却和循环传输介质，从而实现温度调节。

扫一扫看视频

风冷式风循环中央空调的室外机借助空气流动（风）对制冷管路中的制冷剂进行降温或升温处理，将降温或升温后的制冷剂经管路送至室内机（风管机）中，由室内机（风管机）将制冷（或制热）后的空气送入风道，经风道中的送风口（散流器）将制冷或制热的空气送入各个房间或区域，从而改变室内温度，实现制冷或制热的效果。

图 2-1 为风冷式风循环中央空调系统的结构特点。

图 2-1 风冷式风循环中央空调系统的结构特点

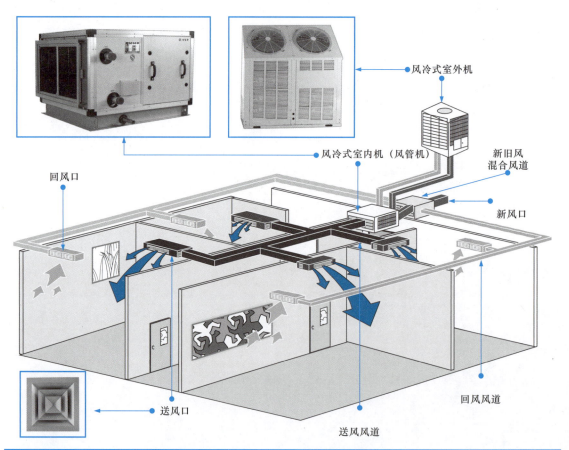

| 提示说明 |

为保障空气质量，许多风冷式风循环商用中央空调安装有新风口、回风口和回风风道。室内空气从回风口进入风道与新风口送入的室外新鲜空气混合后再送入室内，起到良好的空气调节作用。这种中央空调对空气的需求量较大，要求风道的截面积较大，占用建筑物的空间也较大。

除此之外，这种中央空调的耗电量较大，有噪声，多数情况下应用在有较大空间的建筑物中，如超市、餐厅及大型购物广场等。

图 2-2 为风冷式风循环中央空调系统的结构组成，主要由风冷式室外机、风冷式室内机、送风口（散流器）、室外风机、风道连接器、过滤器、新风口、回风口、风道以及风道中的风量调节阀等构成。

图 2-2 风冷式风循环中央空调系统的结构组成

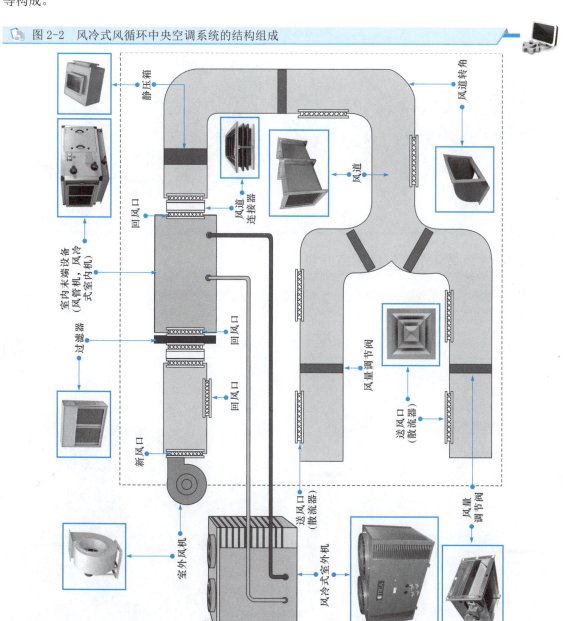

1　风冷式风循环中央空调的室内机

风冷式室内机（风管机）多采用风管式结构，主要由封闭的外壳将内部风机、蒸发器及空气加湿器等集成在一起，两端有回风口和送风口，由回风口将室内空气或由新旧风混合的空气送入风管机中，由风管机将空气通过蒸发器进行热交换，再由风管机中的加湿器对空气进行加湿处理，最后由送风口将处理后的空气送入风道中。

图 2-3 为风冷式室内机的实物外形。

图 2-3　风冷式室内机的实物外形

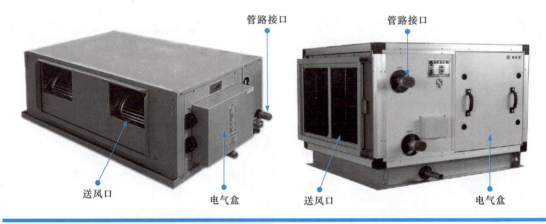

2　风冷式风循环中央空调的室外机

图 2-4 为风冷式室外机的实物外形。风冷式室外机采用空气循环散热方式对制冷剂进行降温，其结构紧凑，可安装在楼顶及地面上。

图 2-4　风冷式室外机的实物外形

3 送风风道系统

风冷式中央空调系统由风管机（室内机）将升温或降温后的空气经送风口送入风道中，在风道中经静压箱降压，再经风量调节阀对风量进行调节后，将热风或冷风经送风口（散流器）送入室内。

图 2-5 为送风风道系统。

图 2-5 送风风道系统

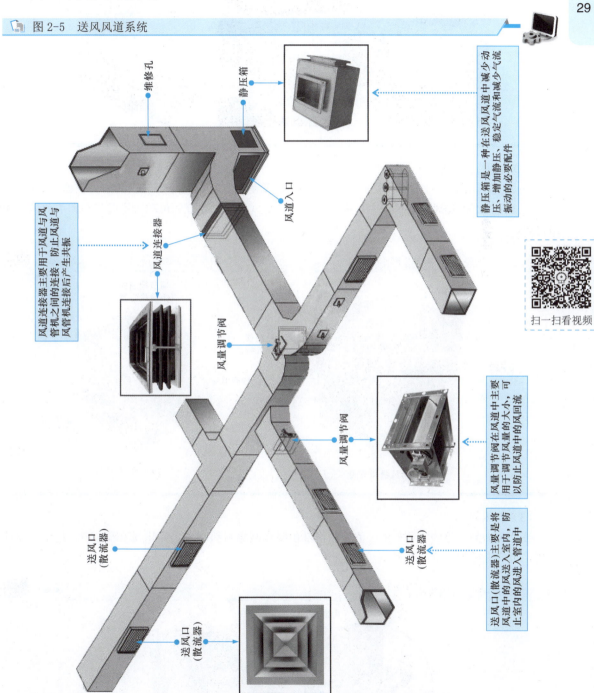

（1）送风风道

图 2-6 为送风风道的实物外形。送风风道简称风管，一般由铁皮、夹芯板或聚氨酯板等材料制

成。中央空调系统通过送风风道可有效地将风输送到出风口。

图 2-6 送风风道的实物外形

（2）风量调节阀

图 2-7 为风量调节阀的实物外形。风量调节阀简称调风门，是不可缺少的中央空调末端配件，一般用在中央空调送风风道系统中，用来调节支管的风量，主要分为电动风量调节阀和手动风量调节阀。

图 2-7 风量调节阀的实物外形

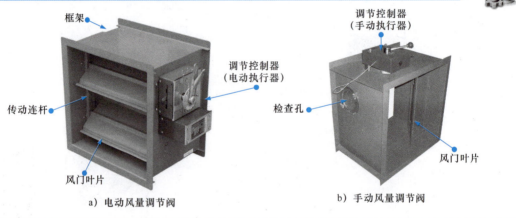

a）电动风量调节阀　　　b）手动风量调节阀

（3）静压箱

图 2-8 为静压箱的实物外形。静压箱内部由吸音减振材料制成，可起到消除噪声、稳定气流的作用，可使送风效果更加理想。

图 2-8 静压箱的实物外形

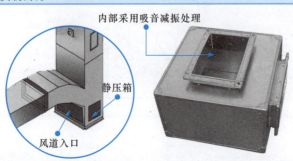

2.1.2 风冷式水循环中央空调

风冷式水循环中央空调是指室外机借助空气流动（风）对制冷管路中的制冷剂进行降温或升温处理，并将管路中的水降温（或升温）后送入室内末端设备（风机盘管）中与室内空气进行热交换，从而实现对空气的调节。

图 2-9 为风冷式水循环商用中央空调系统的结构组成，主要由风冷机组、室内末端设备（风机盘管）、膨胀水箱、冷冻水管路、冷冻水泵及闸阀组件和压力表等构成。

图 2-9 风冷式水循环商用中央空调系统的结构组成

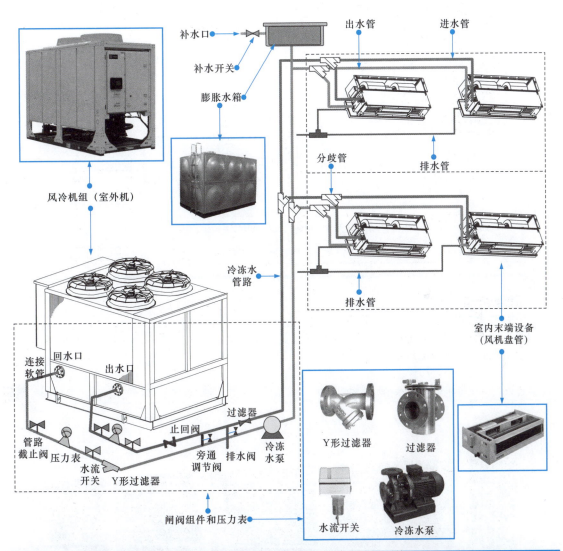

| 相关资料 |

根据实际的系统设计需求、安装要求和品牌配置不同，风冷式水循环中央空调水管路系统中各种闸阀、泵类等部件的种类和数量也不相同，需要根据实际应用和不同品牌中央空调的配置要求、安装说明等进行选用和安装。

图 2-10 为美的风冷式水循环中央空调系统结构示意图。

图 2-10 美的风冷式水循环中央空调系统结构示意图

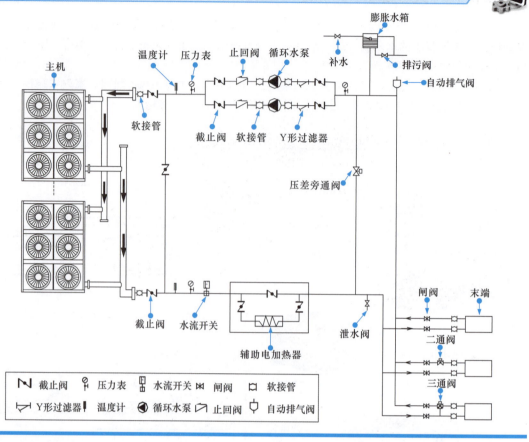

1 风冷机组

图 2-11 为风冷机组的实物外形。风冷机组是以空气流动（风）作为冷（热）源，以水作为供冷（热）介质的中央空调机组。

图 2-11 风冷机组（室外机）的实物外形

风冷机组内部主要由翅片式冷凝器、壳管式蒸发器和压缩机构成,如图 2-12 所示。

图 2-12　风冷机组的结构

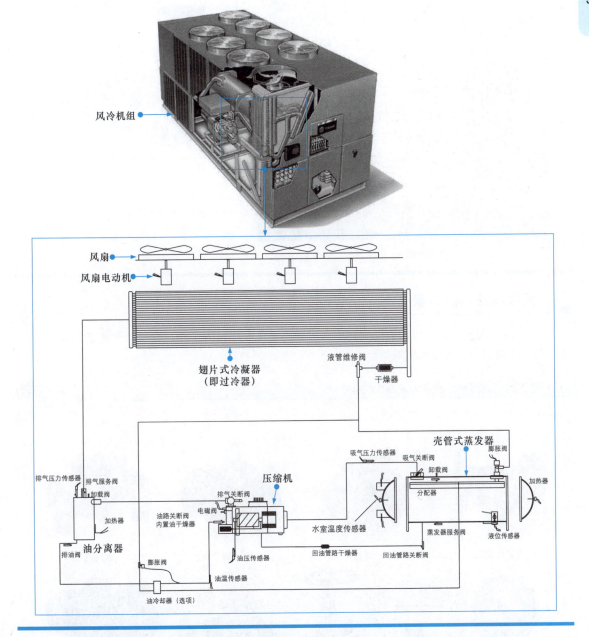

风冷机组中压缩机一般采用螺杆式压缩机或涡旋式压缩机。

2　冷冻水泵

图 2-13 为冷冻水泵的实物外形。冷冻水泵通常连接在靠近风冷机组的水循环管路中,主要用于对风冷机组降温的冷冻水加压后送到冷冻水管路中。

图 2-13 冷冻水泵的实物外形

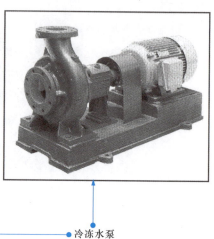

3 闸阀组件和压力表

图 2-14 为闸阀组件和压力表的实物外形。闸阀组件主要包括 Y 形过滤器、过滤器、水流开关、止回阀、旁通调节阀及排水阀等。

图 2-14 闸阀组件和压力表的实物外形

闸阀组件和压力表主要应用在水管路系统中。例如，图 2-15 为壳管式蒸发器水管路安装示意图。

图 2-15 壳管式蒸发器水管路安装示意图

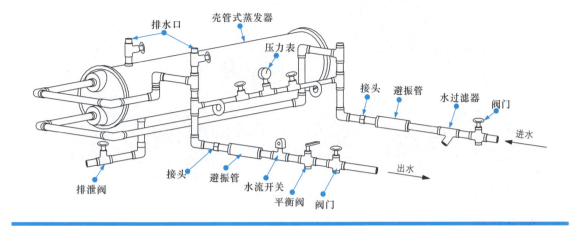

4 风机盘管

图 2-16 为风机盘管的实物外形。风机盘管是风冷式水循环中央空调的室内末端设备，主要利用风扇的作用使空气与盘管中的冷水（热水）进行热交换，并将降温或升温后的空气送出。

图 2-16 风机盘管（室内机）的实物外形

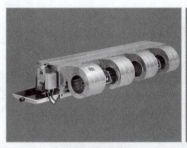
a) 吊顶暗装风机盘管

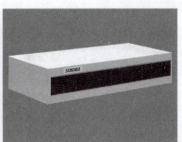
b) 吊顶明装风机盘管

c) 立式明装风机盘管

d) 立式暗装风机盘管

e) 卡式风机盘管

图 2-17 为两管制风机盘管和四管制风机盘管的实物外形。两管制风机盘管是比较常见的中央空调末端设备，在夏季可以流通冷水，冬季可以流通热水；而四管制风机盘管可以同时流通热水和冷水，并根据需要分别对不同的房间进行制冷和制热，多用于酒店等要求较高的场所。

图 2-17　两管制风机盘管和四管制风机盘管的实物外形

a) 两管制风机盘管

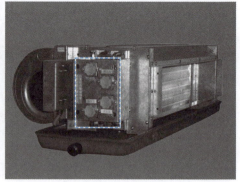

b) 四管制风机盘管

5　膨胀水箱

图 2-18 为膨胀水箱的实物外形。膨胀水箱是风冷式水循环商用中央空调中非常重要的部件之一，主要用于平衡水循环管路中的水量及压力。

图 2-18　膨胀水箱的实物外形

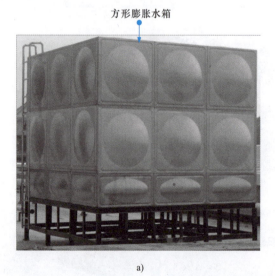

a)　　　　　　　　　　　　　　　　　　b)

2.2　风冷式中央空调的工作原理

2.2.1　风冷式风循环中央空调的工作原理

1　风冷式风循环中央空调的制冷原理

风冷式风循环中央空调采用空气作为热交换介质完成制冷/制热循环，其制冷原理如图 2-19 所示。

图 2-19 风冷式风循环中央空调的制冷原理

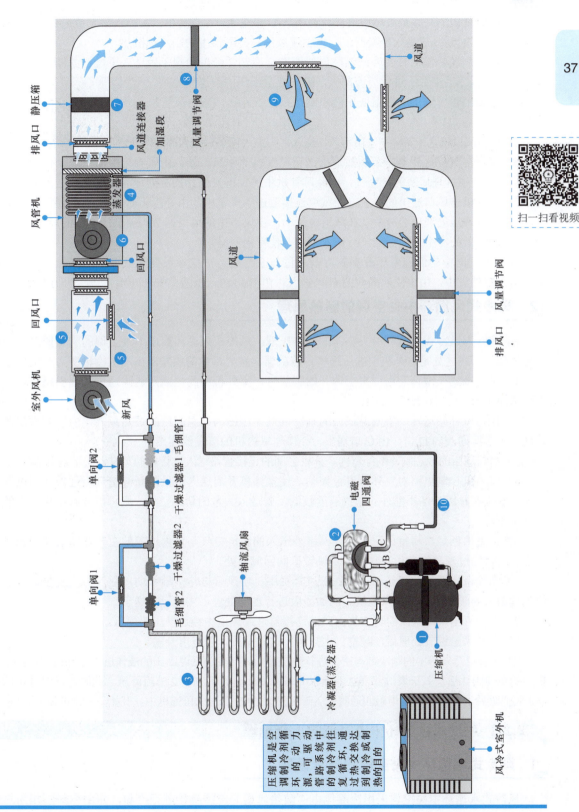

1）当风冷式风循环商用中央空调开始制冷时，制冷剂在压缩机中被压缩，低温低压的制冷剂气体被压缩为高温高压的气体，由压缩机的排气口送入电磁四通阀中。

2）高温高压的制冷剂气体由电磁四通阀的 D 口进入，A 口送出。A 口直接与冷凝器管路连接，高温高压气态的制冷剂进入冷凝器中，由轴流风扇对冷凝器中的制冷剂散热。

3）制冷剂经降温后转变为低温高压的液态制冷剂，经单向阀 1 后送入干燥过滤器 1 中滤除水分和杂质，再经毛细管 1 进行节流降压，输出低温低压的液态制冷剂。

4）由毛细管 1 输出的低温低压液态制冷剂经管路送入室内风管机蒸发器中，为空气降温做好准备。

5）室外风机将室外新鲜空气由新风口送入，与室内回风口送入的空气在新旧风混合风道中混合。

6）混合空气经过滤器将杂质滤除后送至风管机的回风口处，由风管机吹动空气，使空气与蒸发器进行热交换处理后变为冷空气，再经风管机中的加湿段进行加湿处理后由出风口送出。

7）风管机出风口送出的冷空气经风道连接器进入风道中，由静压箱对冷空气进行静压处理。

8）经过静压处理后的冷空气在风道中流动，由风道中的风量调节阀调节冷空气的风量。

9）调节后的冷空气经排风口后送入室内，使室内降温。

10）蒸发器中的低温低压液态制冷剂通过与空气进行热交换后变为低温低压气态制冷剂，经管路送入室外机中，由电磁四通阀的 C 口进入，由 B 口送入压缩机中，开始下一次的制冷循环。

2　风冷式风循环中央空调的制热原理

图 2-20 为风冷式风循环中央空调的制热原理。风冷式风循环商用中央空调的制热原理与制冷原理相似，不同之处是室外机中的压缩机、冷凝器与室内机中的蒸发器由产生冷量变为产生热量。

1）当风冷式风循环商用中央空调开始制热时，室外机中的电磁四通阀通过控制电路控制，使内部滑块由 B、C 口移动至 A、B 口。

2）压缩机开始运转，将低温低压的制冷剂气体压缩为高温高压的过热蒸气，由压缩机的排气口送入电磁四通阀的 D 口，由 C 口送出，C 口与室内机的蒸发器连接。

3）高温高压的气态制冷剂经室内、外机之间的连接管路送入风管机的蒸发器中准备升温空气。

4）室内机控制电路对室外机进行控制，使室外机开启送入适量的新鲜空气，进入新旧风混合风道。这主要是因为冬季室外的空气温度较低，若送入大量的新鲜空气，则可能导致中央空调的制热效果下降。

5）由室内回风口将室内空气送入，室外送入的新鲜空气与室内送入的空气在新旧风混合风道中混合，再经过滤器将杂质滤除后送至风管机的回风口处。

6）滤除杂质后的空气经回风口送入风管机中，由风管机将空气吹动，空气与蒸发器进行热交换处理后变为暖空气，再经风管机中的加湿段进行加湿处理，由排风口送出。

7）风管机出风口送出的暖空气由风道连接器进入风道中经过静压箱静压。

8）经过风量调节处理后，暖空气由排风口送入室内，使室内升温。

9）风管机蒸发器中的制冷剂与空气进行热交换后，转变为低温高压的液体进入室外机中，经室外机中的单向阀 2 后送入干燥过滤器 2 滤除水分和杂质，再经毛细管 2 节流降压。此时，低温低压的液态制冷剂经冷凝器管路，由电磁四通阀的 A 口进入，由 B 口送入压缩机中，开始下一次的制热循环。

2.2.2　风冷式水循环中央空调的工作原理

1　风冷式水循环中央空调的制冷原理

风冷式水循环中央空调采用冷凝风机（散热风扇）对冷凝器进行冷却，并由冷却水作为热交换介质完成制冷/制热循环。

图 2-20 风冷式风循环中央空调的制热原理

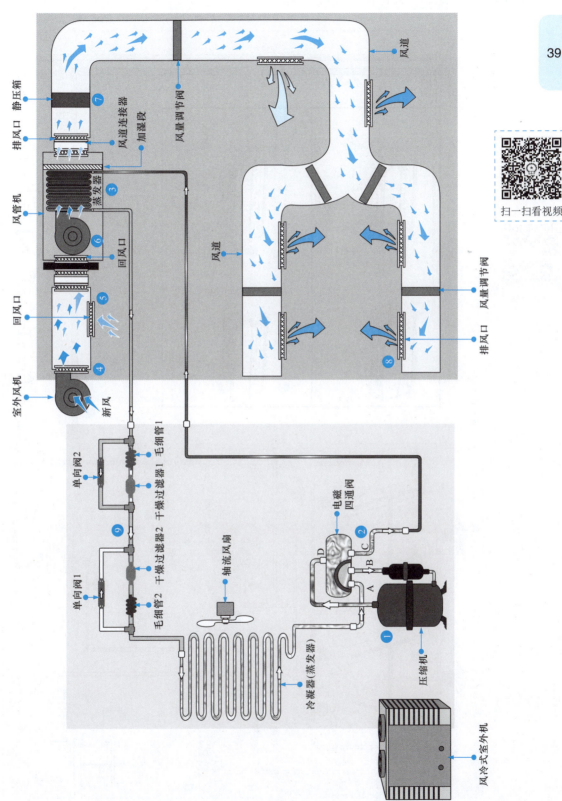

图 2-21 为风冷式水循环中央空调的制冷原理。

图 2-21　风冷式水循环中央空调的制冷原理

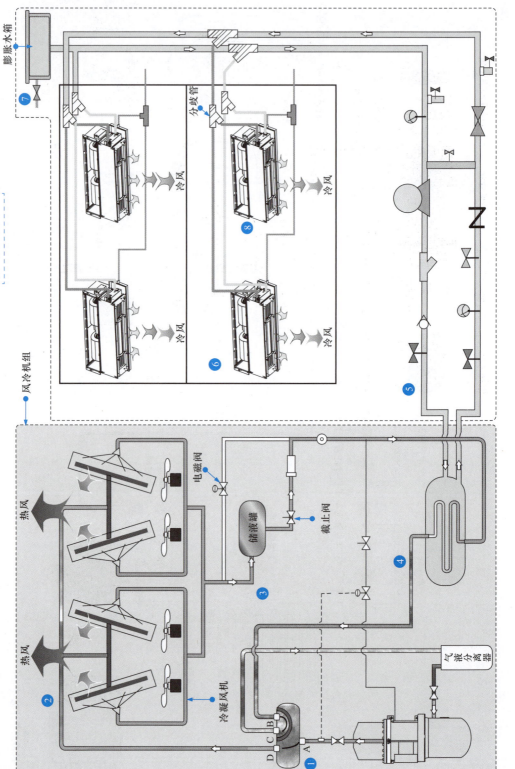

1）风冷式水循环商用中央空调制冷时，由室外机中的压缩机对制冷剂进行压缩，将制冷剂压缩为高温高压的制冷剂气体，由电磁四通阀的 A 口进入，经 D 口送出。

2）高温高压的气态制冷剂经制冷管路送入翅片式冷凝器中，由冷凝风机（散热风扇）吹动空气，对翅片式冷凝器中的空气降温，制冷剂由气态变成低温高压液态。

3）低温高压的液态制冷剂由翅片式冷凝器流出进入制冷管路，电磁阀关闭，截止阀打开，制冷剂经制冷管路中的储液罐、截止阀、干燥过滤器后形成低温低压的液态制冷剂。

4）低温低压的液态制冷剂进入壳管式蒸发器中，与水进行热交换，由壳管式蒸发器送出低温低压的气态制冷剂，再经制冷管路进入电磁四通阀的 B 口，由 C 口送出，进入气液分离器后送回压缩机，由压缩机再次对制冷剂进行制冷循环。

5）壳管式蒸发器中的制冷管路与循环的水进行热交换，经降温后由壳管式蒸发器的出水口送出，进入送水管路中经管路截止阀、压力表、水流开关、止回阀、过滤器及管路上的分歧管后，分别送入各个室内风机盘管中。

6）由室内风机盘管与室内空气进行热交换对室内降温。水经风管机进行热交换后，经过分歧管循环进入回水管路，经压力表、冷冻水泵、Y 形过滤器、单向阀及管路截止阀后，经壳管式蒸发器的入水口送回壳管式蒸发器中，再次进行热交换循环。

7）回水管路连接膨胀水箱，可防止管路中的水由于热胀冷缩使管路破损，在膨胀水箱上设有补水口，当循环系统中的水量减少时，可以通过补水口进行补水。

8）室内机风机盘管中的制冷管路在进行热交换的过程中会形成冷凝水，由风机盘管上的冷凝水盘盛放，经排水管排出室外。

2 风冷式水循环中央空调的制热原理

图 2-22 为风冷式水循环中央空调的制热原理。风冷式水循环中央空调的制热原理与制冷原理相似，不同之处在于室外机的功能由制冷循环转变为制热循环。

1）风冷式水循环中央空调制热工作时，制冷剂在压缩机中被压缩，将原来低温低压的制冷剂气体压缩为高温高压的气体，电磁四通阀在控制电路的控制下，将内部滑块由 C、B 移动至 C、D 口，此时高温高压的制冷剂气体由压缩机送入电磁四通阀的 A 口，经 B 口进入制热管路中。

2）高温高压的制冷剂气体通过制热管路送入壳管式蒸发器中，与水进行热交换，使水温升高。

3）高温高压的制冷剂气体经壳管式蒸发器进行热交换后转变为低温高压的液态制冷剂，并进入制热管路中，此时制热管路中的电磁阀开启、截止阀关闭，制冷剂经电磁阀后转变为低温低压的液态制冷剂，继续经管路进入翅片式冷凝器中。

4）由冷凝风机对翅片式冷凝器降温，制冷剂经翅片式冷凝器后转变为低温低压的气态制冷剂。低温低压的气态制冷剂经电磁四通阀 D 口进入，经 C 口送入气液分离器后再送入压缩机中，由压缩机再次对制冷剂进行制热循环。

5）壳管式蒸发器中的制热管路与循环水进行热交换，水温升高后由壳管式蒸发器的出水口送出，送入送水管路，经管路截止阀、压力表、水流开关、止回阀、过滤器及管路上的分歧管后，分别送入各个室内风机盘管中。

6）由室内风机盘管与室内空气进行热交换实现室内升温，水经风机盘管进行热交换后，经过分歧管进入回水管路，经压力表、冷冻水泵、Y 形过滤器、单向阀及管路截止阀后，再经壳管式蒸发器的入水口回到壳管式蒸发器中，再次与制冷剂进行热交换循环。

7）回水管路连接膨胀水箱，由于管路中的水温升高可能会发生热胀的效果，所以此时胀出的水进入膨胀水箱中，可防止管路压力过大而破损，在膨胀水箱上设有补水口，当水循环系统中的水量减少时，可以通过补水口为系统补水。

8）当室内风机盘管进行热交换时，管路中可能会形成冷凝水，由风机盘管上的冷凝水盘盛放，并经排水管排出室外，防止水积于室内。

图 2-22 风冷式水循环中央空调的制热原理

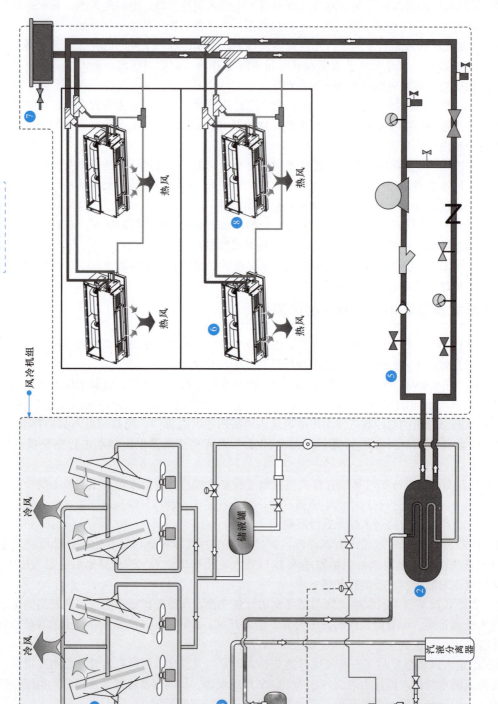

第3章 水冷式中央空调结构原理

3.1 水冷式中央空调的特点

图 3-1 为水冷式中央空调系统的结构组成，主要由冷水机组、冷却水塔、风机盘管、膨胀水箱、冷冻水管路、冷却水泵及闸阀组件和压力表等构成。

图 3-1 水冷式中央空调系统的结构组成

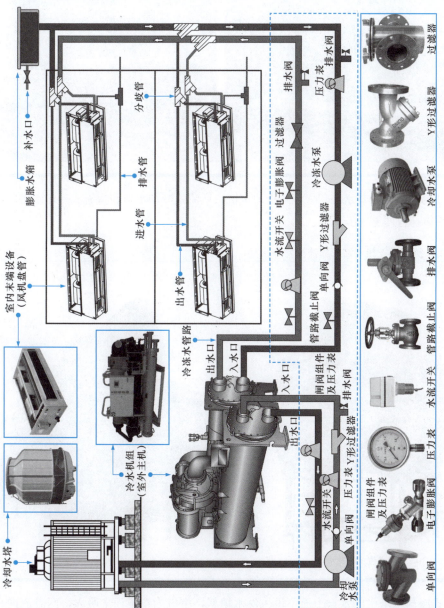

扫一扫看视频

3.1.1 冷却水塔

冷却水塔是集合空气动力学、热力学、流体力学、化学、生物化学、材料学、静/动态结构力学及加工技术等多种学科于一体的综合产物。它是一种利用水与空气的接触对水进行冷却,并将冷却的水经连接管路送入冷水机组中的设备。

图 3-2 为冷却水塔的实物外形。

图 3-2 冷却水塔的实物外形

图 3-3 为逆流式冷却水塔和横流式冷却水塔。逆流式冷却水塔和横流式冷却水塔的主要区别是水和空气的流动方向。

图 3-3 逆流式冷却水塔和横流式冷却水塔

a)逆流式冷却水塔　　b)横流式冷却水塔

逆流式冷却水塔中的水自上而下进入淋水填料,空气为自下而上吸入,两者流向相反。该类型的水塔具有配水系统不易堵塞、淋水填料可以保持清洁不易老化、湿气回流小、防冻冰措施设置便捷、安装简便、噪声小等特点。

横流式冷却水塔中的水自上而下进入淋水填料，空气自塔外水平流入塔内，两者流向呈垂直正交。该类型的水塔一般需要较多填料散热、填料易老化、布水孔易堵塞、防冻冰性能不良；但其节能效果好、水压低、风阻小、无滴水噪声和风动噪声。

| 相关资料 | |

根据分类方式的不同，冷却水塔有多种类型，按照通风方式可以分为自然通风式冷却水塔、机械通风式冷却水塔、混合通风式冷却水塔；按照水与空气接触的方式可以分为湿式冷却水塔、干式冷却水塔及干湿式冷却水塔；按照应用领域可以分为工业冷却水塔与中央空调冷却水塔；按照噪声级别可以分为普通式冷却水塔、低噪声式冷却水塔、超低噪声式冷却水塔、超静音式冷却水塔；按照形状可以分为圆形冷却水塔、方形冷却水塔。此外，还有喷流式冷却水塔、无风机式冷却水塔等。

3.1.2 冷水机组

冷水机组是水冷式中央空调系统的核心组成部件，一般安装在专门的空调机房内，依靠制冷剂循环达到冷凝效果，依靠水泵完成水循环，从而带走一定的冷量。

图 3-4 为某空调机房内的冷水机组。

图 3-4 某空调机房内的冷水机组

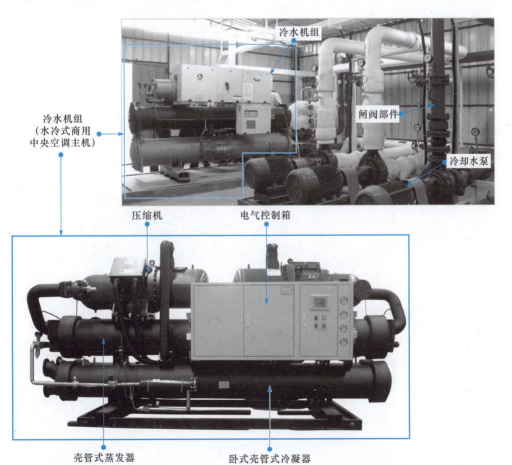

在不同制冷量需求的中央空调系统中，冷水机组具体结构和配置也不同。目前根据压缩机类型不同，大型冷水机组主要有螺杆式冷水机组和离心式冷水机组。

1 螺杆式冷水机组

螺杆式冷水机组是以单螺杆或双螺杆压缩机为核心配合蒸发器、冷凝器构成的。例如，图3-5为采用单螺杆压缩机的冷水机组结构外形。图3-6为采用双螺杆压缩机的冷水机组结构外形。

图3-5 采用单螺杆压缩机的冷水机组结构外形

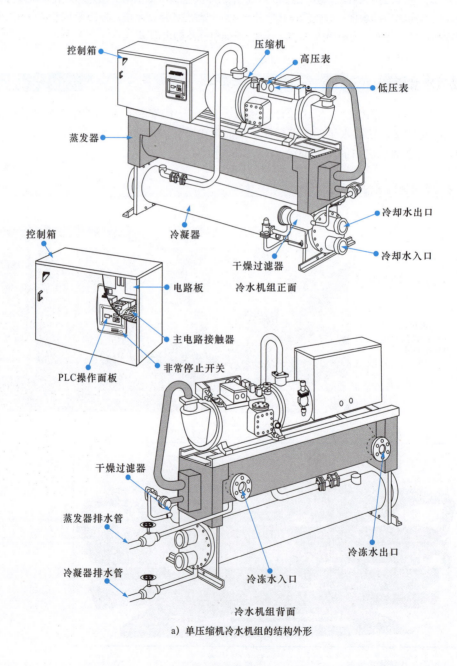

a) 单压缩机冷水机组的结构外形

图 3-5 采用单螺杆压缩机的冷水机组结构外形（续）

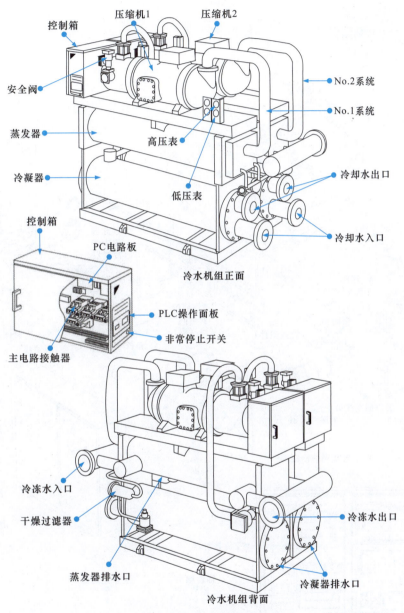

b）双压缩机冷水机组的结构外形

图 3-6 采用双螺杆压缩机的冷水机组结构外形

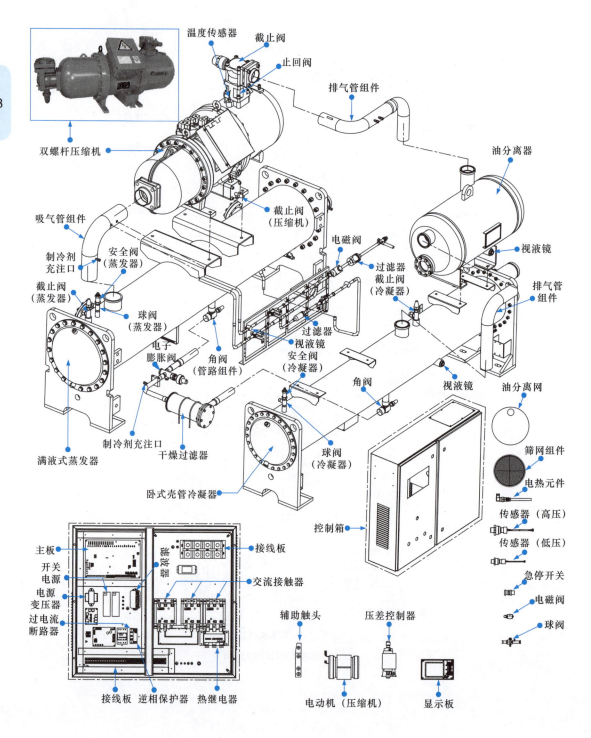

图 3-7 为冷水机组中压缩机、冷凝器和蒸发器的配管连接示意图（制冷剂管路系统）。

图 3-7 冷水机组中压缩机、冷凝器和蒸发器的配管连接示意图（制冷剂管路系统）

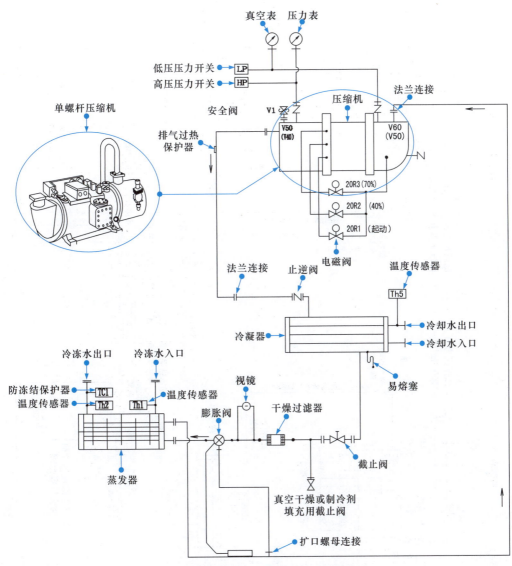

a）单螺杆压缩机、冷凝器和蒸发器连接关系

图 3-7 冷水机组中压缩机、冷凝器和蒸发器的配管连接示意图（制冷剂管路系统）（续）

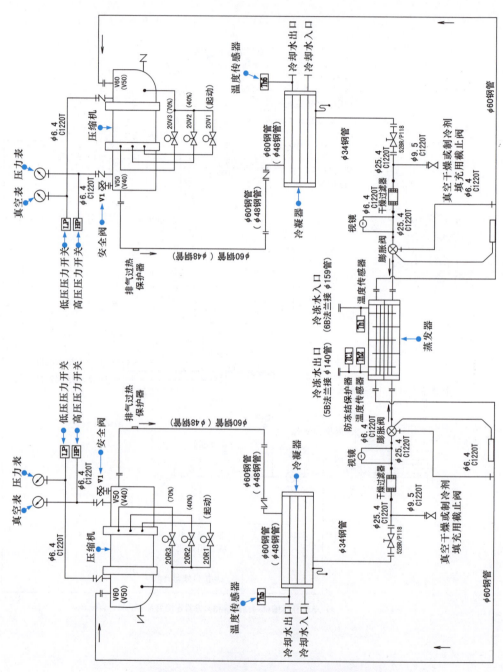

b）采用两个单螺杆压缩机、双冷凝器和单蒸发器连接关系

图 3-7 冷水机组中压缩机、冷凝器和蒸发器的配管连接示意图（制冷剂管路系统）（续）

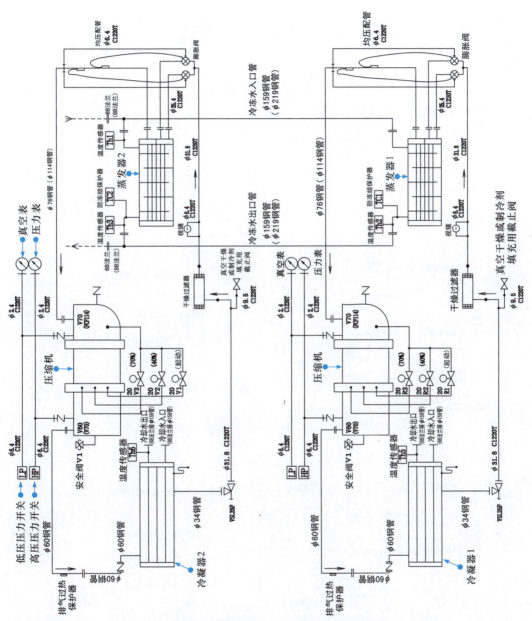

c）采用两个单螺杆压缩机、双冷凝器和双蒸发器连接关系

图 3-7 冷水机组中压缩机、冷凝器和蒸发器的配管连接示意图（制冷剂管路系统）（续）

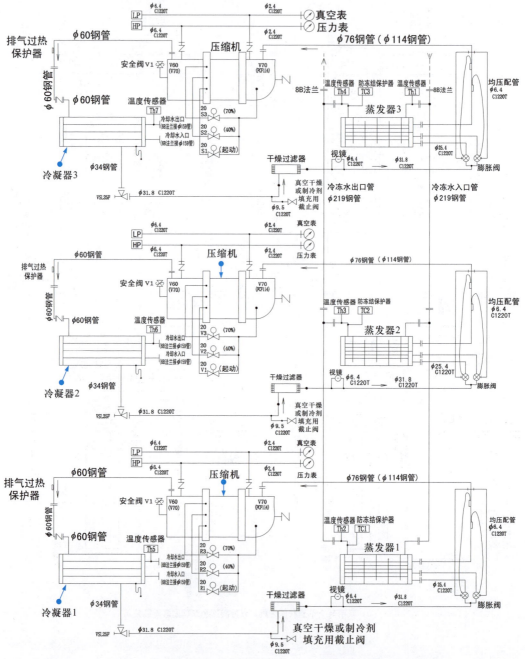

d) 采用三个单螺杆压缩机、三个冷凝器和三个蒸发器连接关系

图 3-7 冷水机组中压缩机、冷凝器和蒸发器的配管连接示意图（制冷剂管路系统）（续）

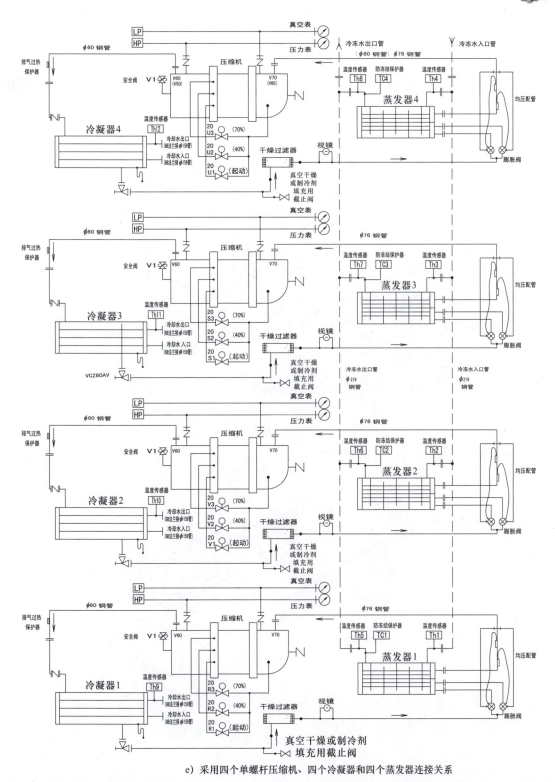

e）采用四个单螺杆压缩机、四个冷凝器和四个蒸发器连接关系

2 离心式冷水机组

离心式冷水机组是以离心压缩机为核心配合蒸发器、冷凝器构成的。例如，图 3-8 为离心式冷水机组结构外形。

图 3-8 离心式冷水机组结构外形

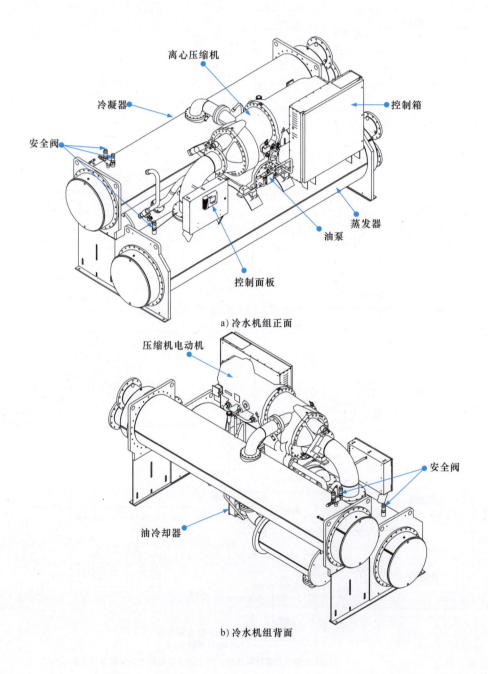

a) 冷水机组正面

b) 冷水机组背面

3.1.3 水管路系统组件

水冷式中央空调系统包括冷冻水循环和冷却水循环两个水管路系统。水管路系统包括排水阀、单向阀、截止阀、水流开关、压力表、过滤器等组件。

在实际应用中,水管路系统中各种泵类、闸阀组件的种类和数量根据需求和配置规范不同而有所区别。

例如,图3-9所示为美的C系列干式螺杆冷水机组构成的中央空调水管路系统。

图3-9 美的C系列干式螺杆冷水机组构成的中央空调水管路系统

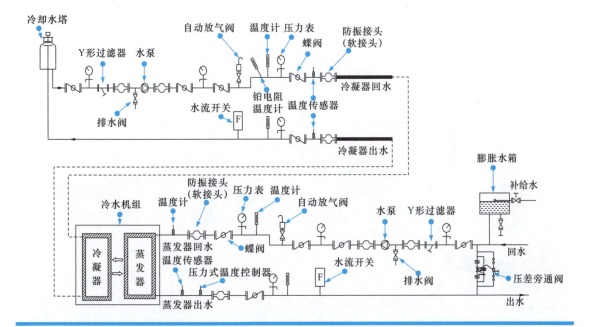

3.2 水冷式中央空调的工作原理

3.2.1 水冷式中央空调的控制原理

水冷式中央空调是指通过冷却水塔、冷却水泵将水降温,使冷水机组中冷凝器内的制冷剂降温,降温后的制冷剂流入蒸发器中,经蒸发器对循环的水降温,降温后的水送至室内末端设备(风机盘管)与室内空气进行热交换,从而实现对空气的调节。

图3-10为水冷式中央空调系统的结构特点。

| 提示说明 |

水冷式中央空调系统主要通过对水的降温处理,使室内末端设备进行热交换达到室内空气降温的目的。若需要使用该系统制热,则需要在水的降温系统中添加锅炉等制热设备使水升温,冷水机组冷凝器中的制冷剂升温,经压缩机运转循环送入蒸发器中将管路中的水升温,形成热循环,再由室内末端设备进行热交换,达到室内空气升温的目的。

图 3-10 水冷式中央空调系统的结构特点

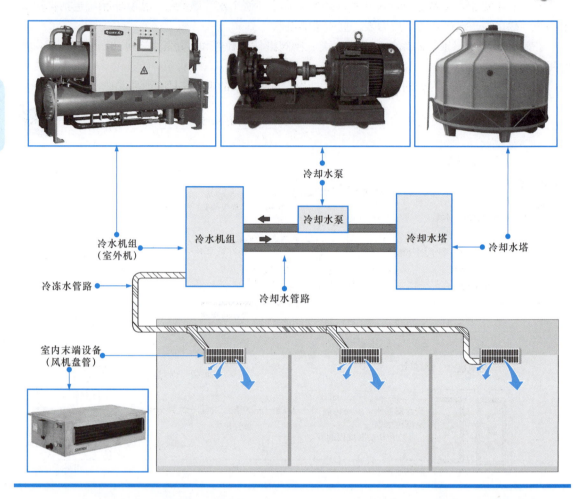

3.2.2 水冷式中央空调的制冷原理

水冷式中央空调通常多用于制冷，若需要进行制热，则需要在室外机循环系统中加装制热设备，对管路中的水进行制热处理即可。下面主要对水冷式中央空调的制冷原理进行介绍。

图 3-11 为水冷式中央空调的工作原理示意图。水冷式中央空调采用压缩机、制冷剂结合蒸发器和冷凝器进行制冷。水冷式中央空调的蒸发器、冷凝器及压缩机均安装在冷水机组中。冷凝器采用冷却水循环冷却的方式。

1）水冷式中央空调制冷时，冷水机组的压缩机将制冷剂压缩为高温高压的制冷剂气体送入壳管式冷凝器中，等待冷却水降温系统对壳管式冷凝器降温。

2）冷却水降温系统进行循环，由壳管式冷凝器将温热的水送入冷却水降温系统的管道中，经压力表和水流开关后送入冷却水塔进行降温处理，再由冷却水塔的出水口送出，经冷却水泵、单向阀、压力表及 Y 形过滤器后送入壳管式冷凝器中，实现对冷凝器的循环降温。

3）送入壳管式冷凝器中的高温高压制冷剂气体经过冷却水降温系统的降温后，送出低温高压液体状态的制冷剂，经管路循环进入壳管式蒸发器中，低温低压液体状态的制冷剂在蒸发器管路中吸热气化后，变为低温低压的制冷剂气体进入压缩机中再次被压缩，进行制冷循环。

图 3-11　冷水式中央空调的工作原理示意图

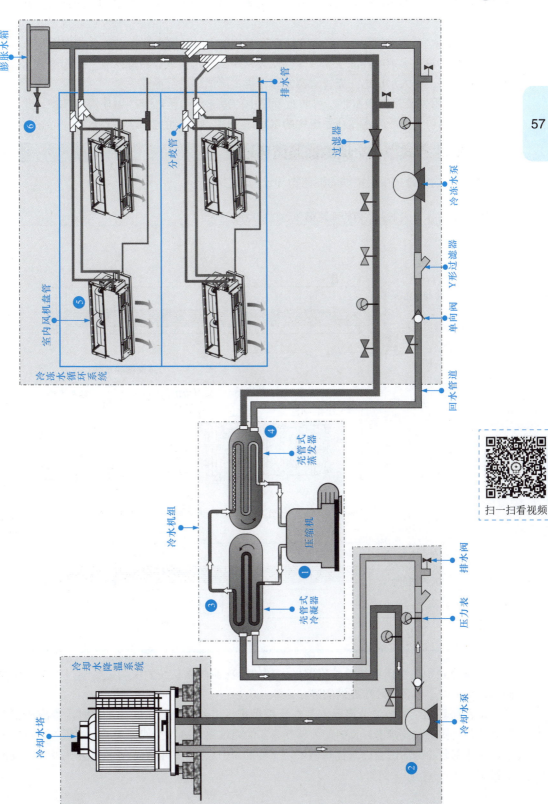

4)壳管式蒸发器中的制冷剂管路与壳管中的冷冻水进行热交换,将冷冻水由壳管式蒸发器的出水口送入送水管路中,经管路截止阀、压力表、水流开关、电子膨胀阀及过滤器等在送水管路中循环。

5)冷冻水经送水管路送入室内风机盘管中,在室内风机盘管中循环,与室内空气热交换降低室内的温度。热交换后的冷冻水循环至回水管路中,经压力表、冷冻水泵、Y形过滤器、单向阀及管路截止阀后,由入水口送回壳管式蒸发器中再次降温,进行循环。

6)回水管路连接膨胀水箱,可防止管路中的冷冻水由于热胀冷缩使管路破损。此外,膨胀水箱上带有补水口,当冷冻水循环系统中的水量减少时,可以通过补水口补水。

3.2.3 水冷式中央空调的油路循环过程

图3-12为水冷式中央空调的油路循环过程示意图。

图3-12 水冷式中央空调的油路循环过程示意图

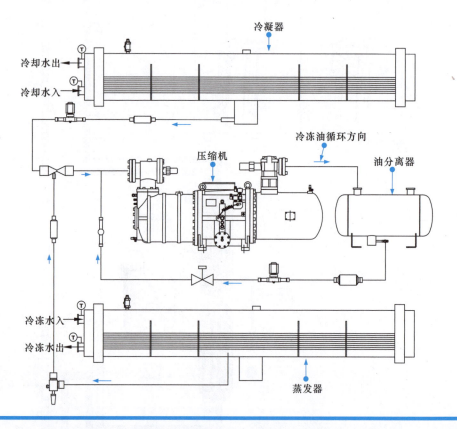

在水冷式中央空调系统中,压缩机内部的冷冻油依靠系统的压力差,通过油路系统循环,进而对压缩机转子和系统轴承提供润滑和冷却。

油路循环系统中,油分离器安装在压缩机排气口和冷凝器之间。工作时,冷冻油随着压缩后的制冷剂气体一起被排出。其中,大部分冷冻油通过油分离器拦截分离后,被吸气口重新被送回压缩机;小部分冷冻油则会进入管路循环,在蒸发器中聚集,并依靠高压液体作为动力,直接返回压缩机中。

第 4 章 多联式中央空调结构原理

4.1 多联式中央空调的特点

如图 4-1 所示，多联式中央空调（也可称为一托多式中央空调），可以通过一个室外机拖动多个室内机进行制冷或制热工作。

图 4-1 多联式中央空调的整体结构

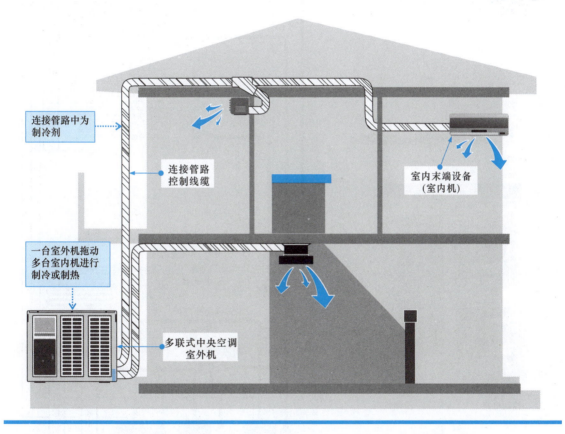

图 4-2 所示为多联式中央空调的结构组成。室内机中的各管路及电路系统相对独立，而室外机中将多个压缩机连接在一个室外管路循环系统中，由主电路以及变频电路对其进行控制，通过管路系统与室内机进行冷热交换，从而达到制冷或制热的目的。

| 提示说明 |

多联式中央空调与普通空调的最大区别在于，普通空调是采用一个室外机连接一个室内机的方式，如图 4-3 所示。普通空调的内部主要是由一个压缩机、电磁四通阀、风扇、冷凝器、蒸发器、单向阀、干燥过滤器、毛细管、控制电路等构成。

图 4-2 多联式中央空调的结构组成

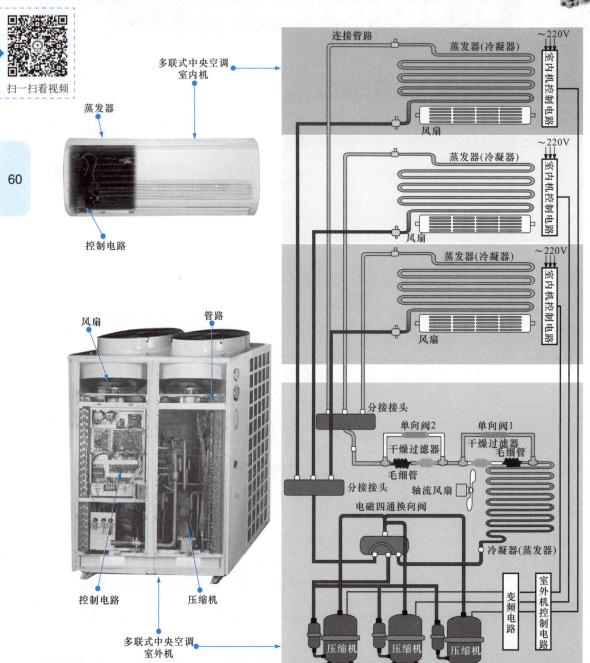

4.1.1 多联式中央空调的室外机

如图 4-4 所示，多联式中央空调的室外机主要用来控制压缩机为制冷剂提供循环动力，然后通过制冷管路与室内机配合，实现能量的转换。

图 4-5 为多联式中央空调室外机的内部结构。从图中可以看到，室外机内部主要由电路部分和管路部分构成。

图 4-3 普通空调的组成

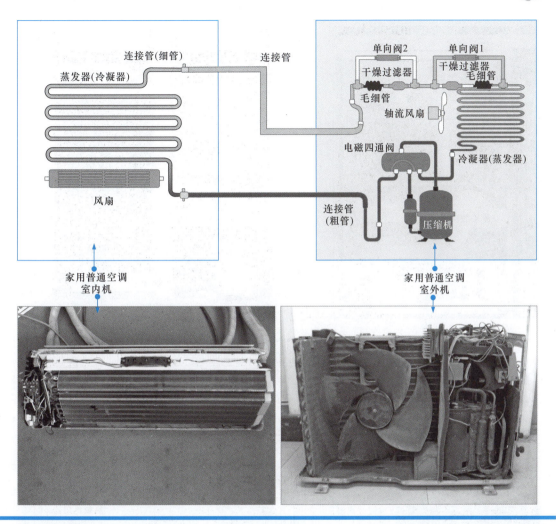

图 4-4 多联式中央空调的室外机

图 4-5　多联式中央空调室外机的内部结构

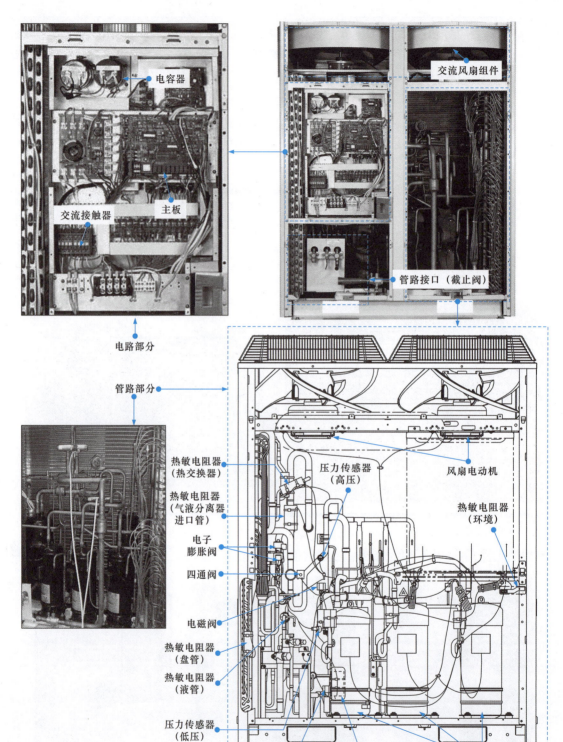

图 4-6 为典型多联式中央空调室外机的分解图。

图 4-6 典型多联式中央空调室外机的分解图

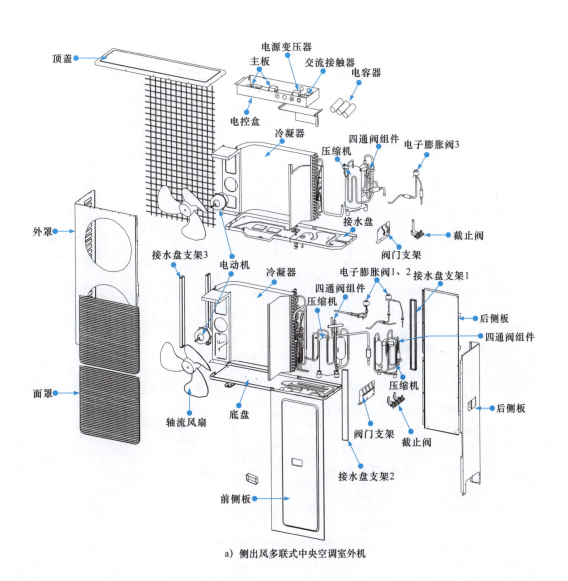

a)侧出风多联式中央空调室外机

图 4-6　典型多联式中央空调室外机的分解图（续）

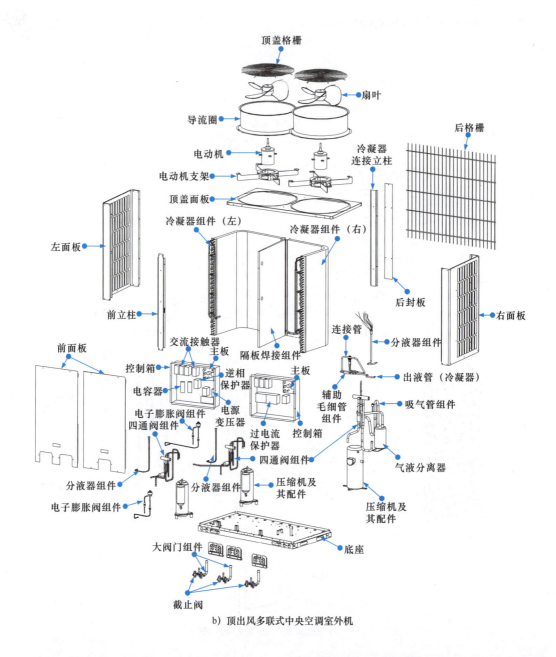

b）顶出风多联式中央空调室外机

| 提示说明 |

如图 4-7 所示，通常多联式中央空调室外机中可容纳多个压缩机，每个压缩机都有一个独立的循环系统。不同的压缩机可以构建各自独立的制冷循环。

图 4-7 多联式中央空调压缩机的控制关系

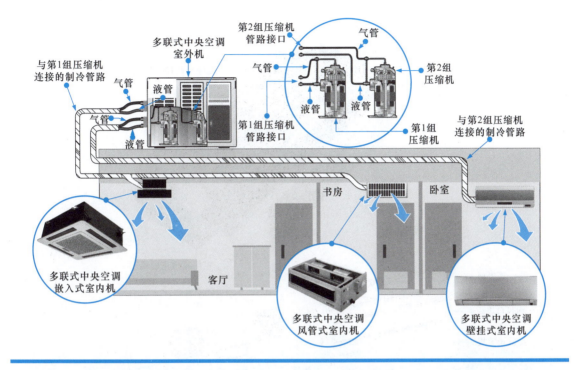

4.1.2 多联式中央空调的室内机

多联式中央空调的室内机有多种结构形式，常见有风管式室内机、嵌入式室内机、壁挂式室内机和柜式室内机。

1 风管式室内机

图 4-8 为风管式室内机的实物外形。风管式室内机一般在房屋装修时，嵌入在家庭、餐厅、卧室等各个房间相应的墙壁上。

图 4-8 风管式室内机的实物外形

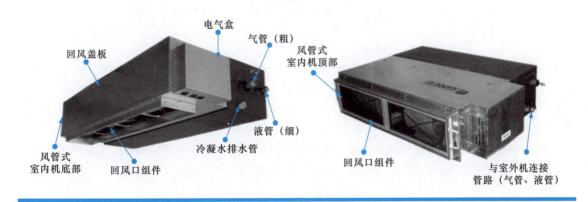

图4-9为风管式室内机的内部结构。

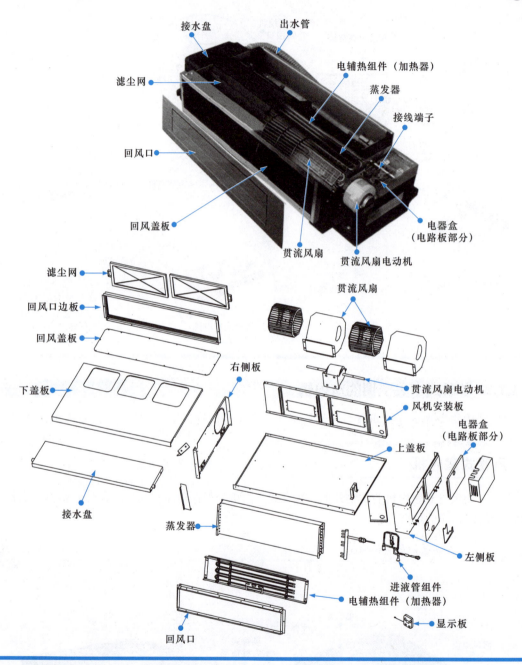

图4-9 风管式室内机的内部结构

2 嵌入式室内机

图4-10为嵌入式室内机的实物外形。嵌入式室内机主要由涡轮风扇电动机、涡轮风扇、蒸发器、接水盘、控制电路、排水泵、前面板、过滤网、过滤网罩等构成。

图 4-10 嵌入式室内机的实物外形

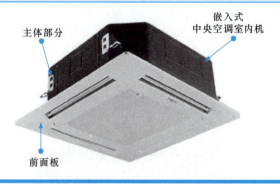

图 4-11 为嵌入式室内机的内部结构。

图 4-11 嵌入式室内机的内部结构

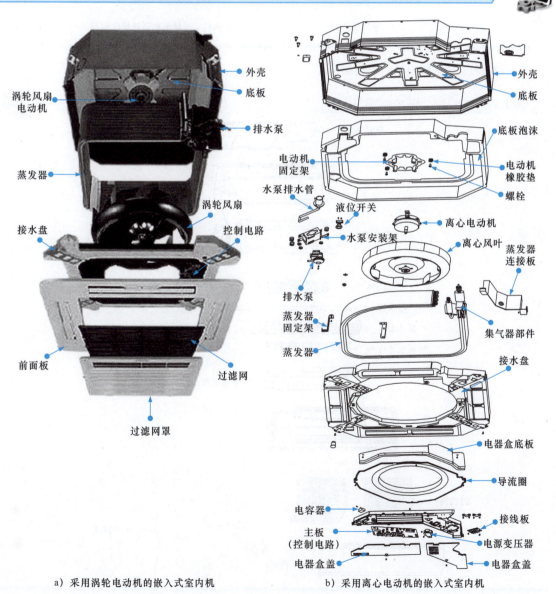

a）采用涡轮电动机的嵌入式室内机　　b）采用离心电动机的嵌入式室内机

3 壁挂式室内机

图4-12为壁挂式室内机的实物外形。壁挂式室内机可以根据用户的需要挂在房间的墙壁上。从壁挂式室内机的正面可以找到进风口、前盖、吸气栅（空气过滤部分）、显示和遥控接收面板、导风板、出风口等部分。

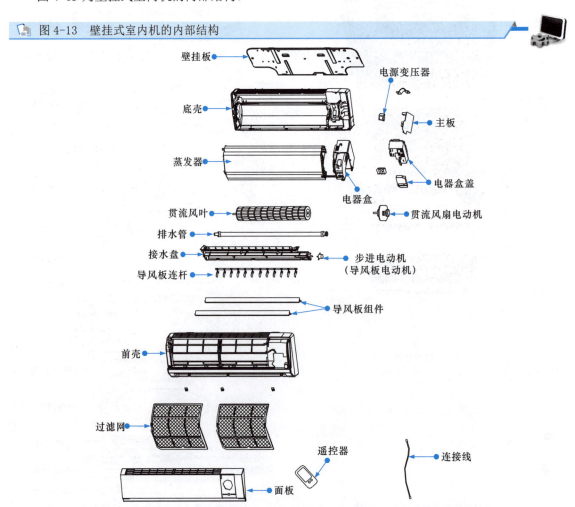

图4-12 壁挂式室内机的实物外形

图4-13为壁挂式室内机的内部结构。

图4-13 壁挂式室内机的内部结构

4 柜式室内机

图 4-14 为柜式室内机的实物外形。从外观看,柜式室内机主要由出风口、显示板、面板组件及进风面板等构成。

图 4-14 柜式室内机的实物外形

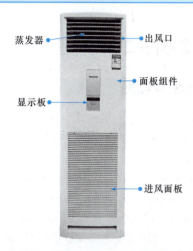

图 4-15 为柜式室内机的内部结构。

图 4-15 柜式室内机的内部结构

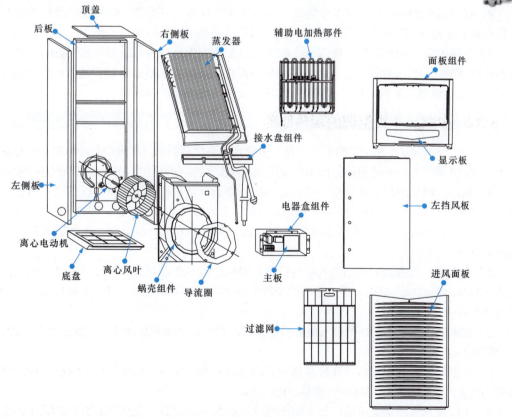

| 相关资料 |

多联式中央空调的室内机种类多样。其中，风管式室内机的风道与装饰结合，完全隐蔽，不占空间，安装便利，适用范围较广；嵌入式室内机通常安装在屋顶，安装隐蔽，不占空间，有极佳的制冷（制热）效果，对房间的层高要求较高；壁挂式和柜式室内机更多应用在小居室家庭，具备很好的控制功能和制冷效果，对层高没有要求。

4.2　多联式中央空调的工作原理

4.2.1　多联式中央空调的制冷原理

多联式中央空调系统通过制冷管路相互连接构成一拖多的形式。室外机工作可带动多个室内机完成空气的制冷/制热循环，最终实现对各个房间（或区域）的温度调节。图4-16为多联式中央空调的制冷原理。

1）制冷剂在每台压缩机中被压缩，将原本低温低压的制冷剂气体压缩成高温高压的过热蒸气后，由压缩机的排气管口排出，通过电磁四通阀的A口进入。在制冷工作状态下，电磁四通阀中的阀块在B口至C口处，高温高压的制冷剂气体经电磁四通阀的D口送出，送入冷凝器中。

2）高温高压的制冷剂气体进入冷凝器中，由轴流风扇对冷凝器进行降温处理，冷凝器管路中的制冷剂降温后送出低温高压液态的制冷剂。

3）低温高压液态的制冷剂经冷凝器送出经管路中的单向阀1后，由干燥过滤器1滤除制冷剂中多余的水分，再经毛细管节流降压变为低温低压的制冷剂液体，经分接接头1分别送入室内机管路中。

4）低温低压的液态制冷剂经管路后，分别送入三台室内机的蒸发器管路中进行吸热气化，将蒸发器外表面及周围的空气冷却，冷量再由室内机的贯流风扇从出风口吹出。

5）当蒸发器中的低温低压液态制冷剂经过热交换工作后变为低温低压的气态制冷剂，经制冷管路流向室外机，经分接接头2后汇入室外机管路中，通过电磁四通阀B口进入，C口送出，再经压缩机吸气孔返回压缩机中再次压缩，如此周而复始，完成制冷循环。

4.2.2　多联式中央空调的制热原理

图4-17为多联式中央空调的制热原理。多联式中央空调的制热原理与制冷原理基本相同，不同之处是通过电路系统控制电磁四通阀中的阀块换向改变制冷剂的流向，实现制冷到制热功能的转换。

1）制冷剂经压缩机处理后变为高温高压的制冷剂气体由压缩机的排气口排出。当设定多联式中央空调为制热模式时，电磁四通阀由电路控制内部的阀块从B口、C口移向C口、D口。此时，高温高压气态的制冷剂经电磁四通阀的A口送入，由B口送出，经分接接头2送入各室内机的蒸发器管路中。

2）高温高压气态的制冷剂进入室内机蒸发器后，过热的蒸气通过蒸发器散热，散出的热量由贯流风扇从出风口吹入室内，热交换后的制冷剂转变为低温高压液态，通过分接接头1汇合，送入室外机管路中。

3）低温高压液态的制冷剂进入室外机管路后，经管路中的单向阀2、干燥过滤器2及毛细管2节流降压后送入冷凝器中。

4）低温低压的制冷剂液体在冷凝器中完成气化过程，制冷剂液体从外界吸收大量的热量，重新变为气态，并由轴流风扇将冷气由室外机吹出。

5）由冷凝器送出的低温低压气态制冷剂经电磁四通阀的D口流入。在制热模式下，电磁四通阀受控制电路控制处于 D 口与 C 口通路状态，因此气态制冷剂由电磁四通阀的 C 口送出，经压缩机吸气口返回压缩机中，进入下一次制热循环，实现制热功能。

图 4-16 多联式中央空调的制冷原理

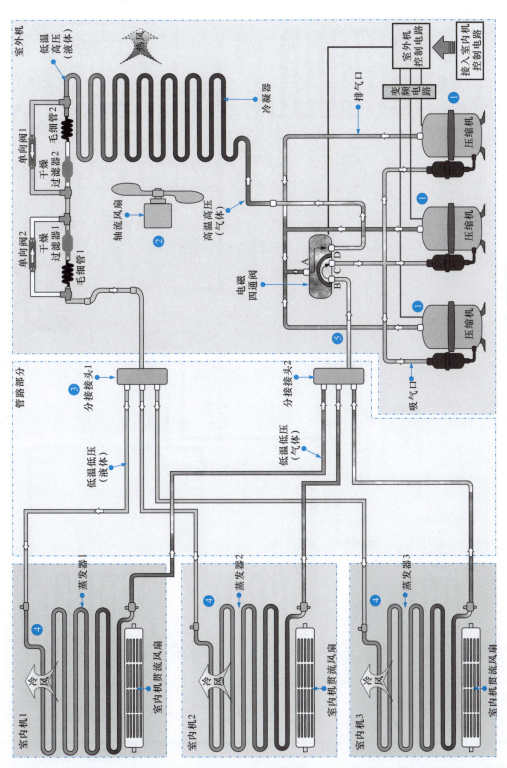

图 4-17 多联式中央空调的制热原理

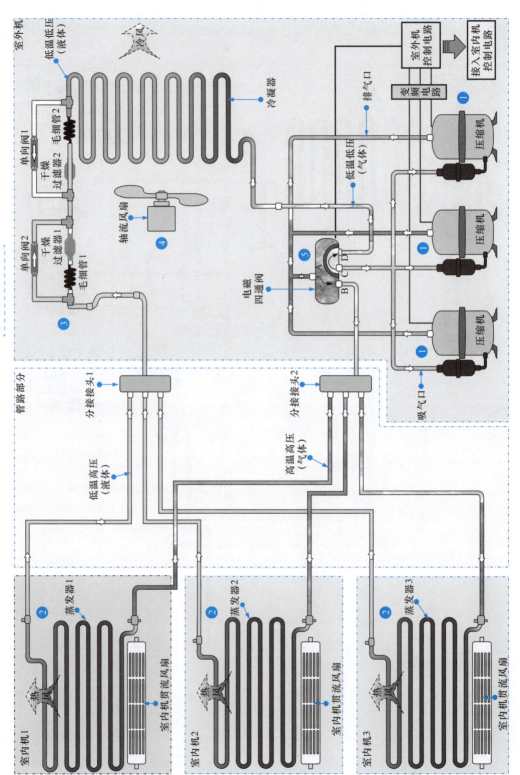

第5章 中央空调安装施工的管材配件

5.1 中央空调安装施工管材

管路是中央空调系统中的重要组成部分。在不同类型的中央空调系统中,管路管材的种类不同,常用的有钢管、铜管、PE 管、PP-R 管、PVC 管、金属板材及型钢等。

5.1.1 钢管

钢管具有很高的机械强度,可以承受很高的内、外压力,具有可塑性,能适应各种复杂的地形。在中央空调施工中,常用到的钢管主要有无缝钢管和有缝钢管。

1 无缝钢管

无缝钢管用优质碳素钢或合金钢制成,有热轧、冷轧(拔)两种制造工艺,适用于高压系统或高层建筑的冷、热水管,一般用于 0.6MPa 以上的管路中。

图 5-1 为无缝钢管的实物外形。在中央空调系统施工中,无缝钢管管壁比有缝钢管薄,一般采用焊接方式,不用螺纹连接。

图 5-1 无缝钢管的实物外形

| 相关资料 |

钢管在施工中需要用到的规格参数包括最大压力(MPa)、外径(mm)、内径(mm)、壁厚(mm)等。其中,最大压力常以"PN+ 数字"的方式表示,如 PN2.5 表示在基准温度下的最大允许压力为 0.25MPa,PN6 表示在基准温度下的最大允许压力为 0.6MPa,PN10 表示在基准温度下的最大允许压力为 1MPa。

有些钢管的尺寸会直接表示出来,如无缝钢管的规格用外径乘以壁厚表示,如 140mm×3.8mm,代表外径为 140mm、壁厚为 3.8mm 的管材。

有些钢管使用公称通径(公制)"DN+ 数字"表示规格参数,如 DN40 表示外径为 48mm,壁厚为 3.5mm;DN80 表示外径为 89mm,壁厚为 4mm。钢管的公称通径与规格对照见表 5-1。

表 5-1 钢管的公称通径与规格对照

公称通径	外径 /mm	普通钢管		加厚钢管	
		壁厚 /mm	理论重量 /(kg/m)	壁厚 /mm	理论重量 /(kg/m)
DN8	13.5	2.25	0.62	2.75	0.73
DN10	17	2.25	0.82	2.75	0.97
DN15	21.3	2.75	1.26	3.25	1.45
DN20	26.8	2.75	1.63	3.5	2.01
DN25	33.5	3.25	2.42	4	2.91
DN32	42.3	3.25	3.13	4	3.78
DN40	48	3.5	3.48	4.25	4.58
DN50	60	3.5	4.88	4.5	6.16
DN65	75.5	3.75	6.46	4.5	7.88
DN80	89	4	8.34	4.75	9.81
DN100	114	4	10.85	5	13.44
DN125	140	4.5	15.04	5.5	18.24
DN150	165	4.5	17.81	5.5	21.63

2 有缝钢管

有缝钢管是由卷成管形的钢板以对缝或螺旋缝焊接而成的,也称焊接钢管。有缝钢管常作为水、煤气的输送管路,也常将有缝钢管称为水管、煤气管。

图 5-2 为有缝钢管的实物外形。

图 5-2 有缝钢管的实物外形

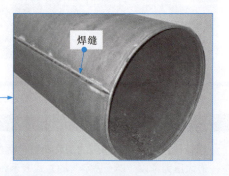

| 相关资料 |

钢铁和铁合金均称为黑色金属,常将焊接钢管称为黑铁管。将黑铁管镀锌后就叫镀锌管或白铁管。镀锌管可以防锈和保护水质,在空调工程水系统中被广泛采用。

5.1.2 铜管

铜管是中央空调制冷剂流通的管路，也称为制冷管路，由脱磷无缝纯铜拉制而成，一般应用在多联式中央空调风管机中。

图5-3为中央空调系统中常见制冷剂铜管的实物外形。

图5-3 中央空调系统中常见制冷剂铜管的实物外形

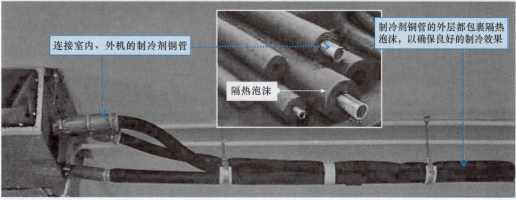

应用在中央空调系统中的铜管应尽量采用长直管或盘绕管，避免经常焊接，且要求铜管内、外表面无孔缝、裂纹、气泡、杂质、铜粉、锈蚀、脏污、积碳层及严重的氧化膜等，不允许管路存在明显的剐伤、凹坑等缺陷。

| 相关资料 |

制冷剂铜管按照制造工艺的不同，可分为拉伸式铜管和挤压式工艺铜管。其中，拉伸式铜管的价格相对较低，适用于普通制冷管路，壁厚容易不均匀，不能应用在新型环保的制冷管路中。

根据所适用的制冷剂类型，制冷剂铜管又可分为R22铜管和R410a铜管。其中，R22铜管是普通铜管，专用于采用R22制冷剂的制冷系统中；R410a铜管是具有高强抗压性能的专用铜管，专用于采用R410a制冷剂的制冷系统中。安装使用时，不可使用R22铜管代替R410a铜管。

根据制造材料的不同，制冷剂铜管又可分为纯铜管和合金铜管。其中，纯铜管的纯度高，颜色呈玫瑰红色，也称紫铜管；合金铜管则是将铜、锌按一定的比例合成，颜色多呈黄色，也称黄铜管，多用于普通制冷系统中。目前，在新型环保的制冷系统中多使用纯铜管。

| 提示说明 |

禁止使用供水、排水用途的铜管作为制冷管路（内部清洁度不够，杂质或水分会导致制冷管路脏堵、冰堵等）。R410a 制冷剂铜管必须为专用的去油铜管，可承受压力 $\geq 45 kgf/cm^2$；R22 制冷剂铜管可承受压力 $\geq 30 kgf/cm^2$。

另外，在施工时，制冷管路必须先根据设计要求选择符合需求的管径和壁厚；在运输和存放时，应注意管口两端必须封口，避免杂质、灰尘进入，避免因碰撞出现管壁剐伤、凹坑等；安装操作时必须采用专用的加工工具，并保证管路系统内部的清洁、干燥和气密性。

5.1.3　PE 管

PE 管（聚乙烯管）属于塑料管，可采用卡套（环）连接、压力连接及热熔连接，广泛应用于水压为 1.0MPa、水温为 45℃ 以下的埋地水管。

图 5-4 为 PE 管的实物外形。

图 5-4　PE 管的实物外形

5.1.4　PP-R 管

PP-R 管（聚丙烯管）也属于塑料管，可采用热熔连接、螺纹连接、法兰连接，用作水压为 2.0MPa、水温为 95℃ 以下的生活给水管、热水管、纯净饮用水管。

图 5-5 为 PP-R 管的实物外形。

图 5-5　PP-R 管的实物外形

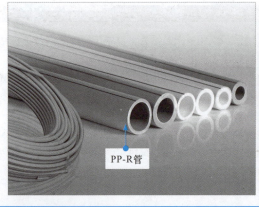 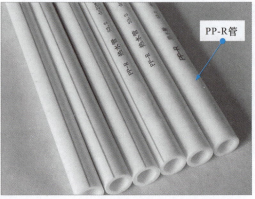

| 相关资料 |

PP-R 管具有卫生、质轻、耐压、耐腐蚀、阻力小、隔热保温、安装方便、使用寿命长、废料可回收等特点,使用时,应注意管材需符合设计的规格和允许压力等级的要求。

5.1.5 PVC 管

PVC(聚氯乙烯)管是近年来水暖市场中的一种新型管材,在给排水、水暖等系统施工中应用越来越广泛,并逐渐代替老式金属管材,在空调系统中主要用作冷凝水管。

PVC 管按品种的不同可分为 PVC-U(硬质聚氯乙烯)管、PVC-C(氯化聚氯乙烯)管及 PVC-M(高抗冲聚氯乙烯)管。图 5-6 为 PVC 管的实物外形。

图 5-6 PVC 管的实物外形

PVC-U 管
耐腐蚀、机械强度大,常作为给排水管道

PVC-C 管
保温性能好,耐高温,无污染,不易老化

PVC-M 管
性能与 PVC-U 类似,具有良好的抗振性能

| 相关资料 |

PVC 是一种塑料,主要成分是聚氯乙烯。PVC 管有金属管材不可替代的优点,如安拆方便、韧性和延展性强、易检修、美观、品种多等,但也有成本高、价格昂贵等缺点。

PVC 管的规格尺寸与钢管相同,也采用公称通径(以 DN16~DN180 最多)进行标识。其中,DN16、DN20、DN25、DN32、DN40 有三种不同的厚度(轻、中、重),见表 5-2。

表 5-2 PVC 管的厚度

公称通径	轻/mm	中/mm	重/mm
DN16	1±0.15	1.2±0.3	1.6±0.3
DN20	1.2±0.2	1.5±0.3	1.8±0.3
DN25	1.3±0.25	1.5±0.3	1.9±0.3
DN32	1.4±0.3	1.8±0.3	2.4±0.3
DN40	1.8±0.3	1.8±0.3	2.0±0.3

5.1.6 金属板材

板材是中央空调风道系统中制作风管的重要材料,常见的有镀锌薄钢板、不锈钢板及铝板等。

1 镀锌薄钢板

镀锌薄钢板是指具有镀锌层的钢板板材,是中央空调系统中使用最为广泛的一种风管、风道制作材料。中央空调通风管路所用的薄钢板应满足表面光滑平整、厚薄均匀、无裂痕、无结疤等要求。

图5-7为镀锌薄钢板的实物外形及应用。

图5-7 镀锌薄钢板的实物外形及应用

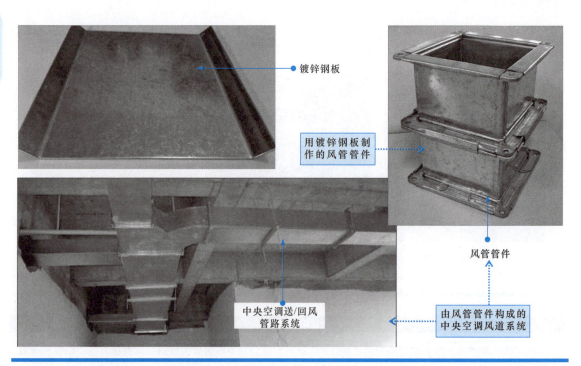

| 相关资料 |

镀锌薄钢板表面的镀锌层有防锈性能,使用时应注意保护。不同规格风管或风道所应采用的钢板厚度必须满足《通风与空调工程施工质量验收规范》的要求。表5-3为中央空调系统中送、排风风管薄钢板的最小厚度。

表5-3 中央空调系统中送、排风风管薄钢板的最小厚度

矩形风管最长边或圆形风管直径 /mm	钢板厚度（输送介质为空气）/mm	
	风管有加强构件	风管无加强构件
<450	0.5	0.5
450～1000	0.6	0.8
1000～1500	0.8	1.0
>1500	根据实际需求选用	

2 不锈钢板

不锈钢板具有不易锈蚀、耐腐蚀和表面光滑等特点,主要用于高温环境下的耐腐蚀通风管路。图 5-8 为不锈钢板的实物外形及应用。

图 5-8 不锈钢板的实物外形及应用

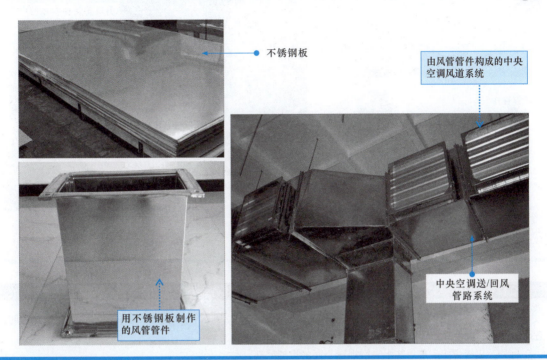

| 相关资料 | |

不同规格风管所应采用的不锈钢板厚度见表 5-4。

表 5-4 不同规格风管所应采用的不锈钢板厚度

矩形风管最长边或圆形风管直径 /mm	不锈钢板厚度 /mm
100 ~ 500	0.5
560 ~ 1120	0.75
1250 ~ 2000	1.0

3 铝板

铝板是指用金属铝制成的板材,具有防腐蚀性能好、传热性能良好等特点,多应用于风冷式中央空调系统中的风道板材。

图 5-9 为铝板的实物外形及应用。

图 5-9 铝板的实物外形及应用

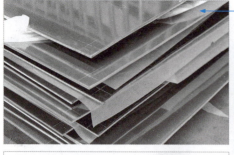
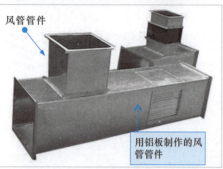
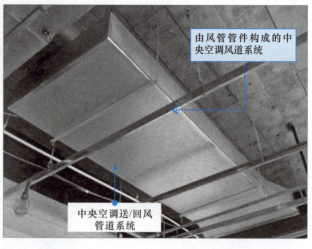

| 相关资料 |

用铝板制作风道时多采用铆接形式连接。铆钉也应采用铝制铆钉。铝板风管用角钢作为连接法兰时,必须进行防腐蚀绝缘处理。

另外,铝板焊接后应用热水洗刷焊缝表面的焊渣残药。

不同规格风管所应采用的铝板厚度见表 5-5。

表 5-5 不同规格风管所应采用的铝板厚度

矩形风管最长边或圆形风管直径 /mm	铝板厚度 /mm
≤ 200	1.0 ~ 1.5
250 ~ 400	1.5 ~ 2.0
500 ~ 630	2.0 ~ 2.5
800 ~ 1000	2.5 ~ 3.0
1250 ~ 2000	3.0 ~ 3.5

5.1.7 型钢

在中央空调系统施工中,型钢主要用于设备框架、风管法兰、加固圈及管路的支、吊、托架等。

常用的型钢种类有扁钢、角钢、圆钢、槽钢和 H 形钢,如图 5-10 所示。

一般情况下,扁钢和角钢主要用于制作风管法兰及加固圈。

圆钢主要用于吊架拉杆、管路卡环及散热器托钩。

槽钢主要用于箱体、柜体的框架结构及风机等设备的机座。

H 形钢主要用于大型袋式除尘器的支架。

图 5-10　常见的型钢类型

| 相关资料 |

除上述几种金属板材外，还有一种硬塑料板即硬质聚氯乙烯（PVC-U）板，具有强度和弹性高、耐腐蚀性好、热稳定性较差的特点，一般应用在 -10~60℃范围内，可用于制作中央空调系统中的风管。

图 5-11 为硬塑料板的实物外形。应选择表面平整、无伤痕、无气泡、厚薄均匀、无离层现象的板材。采用硬塑料板可制作圆形风管和矩形风管，对应的厚度见表 5-6。

图 5-11　硬塑料板的实物外形

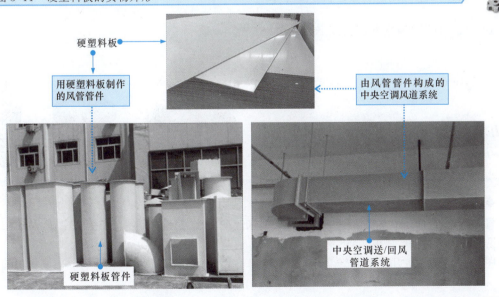

表 5-6 采用硬塑料板制作的圆形风管和矩形风管对应的厚度

矩形硬塑料板风管		圆形硬塑料板风管	
矩形风管长边尺寸 /mm	板材厚度 /mm	圆形风管直径 /mm	板材厚度 /mm
120~320	3	100~320	3
400~500	4	360~630	4
630~800	5	700~1000	5
1100~1250	6	1120~2000	6
1600~2000	8		

5.2 中央空调安装施工配件

5.2.1 管材配件

在中央空调系统施工中，管路除直通部分用到管材和板材外，还有分支转弯和变径等，因此要有各种不同的连接配件配合使用。

1 钢管管材配件

钢管管材配件是指应用在管路连接、分支、转弯、变径、堵口等位置的配件，一般根据连接方式不同，配件的种类也不同。

1）采用套丝连接钢管，常见的配件主要包括管路延长连接配件（管路接头）、管路转弯连接配件（90°、45°弯头）、管路分支连接配件（三通、四通）、管路变径用配件（异径弯头、接头）、管子堵口用配件（管堵）等。

◆ 管路延长连接配件（管路接头）。

管路延长连接配件一般是指管路接头，是用来连接两根管路的配件，常使用接头连接两根相同的管材或直径有差异、接口有差异的管路。

图 5-12 为钢管常用的管路延长连接配件。

图 5-12 钢管常用的管路延长连接配件

◆ 管路转弯连接配件（90°、45°弯头）。

管路转弯连接配件主要指各种弯头，是用来改变管路方向的配件，在中央空调系统施工中十分常见，常见的有 90°弯头、45°弯头。

图 5-13 为钢管常用的管路转弯连接配件。

图 5-13 钢管常用的管路转弯连接配件

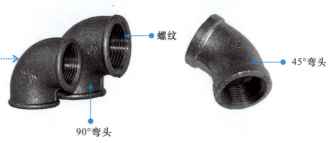

◆ 管路分支连接配件（三通、四通）。

管路分支连接配件主要指三通和四通配件，常见的有正三通、斜三通、异径三通、正四通及 Y 形四通等。

钢管所采用的三通、四通多为可锻铸铁材质，管壁较厚，全部为螺纹接口，有镀锌和不镀锌之分，如图 5-14 所示。

图 5-14 钢管管路分支连接配件

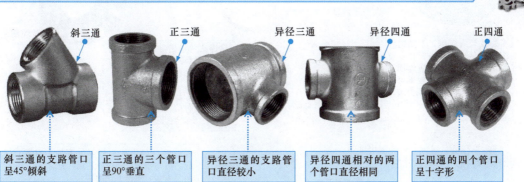

◆ 管路变径用配件（异径弯头、接头）。

管路变径用配件主要指各种异径弯头和接头配件，如图 5-15 所示。

图 5-15 钢管管路变径用配件

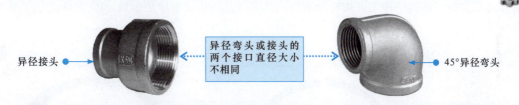

◆ 管子堵口用配件（管堵）。

管子堵口用配件一般被称为管堵、丝堵，又叫塞头，是堵塞管子的配件，可通过螺纹固定到管路接口上，也可直接插接作为临时管堵。

图 5-16 为钢管管子堵口用配件。

图 5-16 钢管管子堵口用配件

外螺纹金属管堵　　内螺纹金属管堵

2）采用焊接方式连接钢管时，常见的配件主要包括法兰及法兰垫片、螺栓等。

◆ 法兰。

法兰又叫法兰盘或突缘盘，安装在管材、配件或阀门的一端，用于管材与配件、阀门之间的连接。法兰上有孔眼，用于安装螺栓使两法兰紧密连接。常见的法兰有平焊法兰、对焊法兰及螺纹法兰，如图 5-17 所示。

图 5-17 法兰配件

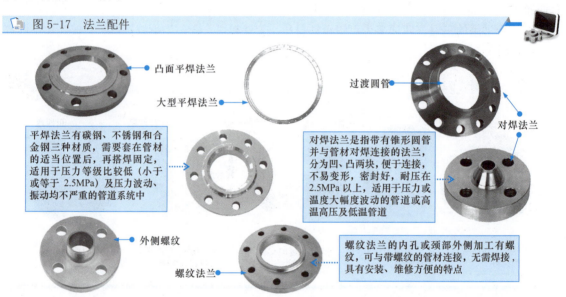

凸面平焊法兰　大型平焊法兰　过渡圆管　对焊法兰　外侧螺纹　螺纹法兰

平焊法兰有碳钢、不锈钢和合金钢三种材质，需要套在管材的适当位置后，再搭焊固定，适用于压力等级比较低（小于或等于 2.5MPa）及压力波动、振动均不严重的管道系统中

对焊法兰是指带有锥形圆管并与管材对焊连接的法兰，分为凹、凸两块，便于连接，不易变形，密封好，耐压在 2.5MPa 以上，适用于压力或温度大幅度波动的管道或高温高压及低温管道

螺纹法兰的内孔或颈部外侧加工有螺纹，可与带螺纹的管材连接，无需焊接，具有安装、维修方便的特点

◆ 法兰垫片。

由于法兰是直接接触连接在一起的，在受温度和压力的作用时，连接缝隙肯定会有泄漏，因此需要在两法兰之间添加垫片（垫料），保证连接部位的密封性。常见的法兰垫片有金属、非金属和组合式三大类。每类垫片又可按材质细分，都有自己的特点和应用领域。图 5-18 为法兰垫片的实物外形。

图 5-18 法兰垫片的实物外形

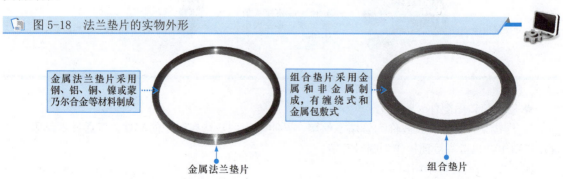

金属法兰垫片采用钢、铝、铜、镍或蒙乃尔合金等材料制成

组合垫片采用金属和非金属制成，有缠绕式和金属包敷式

金属法兰垫片　　组合垫片

◆ 螺栓。

法兰连接除了需要用到垫片外，还需要螺栓收紧固定。法兰常用的螺栓有六角单头螺栓和六角双头螺栓（配有螺母）。螺栓的尺寸要根据法兰螺栓孔的大小和数量进行选配（螺栓比螺栓孔小2～4mm）。平焊法兰常使用单头螺栓固定。对焊法兰常使用双头螺栓固定。图5-19为螺栓的实物外形。

图5-19 螺栓的实物外形

| 相关资料 |

螺栓在法兰连接时使用频率最多。表5-7为常见螺栓的规格参数。

表5-7 常见螺栓的规格参数

螺栓规格	螺母对边/mm	内六角/mm	螺栓等级				
			4.8	6.8	8.8	10.9	12.9
			转矩/N·m				
M14	22	12	69	98	137	165	225
M16	24	14	98	137	206	247	353
M18	27	14	137	206	284	341	480
M20	30	17	179	296	402	569	680
M22	32	17	225	333	539	765	911
M24	36	19	314	470	686	981	1176
M27	41	19	441	637	1029	1472	1764
M30	46	22	588	882	1225	1962	2350
M33	50	24	735	1127	1470	2060	2450
M36	55	27	980	1470	1764	2453	2940
M39	60	27/30	1176	1764	2156	2943	3626
M42	65	32	1519	2352	2744	3826	4606

2 铜管管材配件

制冷剂铜管连接一般采用焊接和螺纹连接。其中，焊接直接借助焊接工具和焊条连接，分支时，需要选配分歧管配合连接；螺纹连接则应选配纳子连接。

图5-20为分歧管和纳子的实物外形及应用。

图 5-20 分歧管和纳子的实物外形及应用

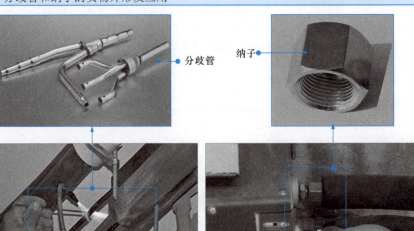

3 塑料管材配件

PE 管、PP-R 管、PVC 管均属于塑料管，这类管材的连接大多采用热熔连接方式，在安装施工的过程中，需要大量各种规格和用途的管材配件，如专用阀件、三通（同径和变径）、弯头、活接头、变径衬套等。

图 5-21 为常见的塑料管材配件。

图 5-21 常见的塑料管材配件

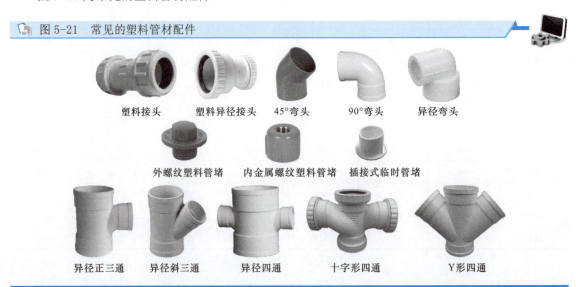

5.2.2 阀门

阀门是液体输送过程中的控制部件，具有截止、调节、导流、防逆流、稳压、分流或泄压等多种功能，工作温度和工作压力范围非常大，应用比较广泛。

阀门有很多种类，在中央空调系统施工中比较常见的有闸阀、截止阀、球阀、蝶阀、止回阀、安全阀、减压阀、风量调节阀、三通调节阀、防火调节阀等。

1 闸阀

普通闸阀从外观上看主要是由闸杆和闸板构成的，根据闸杆结构形式的不同可以分为明杆式和暗杆式，可以通过改变闸板的位置来改变通道的截面积，从而调节介质的流量，多用于给排水系统中。

图 5-22 为闸阀的实物外形。

图 5-22　闸阀的实物外形

| 相关资料 |

普通闸阀具有结构紧凑、流阻小、密封可靠、使用寿命长等特点，外形尺寸较大，开闭时间长。闸阀的内部结构较复杂，若出现故障，则维修比较困难。

2 截止阀

截止阀是利用塞形阀瓣与内部阀座的突出部分相配合来对介质的流量进行控制。

图 5-23 为截止阀的实物外形，主要是由手轮、螺母、垫料压盖、阀盘及闸杆等构成的。

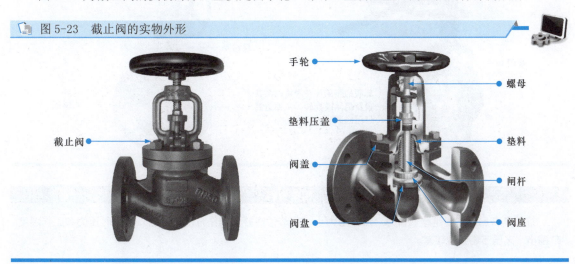

图 5-23　截止阀的实物外形

3　球阀

球阀的阀芯是一个中间开孔的球体，通过旋转球体改变孔的位置来对介质的流量进行控制，多用于给排水和供暖施工中，如暖气片前端的进水控制，在中央空调系统施工中应用较少。

图 5-24 为球阀的实物外形及特点。

图 5-24　球阀的实物外形及特点

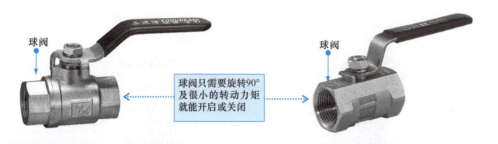

| 相关资料 |

球阀具有结构简单、体积小、重量轻、操作方便、流阻小、应用范围广等特点，不适合在高温或有杂质的管路中使用。

4　蝶阀

蝶阀的启闭件是一个圆盘形的蝶板。蝶板在操作手柄的控制下围绕阀轴旋转达到开启（开启角度为 0°～90°）与关闭或调节风量的目的，是一种结构简单的调节阀，在低压管路中常作为开关控制部件使用。

图 5-25 为蝶阀的实物外形及特点。

图 5-25　蝶阀的实物外形及特点

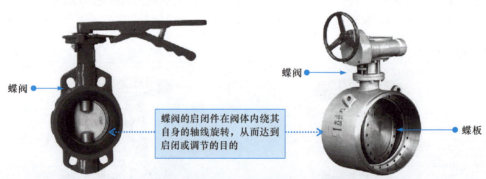

| 相关资料 |

蝶阀具有启闭方便迅速、省力、流体阻力小、调节性能好、操作方便等特点，但同时压力和工作温度范围小，高压下密封性较差。

5 止回阀

止回阀又叫逆止阀、单向阀，是利用阀前阀后介质压力差而自动启闭的阀门，使内部介质只能朝单一方向流动，不能逆向流动，在中央空调系统施工中可在禁止回流的管路中使用，如在水泵的出口管路上作为水泵停机时的保护装置。止回阀根据结构不同可分为升降式和旋启式。

图 5-26 为止回阀的实物外形及特点。

图 5-26　止回阀的实物外形及特点

旋启式止回阀

升降式止回阀

升降式止回阀密封性较好；旋启式止回阀流阻较小。升降式止回阀适用于介质干净、口径较小的管路；旋启式止回阀适用于介质干净、口径较大的管路

| 相关资料 |

止回阀的阀门是自动工作的，在一个方向流动介质压力的作用下，阀瓣被打开；流体反方向流动时，在介质压力和阀瓣的自重共同作用下，阀瓣被闭合，切断介质流动。

为了方便阀门的维修、更换和安装，在阀门的外壳上标有阀门规格（公称通径、公称压力、工作压力、介质温度）和介质流动方向，见表 5-8。

表 5-8　阀体上标识的含义

标识形式	阀门规格				阀门形式	介质流动方向
	公称通径 /mm	公称压力 /MPa	工作压力 /MPa	介质温度 /℃		
$\dfrac{PN30}{40}$	40	3.0	—	—	直通式	进口与出口在同一或平行的中心线上
$\dfrac{P_{32}12}{125}$	125	—	12	320		
$\dfrac{PN30}{50}$	50	3.0	—	—	直角式	进口与出口形成 90° 角
$\dfrac{P_{44}12}{80}$	80	—	12	440		
$\dfrac{PN30}{50}$	50	3.0	—	—		
$\dfrac{P_{44}12}{80}$	80	—	12	440		
$\dfrac{PN16}{50}$	50	1.6	—	—	三通式	介质具有几个流动方向
$\dfrac{P_{51}10}{100}$	100	—	10	510		

6 安全阀

安全阀可自动控制阀门，一般作为安全装置使用，当管路系统或设备中的介质压力超过规定的数值时，便自动开启安全阀排气降压，以免发生爆炸；当介质压力恢复正常后，安全阀自动关闭。

图 5-27 为安全阀的实物外形。

图 5-27　安全阀的实物外形

7 减压阀

减压阀是一个局部阻力可以变化的节流部件，通过改变节流面积，使通过的介质流速及流体的动能改变，在水暖施工中可在需要改变介质压力的管路中使用。

图 5-28 为减压阀的实物外形及特点。

图 5-28　减压阀的实物外形及特点

减压阀可调节输出的压力

8 风量调节阀

在中央空调管路系统中，风量调节阀是用来调节支风管的风量，可用于新风与回风的混合调节。

图 5-29 为风量调节阀的实物外形，可通过调整风量调节阀叶片的开启角度来控制风量。叶片在可调节范围内的任意位置均可固定，阀体一般通过法兰与风管连接。根据控制方式的不同，风量调节阀主要有手动风量调节阀和电动风量调节阀。

图 5-29 风量调节阀的实物外形

│ 相关资料 │

手动风量调节阀通过操纵与调整手柄相连的连杆机构控制风量。电动风量调节阀在手动风量调节阀的基础上增加了电动执行机构，通过电动机调节叶片的开启角度来控制风量。

9 三通调节阀

三通调节阀可通过手柄调节主风管和支风管之间的风量配给实现系统风量的平衡调节，一般安装在空调风管系统的三通管、直通管和分支管中。

图 5-30 为三通调节阀的实物外形。

图 5-30 三通调节阀的实物外形

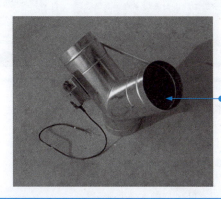

10 防火调节阀

在中央空调系统中，从空调机房出来的主风管、穿越楼板的风管和跨越防火分区的风管按消防规定必须安装防火调节阀，以防止发生火灾时，火势顺着风管蔓延。

图 5-31 为防火调节阀的实物外形。

图 5-31 防火调节阀的实物外形

防火调节阀（70℃）

安装防火调节阀后，叶片一般保持开启状态，当通过防火调节阀的气流温度超过防火调节阀易熔片的熔断温度时，防火调节阀关闭，阻断气流，防止高温气流和火焰蔓延。防火调节阀的熔断温度为70℃

5.2.3 风口

风口是指中央空调系统室内末端的出风口或回风口部分，按照使用要求的不同，有各种形式的风口。

1 双层百叶风口

双层百叶风口是指设有水平和垂直两种方向的叶片，通过调节水平、垂直方向的叶片角度调整气流的方向、扩散面等，在中央空调系统中多用作送风口。

根据制作材料的不同，常见的有铝合金双层百叶风口和木质类双层百叶风口，如图 5-32 所示。

图 5-32 双层百叶风口的实物外形

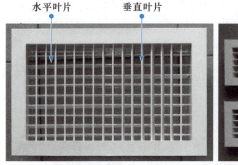
水平叶片　垂直叶片

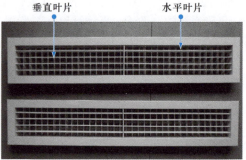
垂直叶片　水平叶片

2 单层百叶风口

单层百叶风口是指仅设有一层百叶叶片的风口，一般可用作回风口和送风口。

图 5-33 为单层百叶风口的实物外形。

图 5-33 单层百叶风口的实物外形

| 相关资料 |

单层百叶风口用作回风口时，一般配有过滤器，风口是活动的，可以打开清洗过滤网；用作送风口时，可调节叶片角度控制气流的方向。

3　散流器

散流器在中央空调系统中一般作为下送风口，结构形式多样，常见的有方形和圆形，有四面出风、三面出风等方式，如图 5-34 所示。

图 5-34　散流器的实物外形

方形散流器　　　　　　　　　　　　圆形散流器

| 相关资料 |

散流器的外框和内芯可分离，方便安装和检修，根据需要可在散流器的后端配制风量调节阀（人字阀），常见的是铝合金材质，也有木质的，可按需要选配。

4　蛋格式回风口

蛋格式回风口的外形一般为方格状，外形较为美观，可与装潢配色，如图 5-35 所示。其缺点是清洗不方便，使用一段时间后滤网易脏，影响外观。

图 5-35　蛋格式回风口的实物外形

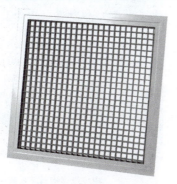

方形蛋格式回风口　　　　　　　　　圆形蛋格式回风口

5 喷口

喷口可以通过选择合适的口径和风速达到需要的气流射程，或采用球形转动喷口调节送风角度，一般应用在一些较大空间的空气系统调节中。

图5-36为喷口的实物外形。该类风口具有风速高、风量大、需要的风口数量少的特点。

图 5-36　喷口的实物外形

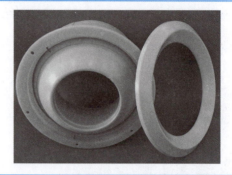

┃相关资料┃

除了上述几种风口外，还有一种旋流风口，即在风口中设有起旋器，当空气通过风口时，可将气流变为旋转气流，这种风口具有诱导室内空气能力大、温度和风速衰减快的特点，适宜在送风温差大、层高低的空间中使用。

5.2.4　水泵

水泵是一种以电动机为动力核心的设备，一般应用在水冷式中央空调系统中作为水循环的动力。

中央空调水循环系统一般采用单吸式离心水泵，常见的有卧式和立式两种结构形式，如图5-37所示。

图 5-37　水泵的实物外形

静音排水泵

卧式冷却水泵　　立式冷却水泵　　中央空调水循环系统中的水泵

5.2.5 风机

风机是指用于由风扇和电动机构成的可提供或排出风量的设备,在中央空调供排风系统中应用较多。

常用的风机按工作原理可分为离心式风机和轴流式风机,如图5-38所示。

图5-38 风机的实物外形

离心式风机　　　　　　　　轴流式风机

| 相关资料 |

离心式风机:一般多用叶片前弯式,具有风量大、静压高、噪声低等优点,但价格较轴流式风机高,体积稍大,常用于防排烟系统和空调的供排风系统中。

轴流式风机:具有风量大、安装简便、价格低等特点,但静压较低、噪声大,常用于防排烟系统和空调的供排风系统中。

第 6 章 中央空调安装工具

6.1 加工工具

6.1.1 倒角器

倒角器是用于中央空调制冷剂铜管切割后的修整处理工具。在切割中央空调制冷剂铜管后,为避免管口有毛刺,一般借助倒角器对管口进行倒角处理。

图 6-1 为倒角器的实物外形。倒角器主要由倒内角刀片、倒外角刀片等组成。

图 6-1 倒角器的实物外形

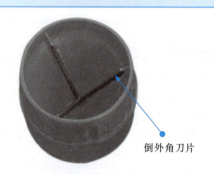

倒内角刀片

倒外角刀片

使用倒角器修整制冷剂铜管切口,使制冷剂铜管的垂直切口倒角去除毛刺,如图 6-2 所示。

图 6-2 倒角器的使用方法

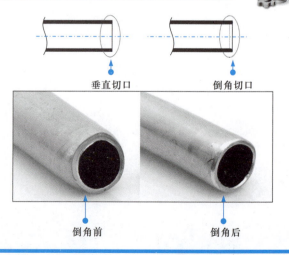

制冷剂铜管

倒角器

垂直切口　倒角切口

倒角前　倒角后

6.1.2 刮刀

刮刀是一种修形工具,也可用于刮除制冷剂管路切口上的毛刺,如图 6-3 所示。

图 6-3 刮刀的实物外形

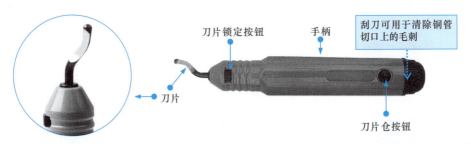

使用刮刀刮除铜管管口毛刺时，先按下刀片锁定按钮，然后将刀片紧贴铜管内壁，旋转几圈，刮掉毛刺即可，如图 6-4 所示。注意，刮除铜管管口毛刺时，铜管管口必须向下倾斜，避免刮除的毛刺铜屑混入制冷剂系统造成过滤器堵塞等。

图 6-4 刮刀的使用方法

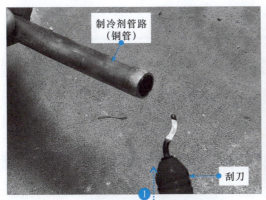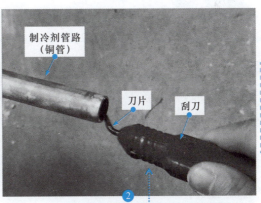

| 相关资料 |

除了使用倒角器、刮刀修整管路的切口外，还可借助锉刀去除切口毛刺，如图 6-5 所示。

图 6-5 锉刀的实物外形

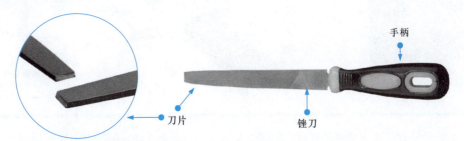

6.1.3 坡口机

坡口机是指对管路管口进行坡口处理的设备。为了确保管路焊接的质量及接头能够焊透而不出现工艺缺陷，在焊接之前要对待焊管路进行坡口处理。常见的坡口机主要有便携式坡口机和管路切割坡口机，如图6-6所示。

图6-6 坡口机的实物外形

便携式坡口机

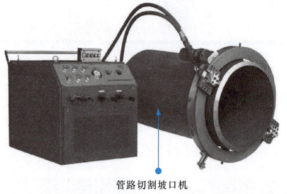
管路切割坡口机

| 相关资料 |

便携式坡口机使用灵活，能实现不同规格的坡口处理。管路切割坡口机兼具管路切割和坡口处理，将切割管路和坡口处理一步完成，非常方便、快捷。

6.1.4 扩管器

扩管器主要用于对中央空调制冷剂铜管进行扩口操作，一般在扩喇叭口的纳子连接时使用。图6-7为扩管器的结构和应用。扩管器主要由顶压器和夹板组成。

图6-7 扩管器的结构和应用

扫一扫看视频

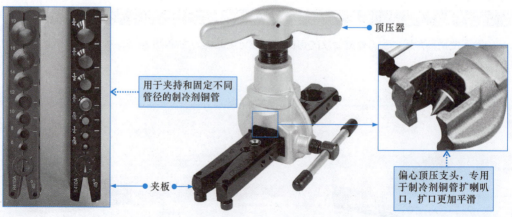

制冷剂铜管扩管器通常有两种规格，如图6-8所示：一种是R410a制冷剂专用扩管器；另一种是传统扩管器。若使用传统扩管器扩口，则R410a制冷剂铜管应比R22制冷剂铜管多伸出夹板0.5mm。

图 6-8 扩管器的规格

图 6-9 为扩管器的使用方法。

图 6-9 扩管器的使用方法

❶ 选择与待扩铜管管径相同的夹板孔径及合适的杯形口顶压支头（扩管前需先将纳子套入制冷剂管路上）

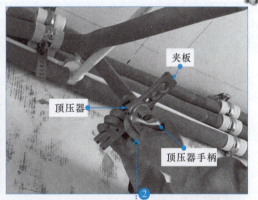

❷ 将顶压器的弓形脚卡在夹板上夹紧，顶压器的顶压支头垂直顶压在铜管管口上，沿顺时针方向旋转顶压器手柄

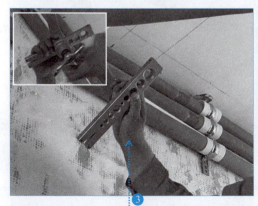

❸ 铜管扩口完成后，逆时针转动顶压器手柄，拧松顶压器，将顶压器的顶压支头与铜管分离，取下顶压器

❹ 检查扩好的管口，边缘应光滑，管口应无歪斜、裂痕

| 相关资料 |

目前，制冷剂管路用的切管器、倒角器、扩管器通常集中置于专用的工具箱中配套使用，更加方便使用和收纳管理，如图6-10所示。

图 6-10 制冷剂管路加工工具箱

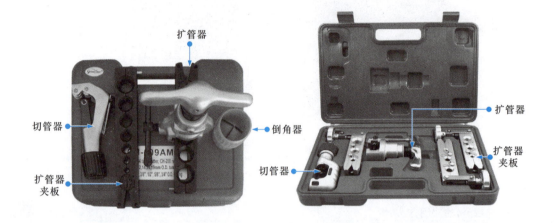

6.1.5 胀管器

胀管器主要用于连接中央空调制冷剂铜管时扩大管径。图 6-11 为胀管器的实物外形。其主要由胀杆和胀头组成。

图 6-11 胀管器的实物外形

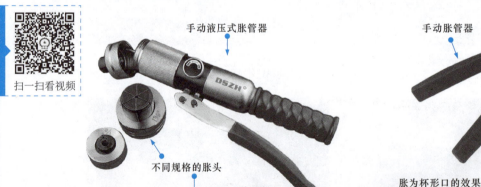
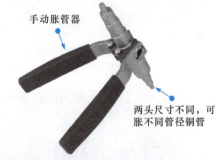

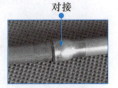

以手动胀管器为例，图 6-12 为胀管器的使用方法。

◤ 图6-12 胀管器的使用方法

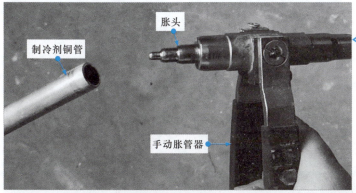
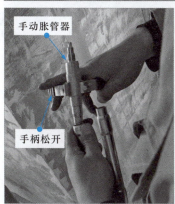

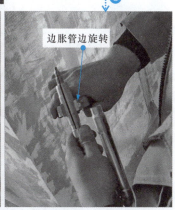

6.1.6 弯管器

弯管器主要用于弯曲配管。在安装和连接中央空调制冷剂管路需要弯曲时，必须借助专用的弯管器，切不可徒手掰折。

弯管器有手动弯管器和电动弯管器，如图6-13所示。

不同管径的铜管可选用不同规格的弯管器，一般大管径制冷剂铜管多采用电动弯管器，小管径制冷剂铜管可采用手动弯管器。

以手动弯管器为例，图6-14为弯管器的使用方法。

◤ 图6-13 弯管器的实物外形

a）手动弯管器

图 6-13 弯管器的实物外形（续）

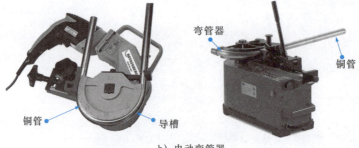

b）电动弯管器

图 6-14 弯管器的使用方法

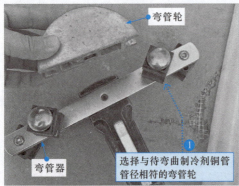

① 选择与待弯曲制冷剂铜管管径相符的弯管轮

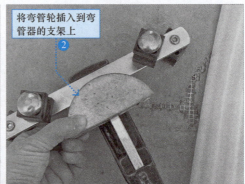

② 将弯管轮插入到弯管器的支架上

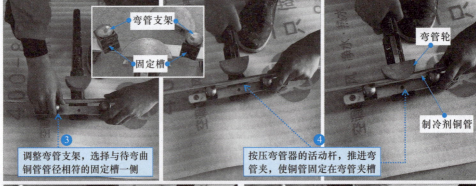

③ 调整弯管支架，选择与待弯曲铜管管径相符的固定槽一侧

④ 按压弯管器的活动杆，推进弯管夹，使铜管固定在弯管夹槽

⑤ 继续按压弯管器的活动杆，推进弯管夹，使铜管弯曲到需要的角度

⑥ 松开弯管器活动杆，使弯管夹松开，即可取下弯曲的铜管，完成弯管操作

6.1.7 套丝机

套丝机又称绞丝机，一般由板牙头、进刀手轮、机体等组成。常见的套丝机主要有台式和便携式两种，如图 6-15 所示。

图 6-15 套丝机的实物外形

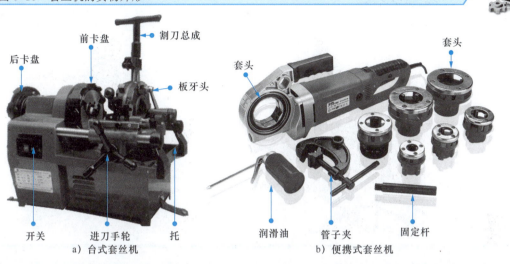

a) 台式套丝机　　　b) 便携式套丝机

套丝机主要用来加工管路，为管路外壁或内壁加工对应的螺纹，方便多条管路的连接。以较常见的便携式套丝机为例，图 6-16 为便携式套丝机的操作方法。

图 6-16 便携式套丝机的操作方法

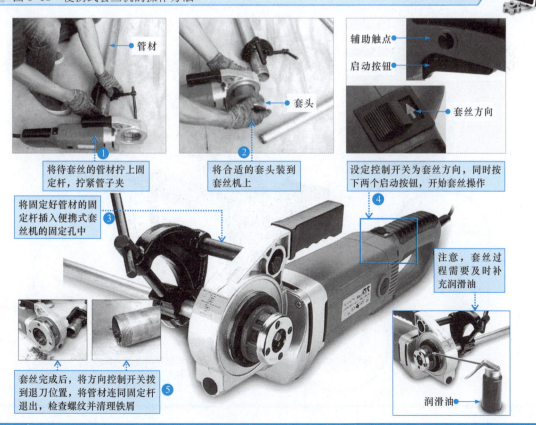

6.1.8 合缝机和咬口机

在中央空调管路系统施工操作中,合缝机是风管施工中的重要设备,主要对风管进行合缝处理,使其最终成形。图 6-17 为合缝机的实物外形。

图 6-17 合缝机的实物外形

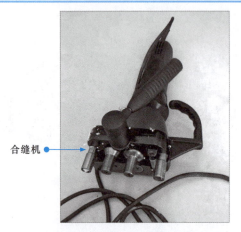

在中央空调管路系统施工操作中,风管施工中的咬口操作十分关键,通常由咬口机完成。咬口机种类多样,主要可分为专项功能咬口机和多功能咬口机。专项功能咬口机往往只能对应一种咬口形式;多功能咬口机则可以完成多种形式的咬口操作,如图 6-18 所示。

图 6-18 咬口机的实物外形及应用

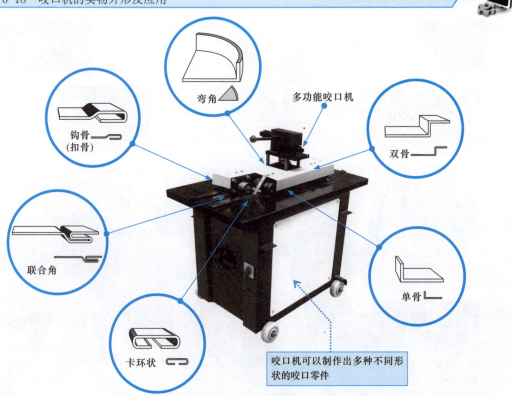

6.2 钻孔工具

6.2.1 冲击钻

冲击钻是一种用于钻孔的钻凿工具,也常称为电钻。钻头采用硬度很高的合金钢制成。图 6-19 为冲击钻的实物外形。

图 6-19 冲击钻的实物外形

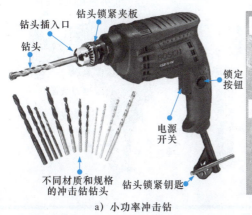

a) 小功率冲击钻　　　　b) 大功率冲击钻(多功能锤钻机)

冲击钻多用于胀管的钻孔操作,在安装固定膨胀螺栓等装置时应用较多,如图 6-20 所示。

图 6-20 冲击钻的应用

① 左手辅助固定手柄进行支撑,右手握住有电源开关的手柄,将钻头与墙面垂直

② 右手握住手柄的同时,按动电源开关,启动冲击钻,对墙面进行钻孔操作

| 相关资料 |

使用冲击钻时,应根据需要开孔的大小选择合适的钻头,安装钻头时,要确保钻头插入钻头插入口,并用钻头锁紧钥匙将钻头插入口处的钻头锁紧夹板拧紧,使钻头牢牢固定后,用右手握住冲击钻的把手,用左手托住冲击钻的前部,使钻头与墙面保持垂直,按动电源开关,把持住冲击钻,用力将冲击钻向墙体推进。

6.2.2 钻孔机

墙壁钻孔机是指专门用于墙体钻孔的设备。在中央空调系统施工操作中，室内机与室外机之间、不同房间室内机之间的联机管路需通过墙面钻孔后实现连接，多用大功率水钻钻孔机。图 6-21 为钻孔机（水钻）的实物外形。

图 6-21 钻孔机（水钻）的实物外形

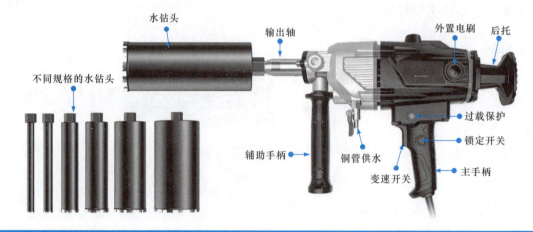

在中央空调系统施工操作时，因管路穿墙孔位置一般靠近屋顶位置，为了安全，钻孔机需要安装专用的支架，如图 6-22 所示。

图 6-22 钻孔机（水钻）及支架

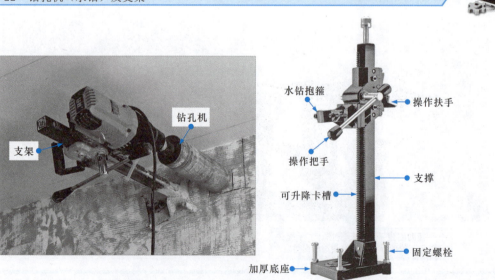

使用钻孔机（水钻）操作时，根据制冷剂管路的初步定位，确定穿墙孔的位置，在穿墙孔附近适当位置钻孔安装膨胀螺栓，用于固定水钻支架，然后固定好水钻，将水钻头对准穿墙孔定位处进行钻孔操作，如图 6-23 所示。

图 6-23 使用钻孔机（水钻）钻穿墙孔的操作方法

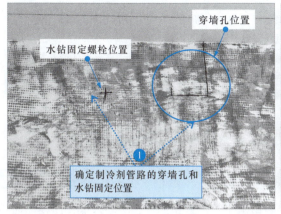

① 确定制冷剂管路的穿墙孔和水钻固定位置

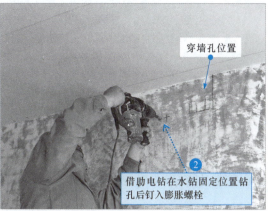

② 借助电钻在水钻固定位置钻孔后钉入膨胀螺栓

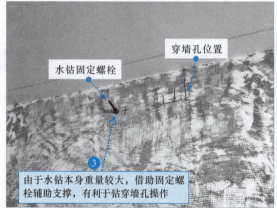

③ 由于水钻本身重量较大，借助固定螺栓辅助支撑，有利于钻穿墙孔操作

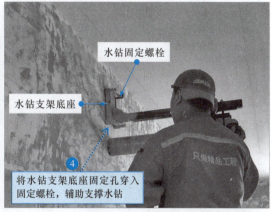

④ 将水钻支架底座固定孔穿入固定螺栓，辅助支撑水钻

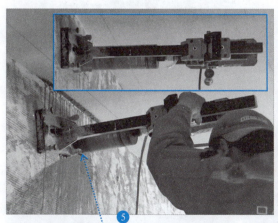

⑤ 初始钻孔时，先采用打磨的方法，断续按压变速开关，在墙面上打磨出一个圆形槽

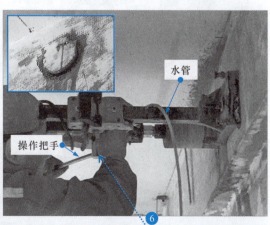

⑥ 在打磨时，按动支架上的操作把手，水钻会在支架可升降卡槽上进给，通过该进给力，向墙面施加适当压力，实现持续钻孔操作

| 提示说明 |

使用钻孔机（水钻）钻穿墙孔时应注意以下几点：

1）在初始钻孔时，钻头先不要正直钻，可先稍倾斜一点打磨，即按下变速开关后松开，利用惯性打磨墙面，当墙面上出现弧形槽时，再将钻头慢慢调直，直到打磨出一个圆形槽。

2）若在钻孔中发现水钻开进速度很慢，多为当前墙体较硬，应降低供水流量，断续式轻点变速开关。

3）在钻孔中还需要注意清理水钻头中的砖渣、碎石子等杂物。

4）当钻孔到一定深度时，需要把钻头先拉出再插入，这个操作可以将打碎的粉末拉出，避免粉碎的粉末过多导致摩擦力过大。

5）当穿墙孔将要被打通时，应注意减小压力，避免冲力过大损坏外部墙皮。

6.2.3 台钻

在中央空调系统施工中，台钻也是不可缺少的钻凿工具。台钻的体积小巧，操作简便，通常安装在专用工作台上使用。

图 6-24 为台钻的实物外形及应用。可以看到，台钻主要是由机壳、电源开关、主轴、进给手柄、电动机、升降手轮、立柱、工作台等构成的。

图 6-24 台钻的实物外形及应用

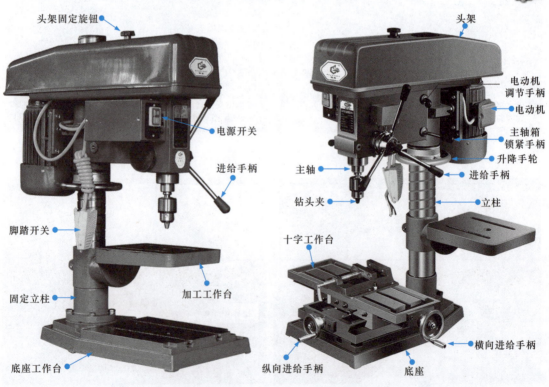

台钻的钻孔直径一般为 32mm 以下，最大不超过 32mm。其主轴变速一般通过改变 V 带在塔形带轮上的位置来实现，主轴进给靠手动操作。

| 相关资料 |

使用台钻时应注意以下几点：
1）在使用前应知晓台钻的结构与性能及各手柄的作用和润滑部位。
2）在使用过程中，台钻的工作台要保持清洁。
3）头架在移动之前，必须先松开锁紧手柄，调整后的头架要紧固好。
4）台钻变速时，应先关闭电源开关，使台钻停机，再进行调整工作。
5）钻通工件上的孔时，必须使钻头钻通底座上的让刀孔，或在工件下垫上垫铁，以免钻坏工作台。
6）若台钻在工作时发出异常声响或出现故障时，应立即切断电源，停止钻孔工作。
7）钻孔完毕后，应清理台钻上的铁屑及灰尘，并对需要润滑的部件润滑。
台钻的功能与冲击钻类似，冲击能力更强。

图 6-25 为台钻的应用。

图 6-25 台钻的应用

6.2.4 吊顶器（固钉器/射钉枪）

吊顶器是一种近几年流行起来的装修工具，又常被称为固钉器、射钉枪、胀管枪等，在吊顶、桥架、制冷剂管路、风管烟道安装等顶部固定操作中应用越来越广泛。

图 6-26 为吊顶器的结构外形。

| 相关资料 |

吊顶器的工作原理是依靠火药在密闭空间中爆炸瞬间产生的巨大推力把钢钉钉入基体中（混凝土）。

吊顶器不采用扳机触动击发，其作用时顶部施加足够的压力，依靠作用力与反作用力使击针将吊顶器顶部发射管中的弹体击发，火药瞬间产生的巨大推力推动钢钉或胀管击入基体中。

使用吊顶器时，需按规范步骤操作，如图 6-27 所示。

可以看到，借助吊顶器后，不再需要先借助梯子登高，然后借助电钻钻孔，再用电锤敲入胀管，接着再将导杆穿入螺栓，最后再用扳手固定螺母等一系列操作，可有效提高工作效率，大大缩短工期。

图 6-26 吊顶器的结构外形

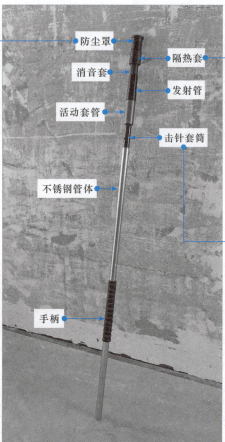
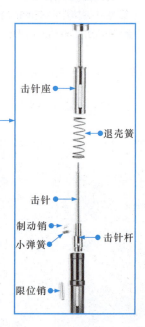

图 6-27 吊顶器的使用方法

扫一扫看视频

① 将一体钉（胀管钉）从吊顶器顶端射钉口放入

② 将固定制冷剂管路的吊码放置在射钉口（射钉钉入混凝土同时固定好吊码）

图 6-27 吊顶器的使用方法（续）

吊顶器

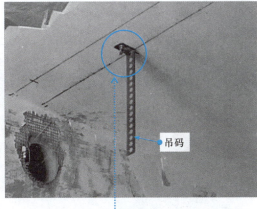
吊码

③ 使吊顶器垂直于混凝土天花板平面，用力推压，听到一声响后，吊杆被固定在天花板上；将吊顶器离开天花板，推动手柄做一次退弹操作后，可进行下一个操作

|提示说明|

使用吊顶器的注意事项如下：
◆ 使用吊顶器时，应遵守安全操作规范，使用者必须戴好手套、安全帽、护目镜和耳罩。
◆ 不要在易燃易爆场所使用吊顶器。
◆ 若使用吊顶器射击未响，退弹时不可直接用手去碰射钉弹体的任何部位，如果有未爆残余弹壳未能退出，只能借助外部工具拔去。
◆ 吊顶器每使用一次都需要退弹一次。
◆ 不可用手掌压缩钉管。
◆ 不可将射钉口对准自己或他人。

6.3 切割工具

切割工具是指将管路切断的设备或工具。在中央空调管路施工中，常用的切割设备主要包括切管器、钢管切割刀、管子剪、管路切割机等。

6.3.1 切管器

切管器主要用于中央空调制冷剂铜管的切割，在安装中央空调时，经常需要使用切管器切割不同长度和不同直径的铜管。

图 6-28 为切管器的实物外形。切管器主要由刮管刀、滚轮、刀片及进刀旋钮组成。

中央空调制冷剂管路的管径不同，可选择不同规格的切管器切割。

图 6-29 为不同规格的切管器。

6.3.2 钢管切割刀

钢管切割刀是指专门用于切割钢管的切割设备。其切割方法及原理与切管器相同，不同的是钢管切割刀的规格较大，如图 6-30 所示。

图 6-28 切管器的实物外形

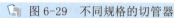

图 6-29 不同规格的切管器

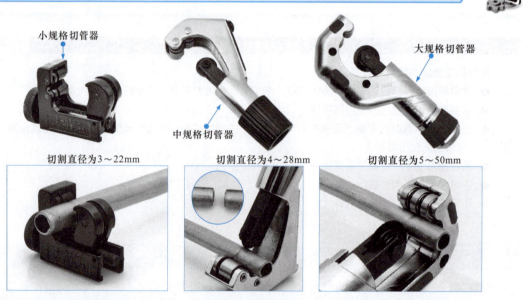

图 6-30 钢管切割刀的实物外形及应用

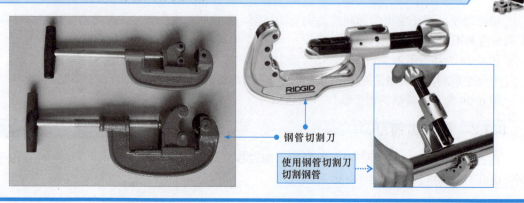

6.3.3 管子剪

管子剪是指用来裁剪管路的工具，一般用于塑料管路的切割。
图 6-31 为管子剪的实物外形及应用。

图 6-31 管子剪的实物外形及应用

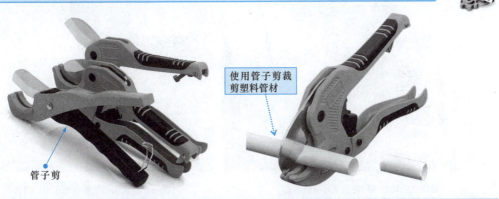

6.3.4 管路切割机

管路切割机是指专门用于切割管路的设备。在中央空调系统的施工操作中，常用的管路切割机主要有便携式切割机、台式砂轮管路切割机、手动管路切割机、数控管路切割机及手提式切割机等。

图 6-32 为几种管路切割机的实物外形。

图 6-32 几种管路切割机的实物外形

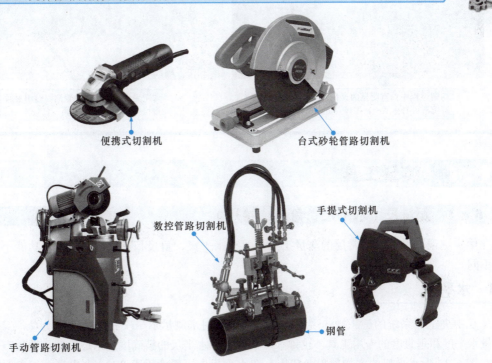

以常见的便携式切割机为例，图 6-33 为便携式切割机的使用方法，在中央空调系统施工操作中，常用于切割钢管、吊杆等。

图 6-33 便携式切割机的使用方法

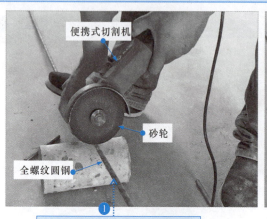
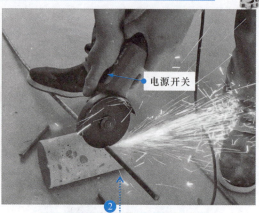

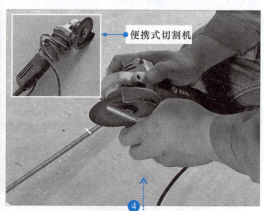

6.4 测量工具

6.4.1 测量尺（水平尺、角尺、卷尺）

中央空调系统施工中常用的测量工具主要有水平尺、角尺和卷尺。三种尺的功能不同，用法也不同。

1 水平尺

在中央空调系统的施工操作现场，水平尺主要用来测量水平度和垂直度，是设备安装时用来测量水平度和垂直度的专用工具，也称水平检测仪。水平尺的精确度高，造价低，携带方便。

图 6-34 为水平尺的实物外形及应用。在水平尺上一般会设有 2～3 个水平柱，主要用来测量垂直度和水平度等，有些水平尺上还带有标尺，可以短距离测量。

图 6-34 水平尺的实物外形及应用

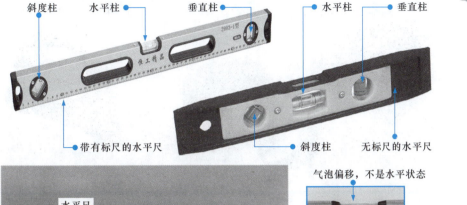

2 角尺

角尺也是中央空调系统施工中常用的一种具有圆周度数的角形测量工具,主要由角尺座和尺杆组成。角尺座的主要功能是定位。图 6-35 为角尺的功能特点及应用。

图 6-35 角尺的功能特点及应用

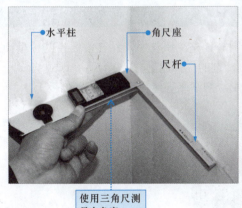 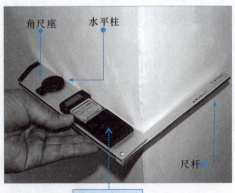

3 卷尺

在中央空调系统施工中,卷尺是必不可少的测量工具,主要用来测量管路、线路、设备等之间的高度和距离。卷尺通常以长度和精确值来区分。目前,常用的卷尺一般都设有固定按钮和复位按钮,测量时可以方便地自由伸缩并固定刻度尺伸出的长度。

图 6-36 为卷尺的实物外形。

◘ 图6-36 卷尺的实物外形

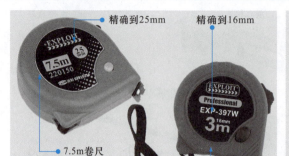

图6-37为卷尺的应用。

◘ 图6-37 卷尺的应用

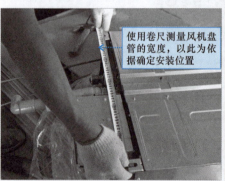

6.4.2 称重计

称重计是用来称量重量的设备。在中央空调制冷剂充注操作中，往往需要借助称重计来称量制冷剂加入的重量，从而使充注的制冷剂等同于制冷剂的标称重量。

图6-38为称重计的实物外形，称重时，可将制冷剂钢瓶直接置于称重计置物板上。

◘ 图6-38 称重计的实物外形

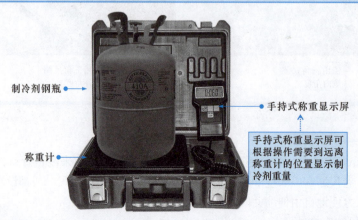

中央空调在充注制冷剂时,可将制冷剂钢瓶置于称重计上,根据标称充注重量计算出减重数值,连接管路开始充注,当称重计数值降低至计算数值时,停止充注,如图6-39所示。

图 6-39　借助称重计充注制冷剂示意图

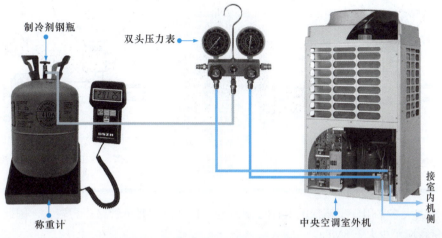

6.4.3　三通压力表

三通压力表主要用于中央空调管路系统安装完成后的气密性实验。图 6-40 为三通压力表的实物外形。可以看到,三通压力表主要由压力表头、控制阀门、接口 A、接口 B 组成。

图 6-40　三通压力表的实物外形

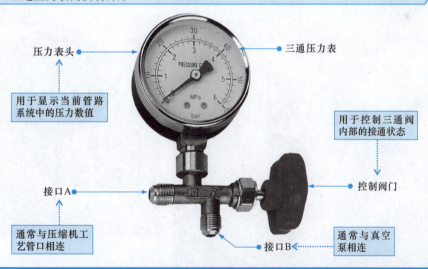

| 提示说明 |

用三通压力表时应注意控制阀门的状态,即在明确控制阀门打开和关闭的状态下,三通压力表内部三个接口的接通状态:当控制阀门处于打开状态时,三个接口均被打开,处于三通状态;当控制阀门处于关闭状态时,一个接口被关闭,压力表接口与另一个接口仍被打开。

三通压力表由三通阀、压力表头和控制阀门构成。

图 6-41 为三通压力表的控制状态。

图 6-41 三通压力表的控制状态

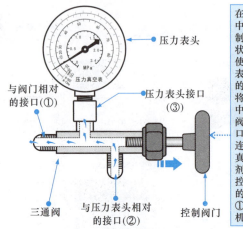
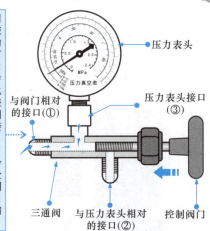

中央空调大多采用新型环保的 R410a 制冷剂。该制冷剂要求管路压力较大，因此，所选三通压力表的量程应至少大于 8MPa。

图 6-42 为三通压力表在中央空调气密性实验中的应用。

图 6-42 三通压力表在中央空调气密性实验中的应用

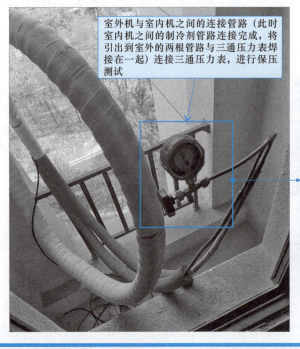

6.4.4 双头压力表

双头压力表也称五通压力表，主要用于中央空调管路系统的抽真空、充注制冷剂和检修、检查管路。

图 6-43 为双头压力表的实物外形。

◧ 图 6-43 双头压力表的实物外形

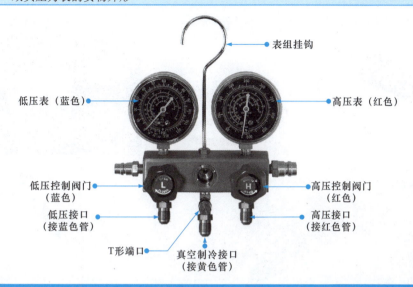

R410a 制冷剂管路所用双头压力表与 R22 制冷剂管路所用双头压力表的结构和功能均相同。不同的是，由于 R410a 制冷剂管路的压力较大，因此 R410a 制冷剂管路所用双头压力表的最大量程也较大，如图 6-44 所示。

◧ 图 6-44 R410a 制冷剂管路和 R22 制冷剂管路所用双头压力表的比较

R410a制冷剂管路所用双头压力表

R22制冷剂管路所用双头压力表

6.4.5 检漏仪

检漏仪是用于检查中央空调制冷剂有无泄漏的仪表。目前，应用于制冷检漏方面的检漏仪根据检测原理及检测对象的不同，可以分为卤素检漏仪、氮检漏仪和氢检漏仪，根据外形结构的不同又可分为便携式检漏仪、台式检漏仪和移动式检漏仪。

图 6-45 为检漏仪的实物外形及使用方法。

| 相关资料 |

中央空调系统中的制冷剂类型不同，检漏时所选检漏仪的类型也不相同。例如，如果在实际施工的中央空调系统中采用规格为 R410a 的制冷剂，这种制冷剂中不含氟，是由多种化学成分混合而成的，则在选择检漏仪时不能使用 CFC 或 HCFC 的氟利昂检漏仪，应使用氢检漏仪。

图 6-45 检漏仪的实物外形及使用方法

便携式卤素检漏仪

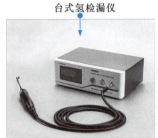

台式氢检漏仪

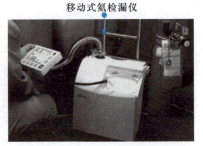

移动式氢检漏仪

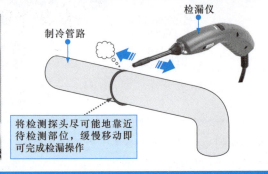

检漏仪检测探头

制冷管路连接处（待检测部位）

制冷管路

检漏仪

将检测探头尽可能地靠近待检测部位，缓慢移动即可完成检漏操作

6.5 辅助设备

6.5.1 真空泵

真空泵是对中央空调制冷剂管路进行抽真空操作的重要设备。中央空调制冷剂管路在安装或检修完毕后都要进行抽真空操作。

图 6-46 为中央空调抽真空操作中常见的真空泵实物外形。

图 6-46 中央空调抽真空操作中常见的真空泵实物外形

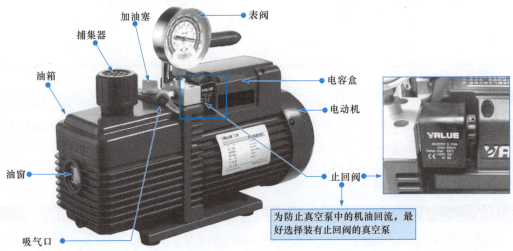

捕集器　加油塞　表阀
油箱　电容盒　电动机
油窗　止回阀
吸气口

为防止真空泵中的机油回流，最好选择装有止回阀的真空泵

图 6-47 为真空泵在中央空调制冷剂管路抽真空操作中的应用示意图。可以看到，真空泵通过管路与双头压力表连接后，再与中央空调室外机管路连接，实现抽真空操作。

图 6-47 真空泵在中央空调制冷剂管路抽真空操作中的应用示意图

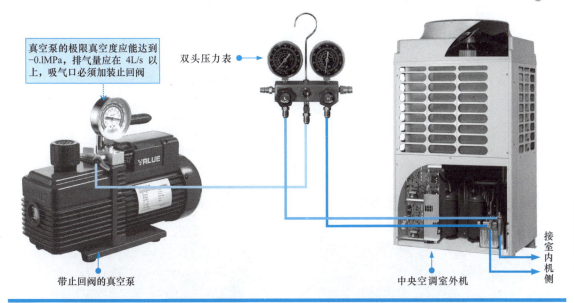

| 相关资料 |

通常，普通制冷剂（如 R22）管路抽真空操作时使用普通真空泵即可，中央空调采用 R410a 制冷剂的管路，需选用带止回阀的真空泵，如图 6-48 所示。

图 6-48 不同制冷剂管路所选用真空泵的区别

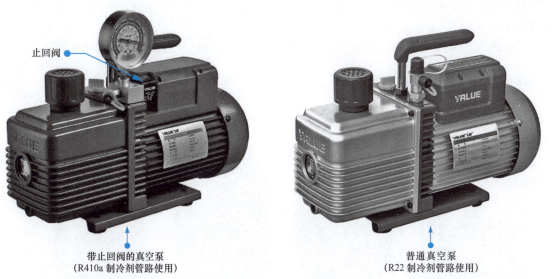

6.5.2 电动试压泵

电动试压泵是一种进行压力实验或提供压力的设备，可用于水或液压油等介质，适用于各种压力容器、管路、阀门等，在中央空调系统中可在管路试压、制冷剂灌装等场合使用。

常见的电动试压泵主要有便携式电动试压泵和台式电动试压泵，如图 6-49 所示。

图 6-49　电动试压泵的实物外形

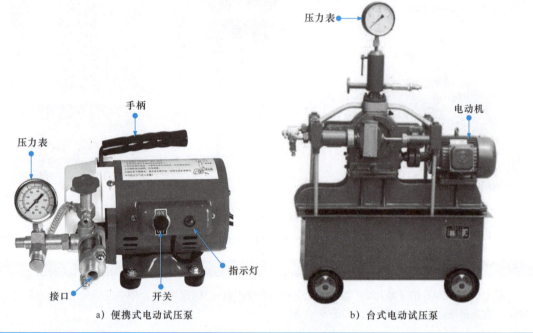

a）便携式电动试压泵　　　　　　b）台式电动试压泵

6.5.3 制冷剂钢瓶

制冷剂是中央空调管路系统中完成制冷循环的介质，在充入中央空调管路系统前存放在制冷剂钢瓶中。

图 6-50 为不同制冷剂钢瓶的实物外形，在中央空调管路系统中一般采用环保型的 R410a 制冷剂。

图 6-50　不同制冷剂钢瓶的实物外形

R22
制冷剂钢瓶　　　　R407C
制冷剂钢瓶　　　　R410a
制冷剂钢瓶（粉色）

制冷剂通常都封装在钢瓶中，常见的钢瓶可以分为有虹吸功能和无虹吸功能的钢瓶，如图 6-51 所示。有虹吸功能的制冷剂钢瓶可以正置充注制冷剂；无虹吸功能的制冷剂钢瓶需要倒置充注制冷剂。

图 6-51 制冷剂钢瓶的内部结构图

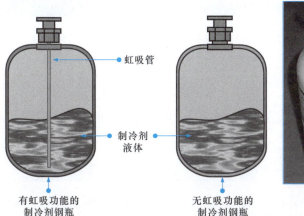

有虹吸功能的制冷剂钢瓶　　无虹吸功能的制冷剂钢瓶　　充注制冷剂时，钢瓶倒置，箭头朝上使用

虹吸管　　制冷剂液体

| 提示说明 |

不同类型制冷剂的化学成分不同，性能也不相同。表 6-1 为 R22、R407C 及 R410a 制冷剂性能的对比。

制冷设备从发明到普及一直都在进行制冷技术的不断改进。其中，制冷剂的技术革新是很重要的一方面。制冷剂属于化学物质，早期的制冷剂由于使用材料与制造工艺的问题，制冷效果不是很理想，并且对人体和环境影响很严重。这就使制冷剂的设计人员不断对制冷剂的替代品进行技术革新。我国制冷设备的技术革新较落后，是造成目前市面上制冷剂型号较多的原因。

制冷剂 R22：空调中使用率最高的制冷剂，许多老型号空调都采用 R22 作为制冷剂，含有氟利昂，对臭氧层破坏严重。

制冷剂 R407C：一种不破坏臭氧层的环保制冷剂，与 R22 有极为相近的特性和性能，应用于各种空调系统和非离心式制冷系统中，可直接应用于原 R22 的制冷系统，不用重新设计系统，只需更换原系统的少量部件及将原系统内的矿物冷冻油更换为能与 R407C 互溶的润滑油就可直接充注 R407C，实现原设备的环保更换。

制冷剂 R410a：一种新型环保制冷剂，不破坏臭氧层，具有稳定、无毒、性能优越等特点，工作压力为普通 R22 空调的 1.6 倍左右，制冷（暖）效率高，可提高空调的工作性能。

表 6-1　R22、R407C 及 R410a 制冷剂性能的对比

制冷剂	R22	R407C	R410a
制冷剂类型	旧制冷剂（HCFC）	新制冷剂（HFC）	
成分	R22	R32/R125/R134a	R32/R125
使用制冷剂	单一制冷剂	非共沸混合制冷剂	非共沸混合制冷剂
氟	有	无	无
沸点 /℃	-40.8	-43.6	-51.4
蒸气压力（25℃）/MPa	0.94	0.9177	1.557
臭氧破坏系数（ODP）	0.055	0	0
制冷剂填充方式	气体	以液态从钢瓶取出	以液态从钢瓶取出
制冷剂泄漏是否可以追加填充	可以	不可以	可以

6.6 焊接设备

在中央空调管路施工中，焊接设备是常用的设备之一，常用的主要包括电焊设备、气焊设备和热熔焊接设备等。

6.6.1 电焊设备

电焊设备主要用于水循环管路（钢管等）的焊接，是水冷式中央空调和风冷式水循环中央空调管路安装连接中的主要焊接设备。

电焊设备的结构

图 6-52 为电焊设备的实物外形及应用。一般来说，电焊设备主要包括电焊机、电焊钳、电焊条及接地夹等。

图 6-52 电焊设备的实物外形及应用

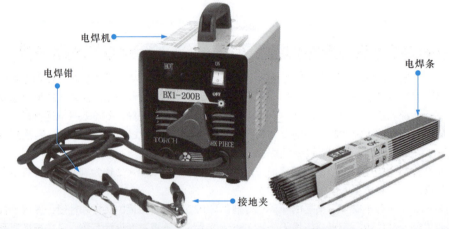

（1）电焊机

电焊机根据输出电压的不同，可以分为直流电焊机和交流电焊机，如图 6-53 所示。

| 资料 |

直流电焊机的电源输出端有正、负极之分，焊接时，电弧两端极性不变。

交流电焊机的电源是一种特殊的降压变压器，具有结构简单、噪声小、价格便宜、使用可靠、维护方便等优点。

图 6-53 电焊机的种类

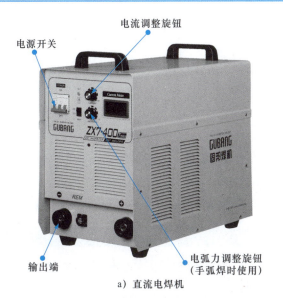

a) 直流电焊机　　　　　　　　　b) 交流电焊机

（2）电焊钳

电焊钳需要结合电焊机同时使用。电焊钳的外形像一个钳子，如图 6-54 所示。其手柄通常采用塑料或陶瓷制作，具有防护、防电击保护、耐高温、耐焊接飞溅及耐跌落等多重保护功能；夹子采用铸造铜制作而成，主要用来夹持或操纵电焊条。

图 6-54 电焊钳的特点

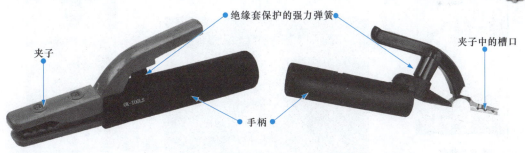

（3）电焊条

电焊条主要是由焊芯和药皮两部分构成的，如图 6-55 所示。其头部为引弧端，尾部有一段无涂层的裸焊芯，便于电焊钳夹持和利于导电。焊芯可作为填充金属实现对焊缝的填充连接；药皮具有助焊、保护、改善焊接工艺的作用。

| 相关资料 |

选用电焊条时，需要根据焊件的厚度选择合适粗细的电焊条。表 6-2 为焊件厚度与电焊条直径对照匹配表。

表 6-2　焊件厚度与电焊条直径对照匹配表

焊件厚度 /mm	2	3	4～5	6～12	>12
电焊条直径 /mm	2	3.2	3.2～4	4～5	5～6

图 6-55　电焊条的构成

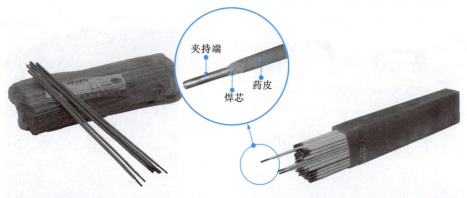

6.6.2　气焊设备

气焊设备是中央空调制冷管路焊接的专用设备，是利用可燃气体与助燃气体混合燃烧生成的火焰作为热源，通过熔化焊条，将金属管路焊接在一起。

如图 6-56 所示，气焊设备主要包括氧气瓶、燃气瓶、焊枪和连接软管等。

图 6-56　气焊设备的结构组成

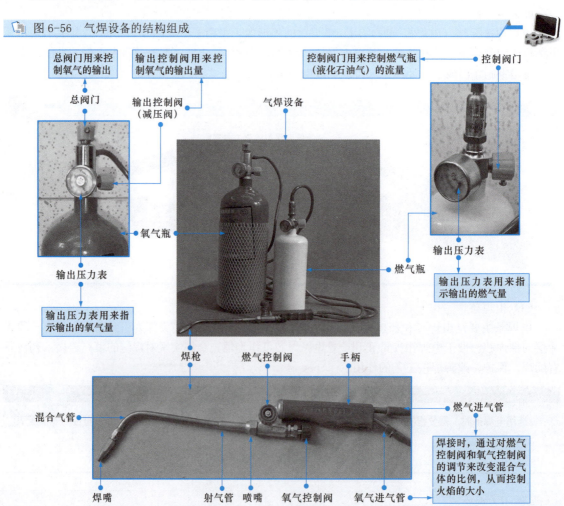

图 6-57 为气焊设备的焊接操作。

图 6-57 气焊设备的焊接操作

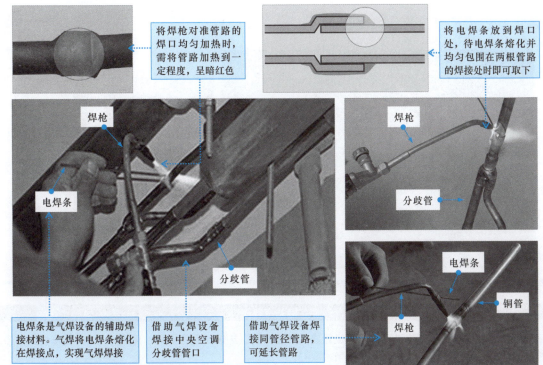

6.6.3 热熔焊接设备

热熔焊接设备是中央空调系统中连接各种塑料管路时常用的焊接设备。目前，常用的热熔焊接设备包括热熔焊机和手持热熔焊接器。

（1）热熔焊机

热熔焊机是一种通过电加热实现塑料管材热熔对焊连接的设备。图 6-58 为常见热熔焊机的实物外形。

图 6-58 常见热熔焊机的实物外形

使用热熔焊机焊接管路时，一般需要将待熔接两根管路的管口切割为垂直切口，除去毛刺后，清洁熔接部位，然后将管路固定在热熔焊机中，根据管路管径进行相应时间的加热和熔接。图6-59为热熔焊机焊接管路的应用。

图6-59 热熔焊机焊接管路的应用

热熔焊机　　待连接管路

| 相关资料 |

使用热熔焊机连接管路时，不同管径管路的加热时间、热熔深度等不同，见表6-3（具体根据实际热熔焊机规格的不同有所不同，参考具体的说明书）。

表6-3 热熔焊机焊接管路的相关要求

管路外径 /mm	热熔深度 /mm	加热时间 /s	冷却时间 /s
20	14	5	3
25	16	7	3
32	20	8	4
40	21	12	4
50	22.5	18	5
63	24	24	6
75	26	30	8
90	32	40	8
110	38.5	50	10

（2）手持热熔焊接器

手持热熔焊接器是一种便携式的热熔焊机。在中央空调管路施工中，常常会使用手持热熔焊接器对敷设的管路进行连接或加工。手持热熔焊接器由主体和各种大小不同的接头组成，可以根据不同直径的管路选择合适的接头。

图6-60为手持热熔焊接器的实物外形。

手持热熔焊接器主要用于实现两个塑料管路的连接，通常应用于冷凝水管路或水循环管路的连接。

图6-61为手持热熔焊接器的实际应用。

图 6-60 手持热熔焊接器的实物外形

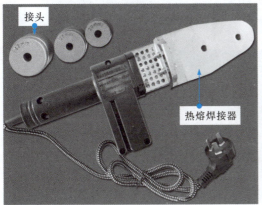
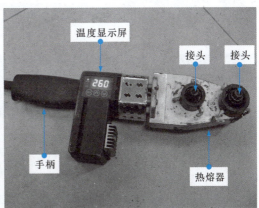

图 6-61 手持热熔焊接器的实际应用

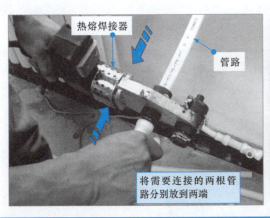
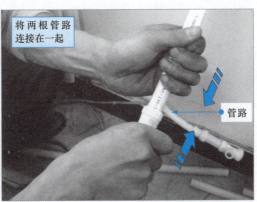

第7章 制冷管路加工连接

7.1 管路加工

7.1.1 切管加工

中央空调制冷管路是一个封闭的循环系统,在安装或检修中央空调管路时,经常需要对管路中部件的连接部位、过长的管路或不平整的管口等进行切割,以便实现中央空调管路的安装及部件的代换、检修或焊接。

中央空调制冷管路的切管操作需要借助切管器。切管前,先根据所切管路的管径选择合适规格的切管器,并做好切管器的初步调整和准备,然后,将需要切割的管路放置在切管工具中并进行位置的调整,调整时应注意切管工具的刀片垂直对准管路,使刀片接触被切管的管壁,然后便可按照切管的操作规范进行切管操作,如图7-1所示。

图7-1 中央空调制冷管路的切管操作

扫一扫看视频

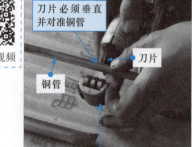
① 将铜管放置在切管器的刀片和滚轮之间

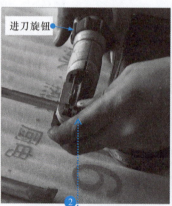
② 顺时针缓慢调节进刀旋钮,使刀片垂直顶住铜管

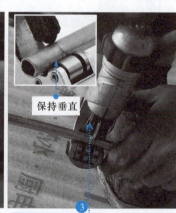
③ 用一只手捏住铜管,另一只手转动切管器,使其绕铜管顺时针方向旋转

④ 切割后的铜管管口应平整、无裂痕、无毛刺,否则需要重新切割

| 提示说明 |

使用切管器切割制冷剂铜管，应顺时针旋转切管器，且始终保持滚轮与刀片垂直压向管壁，不能侧向扭动，同时要防止进刀过快、过深，以免崩裂刀刃或造成铜管变形。

旋转切管器的同时，应缓慢调节进刀旋钮，逐渐进刀，即进刀与切割同时进行，以保证铜管在切管器刀片和滚轮间始终受力均匀，直到铜管被切割开。切忌进刀过度，导致铜管管口变形，切口必须保持平滑，如图7-2所示。

另外，中央空调制冷管的切管操作不允许使用钢锯和砂轮机切割，以免出现管口变形、铜管内壁不均匀，甚至若有铜屑进入管内，随制冷剂循环流动时会导致电子膨胀阀等堵塞，影响管路安装质量，可能造成系统无法正常运行。

图7-2 切管后管口的工艺要求

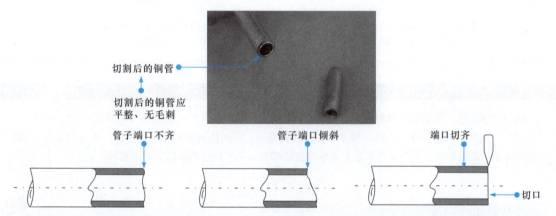

7.1.2 扩管加工

中央空调的扩管操作是指将制冷配管管口扩成喇叭口，应用于需要进行纳子（连接螺母）连接的场合。中央空调制冷系统多采用新型R410a制冷剂，因此这里选用R410a制冷管路专用扩管器进行扩管操作演示。

使用R410a制冷管路专用扩管器的扩管操作如图7-3所示，扩管操作要求铜管管口平整、无毛刺、无翻边现象。

图7-3 中央空调制冷管路的扩管方法（喇叭口）

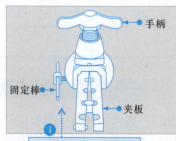

① 拧松夹板固定棒，使夹板能够张开一定角度

② 根据待扩管管径，选择合适的扩管位置，使顶压器的偏心支头对准扩孔

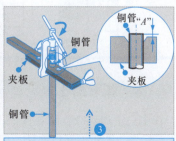

③ 将平整的管口插入扩孔，并露出1.0mm位置，管口垂直对准偏心支头

图 7-3 中央空调制冷管路的扩管方法（喇叭口）（续）

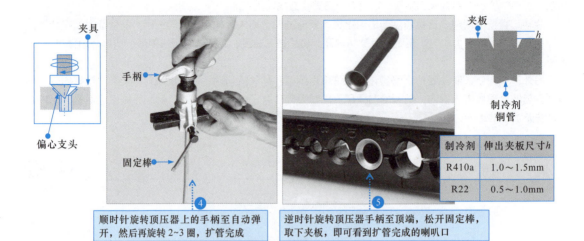

制冷剂	伸出夹板尺寸h
R410a	1.0～1.5mm
R22	0.5～1.0mm

④ 顺时针旋转顶压器上的手柄至自动弹开，然后再旋转 2~3 圈，扩管完成

⑤ 逆时针旋转顶压器手柄至顶端，松开固定棒，取下夹板，即可看到扩管完成的喇叭口

| 提示说明 |

值得注意的是，不同管径的制冷铜管，扩喇叭口的形状和尺寸不同，如图 7-4 所示。

另外，使用扩管器扩喇叭口后，要求管口与母管同径，不可出现偏心情况，不应产生纵向裂纹，否则需要割掉管口重新扩口，图 7-5 为其工艺要求和合格喇叭口与不合格喇叭口的对照比较。

图 7-4 不同管径制冷铜管喇叭口的形状和尺寸要求

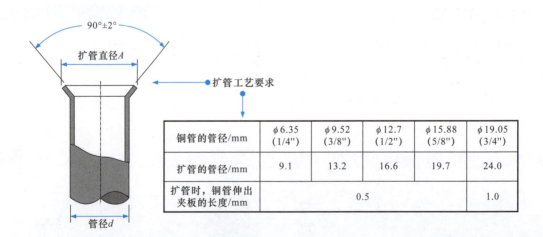

铜管的管径/mm	ϕ6.35 (1/4")	ϕ9.52 (3/8")	ϕ12.7 (1/2")	ϕ15.88 (5/8")	ϕ19.05 (3/4")
扩管的管径/mm	9.1	13.2	16.6	19.7	24.0
扩管时，铜管伸出夹板的长度/mm	0.5				1.0

7.1.3 胀管加工

在中央空调制冷管路连接操作中，两根同管径的管路钎焊连接时，需要将其中一根的管口进行胀管操作，即胀大管口管径，使另一根管口能够插入胀开的管口中。胀管操作需要借助专用的胀管器加工，如图 7-6 所示。

图 7-5 合格喇叭口与不合格喇叭口的对照比较

扩管合格
的铜管管口

管口倾斜
不合格管口

管口有破损
不合格管口

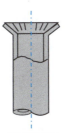
管口有裂纹
不合格管口

管口歪斜
不合格管口

管口过深
不合格管口

不同规格合格的喇叭口

不合格的开裂的喇叭口

图 7-6 中央空调制冷管路的胀管操作

胀管器

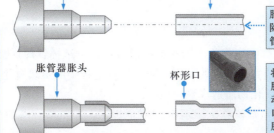
胀管器胀头　　　待钎焊铜管管口

胀管器胀头　　　杯形口

胀管前首先需要清理管口，去除毛边，然后选择胀管长度与管径插入长度相符的胀头

将胀头旋到胀管器中，将待胀铜管管口放到胀头上，压动胀管手柄开始胀管，待胀口胀为规则的杯形口，松开胀管手柄，取下胀好铜管

❶ 相同管径的两根铜管

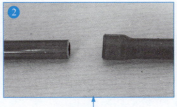
❷ 其中一根铜管管口胀为杯形口

❸ 将另一根铜管插入胀好的管口中

| 提示说明 |

在胀管操作中，要求胀口不可有纵向裂纹、胀口不能出现歪斜的情况，且在中央空调系统中不同管径的铜管所要求承插深度不同。图 7-7 为中央空调制冷管路胀管操作的工艺要求。

图 7-7 中央空调制冷管路胀管操作的工艺要求

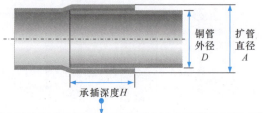

铜管的管径 D/mm	φ6.35	φ9.52	φ12.7	φ15.88	φ19.05	φ22.2	φ25.4	φ28.6	φ31.8	φ35以上
最小承插深度 H/mm	6	7		8	10			12		14
承插口间隙(A与D之差)/mm	0.05~0.21			0.05~0.27				0.05~0.35		

胀口合格 正确 ✓

胀口歪斜 错误 ✗

胀口有纵向裂纹 错误 ✗

7.2 管路连接

7.2.1 管路气焊

管路气焊是指借助气焊设备将制冷管路接口进行焊接（承插钎焊连接），且在焊接过程中，向制冷管路中充入氮气，以隔离空气中的氧气，防止焊接过程中的金属氧化，从而提升焊接质量，并有效防止焊接时管路产生氧化物而造成系统堵塞。

中央空调制冷管路的气焊操作大致可分为四个步骤，即气焊设备的连接、气焊设备的点火操作、焊接操作、气焊设备关火。

1 气焊设备的连接

如图 7-8 所示，中央空调制冷管路焊接前，先将待焊接的两根管路按照要求进行承插连接，然后在焊接管路一侧连接氮气钢瓶，同时准备好气焊设备、焊剂、焊料等，做好焊接准备。

2 气焊设备的点火操作

如图 7-9 所示，气焊设备的操作有着严格的规范和操作顺序要求，焊接管路前必须严格按照要求进行气焊设备的点火操作。

| 提示说明 |

在调节火焰时，如氧气或燃气开得过大，不易出现中性焰，反而会出现不适合焊接的过氧焰或碳化焰，其中过氧焰温度高，火焰逐渐变成蓝色，焊接时会产生氧化物；而碳化焰的温度较低，无法焊接管路。

图 7-8 中央空调制冷管路承插钎焊设备的连接示意图

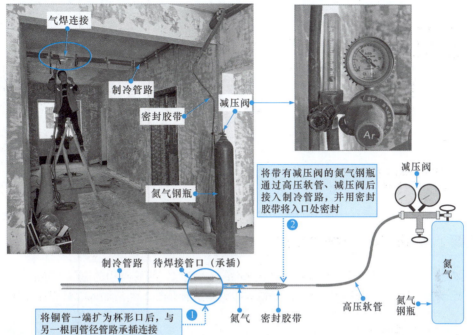

图 7-9 气焊设备的点火操作

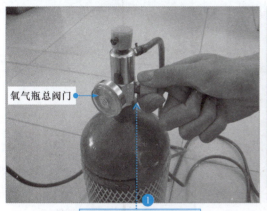
① 打开氧气瓶总阀门，调节输出压力为 0.3～0.5MPa

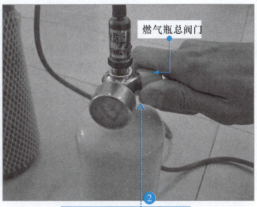
② 打开燃气瓶总阀门，调节输出压力为 0.03～0.05MPa

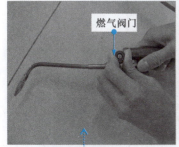
③ 打开燃气阀门

④ 使用明火点燃焊枪嘴喷出的燃气

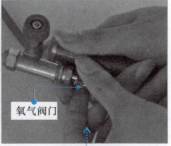
⑤ 打开氧气阀门

图 7-9 气焊设备的点火操作（续）

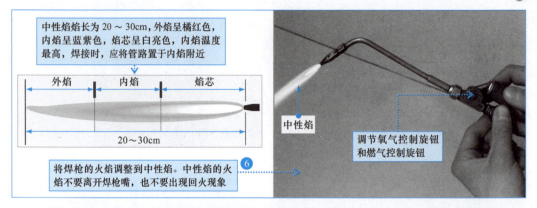

3 气焊（承插钎焊）的操作方法

如图 7-10 所示，打开氮气钢瓶，待焊接管路中充入氮气，将管路中的空气吹净后，继续充氮，同时将气焊设备火焰对准承插接口部分，对待焊接管路进行预热，然后加入焊料焊接承插口部分。

图 7-10 承插钎焊的操作方法

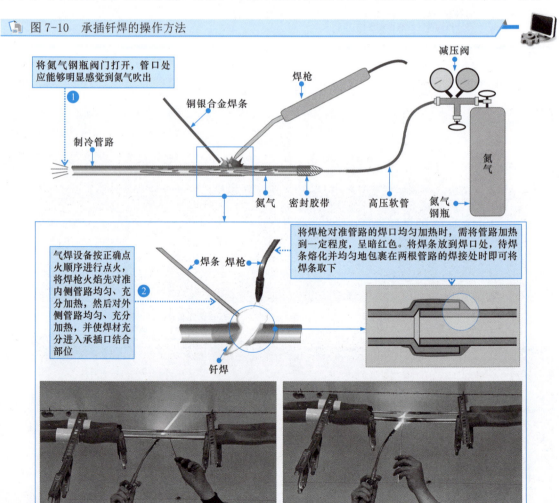

| 提示说明 |

中央空调制冷管路钎焊开始前，需要注意清洁钎焊部位，确认承插口间隙是否合适（以承插后垂直放置，靠摩擦力管路不分离为准），焊接方向一般以向下或水平方向焊接为宜，禁止仰焊，如图7-11所示，且承插接口的承口方向应与管路中制冷剂的流向相反。

焊接时，向制冷管路中充入氮气时，氮气压力一般以大于0.03~0.05MPa为宜，也可根据制冷管路管径大小，适当调节减压阀使氮气压力适宜钎焊（以钎焊管路未连接氮气钢瓶一端有明显的氮气气流为宜）。若未充氮焊接，铜管内壁会产生黑色的氧化铜，当管路投入使用后，氧化铜会随着制冷剂流动堵塞过滤器滤网、电子膨胀阀、回油组件等，造成严重故障。图7-12为充氮焊接与未充氮焊接管内壁比较对照图。

另外，若采用硬钎焊，应使用含银2%的银焊条，气焊设备火焰调整至中性焰，避免过氧化焊。

图 7-11 承插钎焊焊接的方向

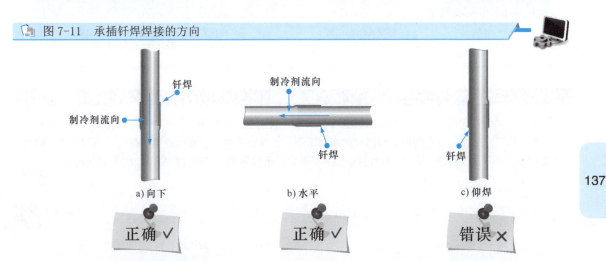

图 7-12 充氮焊接与未充氮焊接管内壁比较对照图

4 焊接后气焊设备的关火顺序

如图7-13所示，焊接完成后，气焊设备关火也必须严格按照操作要求和顺序，避免出现回火现象。

图 7-13 焊接后气焊设备的关火顺序

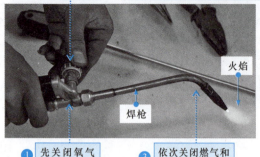
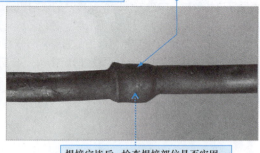

① 先关闭氧气控制阀
② 再关闭燃气控制阀
③ 依次关闭燃气和氧气瓶上的阀门
④ 焊接完毕后,检查焊接部位是否牢固、平滑,有无明显焊接不良的问题

焊缝表面光滑,填角均匀饱满,圆弧过渡。钎焊部位无过烧、焊堵、裂纹等情况,焊缝无气孔、虚焊、焊渣等情况 → 焊接后的铜管

焊枪 / 火焰

| 提示说明 |

制冷管路焊接完成后,需要再继续通氮气 3~5min,直到管路自然冷却,不会产生氧化物为止。不可使用冷水冷却钎焊部位,以免因铜管和焊材的收缩率不一致导致裂纹。焊接位置要求应无砂眼和气泡,焊缝饱满平滑。值得注意的是,承插钎焊焊接必须为杯形口,不可用喇叭口对接焊接,如图 7-14 所示。

图 7-14 承插焊接的正确与错误方法比较

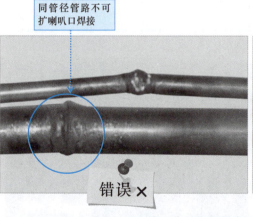
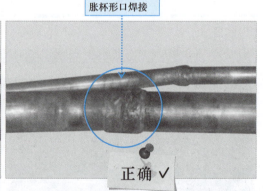

同管径管路不可扩喇叭口焊接 —— 错误 ✗

同管径管路应胀杯形口焊接 —— 正确 ✓

7.2.2 管路电焊

管路电焊是指借助电焊设备对管路接口进行焊接的操作。

1 电焊设备的接线

在进行电焊操作时,一定要先检查电焊设备,确保焊接环境符合要求后方可进行电焊操作,在电焊操作期间需穿戴电焊防护用具。

如图 7-15 所示,将电焊钳通过连接线缆与电焊机上的电焊钳连接端口连接(通常带有标识),接地夹通过连接线缆与电焊机上的接地夹连接端口连接。焊接时,将接地夹夹在水循环制冷管路上后,用电焊钳夹持电焊条即可进行电焊操作。

图 7-15 电焊设备的接线

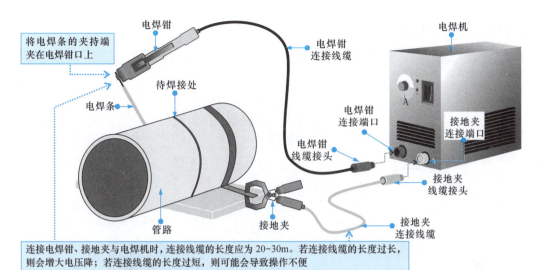

图 7-16 为电焊设备的供电与接地连接方法。

2 电焊的引弧方法

电焊包括两种引弧方式,即划擦法和敲击法,如图 7-17 所示。

3 电焊的运条操作

由于焊接起点处的温度较低,引弧后,可先将电弧稍微拉长,对起点处预热后,再适当缩短电弧正式焊接,如图 7-18 所示。在焊接时,需要匀速推动电焊条,使焊件的焊接部位与电焊条充分熔化、混合,形成牢固的焊缝。

在焊接较厚的焊件时,为了获得较宽的焊缝,电焊条应沿焊缝横向进行有规律的摆动。根据焊接要求的不同,运条的方式也有所区别,如图 7-19 所示。

图 7-16 电焊设备的供电与接地连接方法

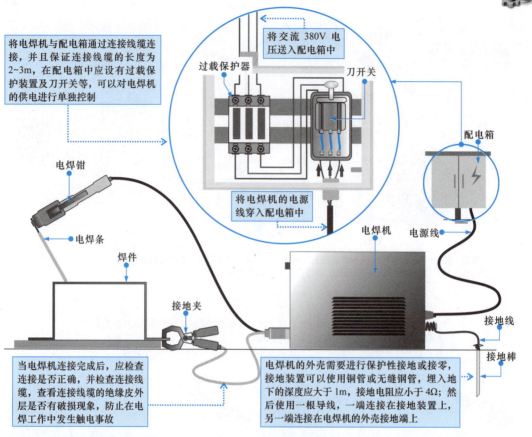

图 7-17 电焊的引弧方法

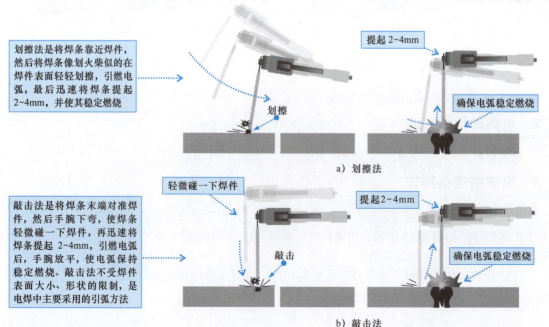

a) 划擦法

b) 敲击法

图 7-18　电焊的运条操作

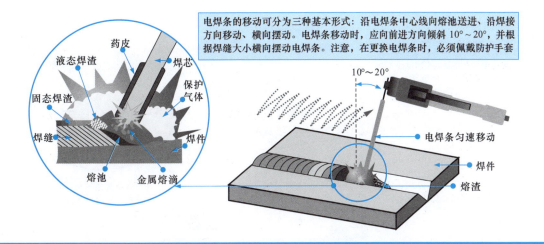

图 7-19　运条方式

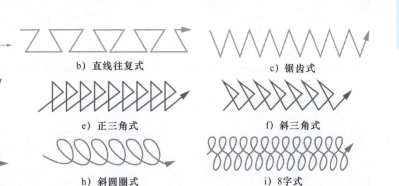

4　电焊的灭弧（收弧）操作

一条焊缝焊接结束时需要执行灭弧操作（收弧），通常有画圈法、反复断弧法和回焊法，如图 7-20 所示。

7.2.3　螺纹连接

螺纹连接是指借助套入管路上的纳子（螺母）与管口螺纹拧紧，实现管路与管件连接的方法。在中央空调制冷管路安装操作中，室内机与制冷管路之间、室外机液体截止阀与制冷管路之间一般采用螺纹连接。

1　螺纹连接前的扩管操作

制冷管路采用螺纹连接时，需要借助专用的扩管器将管路的管口扩为喇叭口。扩管前，先将规格匹配的纳子（纳子的最小内径略大于待连接管路的管径）套入管路中，如图 7-21 所示。

图 7-20 电焊的灭弧操作

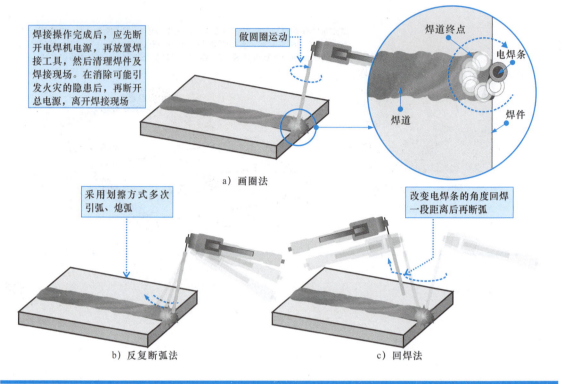

a）画圈法

b）反复断弧法

c）回焊法

图 7-21 螺纹连接的扩管操作

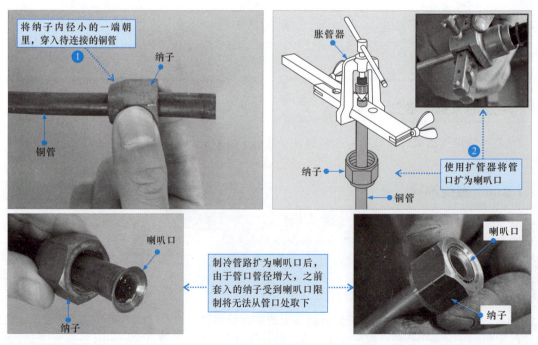

2 螺纹连接的方法

以室内机与制冷管路连接为例,将扩好的喇叭口对准室内机管路螺纹接口,将纳子旋拧到螺纹上,并借助两把力矩扳手拧紧,确保连接紧密,如图7-22所示。

图7-22 中央空调制冷管路螺纹连接的操作方法

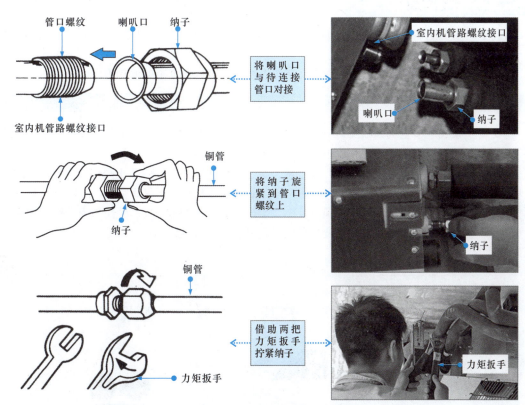

第 8 章 抽真空和充注制冷剂

8.1 抽真空

抽真空是中央空调系统充填制冷剂之前、气密性实验之后的关键步骤,也是针对系统是否有漏点的进一步检验。

以多联式中央空调为例,介绍新机抽真空和更换压缩机后抽真空的操作方法。

8.1.1 新机抽真空

新安装多联式中央空调系统中,在室内机管路及制冷管路中一般会存有空气和水分,为确保管路干燥无杂质,充注制冷剂前需要进行真空干燥。

如图 8-1 所示,用高压软管将双头压力表一端连接到室外机的气体截止阀和液体截止阀的检测接口上(气管和液管同时抽真空);另一根高压软管连接双头压力表和真空泵,起动真空泵开始抽真空(约 2h,根据室内机数量不同有所区别),待压力降至 -0.1MPa 时,关闭压力表阀门和真空泵电源,并保持 1h,根据压力表压力值变化判断管路是否有水分或泄漏。

图 8-1 中央空调制冷系统的真空干燥操作方法

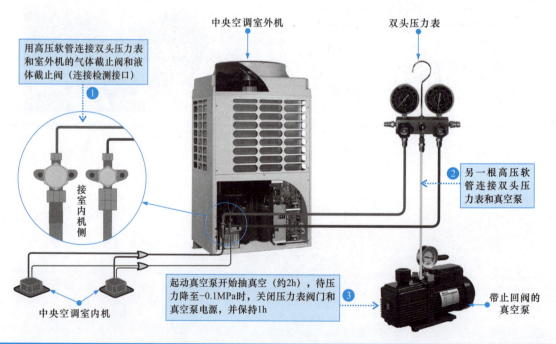

若抽真空操作一直无法降至 -0.1MPa,则说明管路中可能存在泄漏或水分,需要检查管路并排除泄漏或水分存在的情况(充氮吹污,再次抽真空 2h,再次保真空,直到水分排净)。

若抽真空操作完成,保真空 1h 后,压力表压力值无上升,则说明制冷管路合格。

| 提示说明 |

多联式中央空调的室外机不抽真空，因此在真空干燥时，必须确保室外机的气体截止阀和液体截止阀处于关闭状态，避免空气或水分进入室外机管路。

另外，抽真空操作时，若制冷系统采用 R410a 制冷剂，应使用专用真空泵（带止回阀）；抽真空完成后，应先关闭双头压力表阀门，再关闭真空泵电源。

8.1.2 维修后抽真空

当中央空调因异常或故障，需要更换压缩机或四通阀、换向阀，或系统制冷剂泄漏时，因更换部件或制冷剂泄漏必定会导致封闭的管路被打开，这种情况下，维修操作后必须重新抽真空，确保管路系统内无空气、水分等。

由于中央空调室外机中的阀件（如电子膨胀阀）处于关闭状态，需要打开阀件，避免抽真空不纯净，影响制冷效果。此时，除了需要进行图 8-1 所示的抽真空设备连接外，还需要设置中央空调为抽真空模式。

以格力多联式中央空调为例介绍抽真空模式设置方法。首先给室外机主板上电，电路板数码管显示"01AHoF"，表示待机状态，如图 8-2 所示。

图 8-2 格力多联式中央空调主板待机状态显示

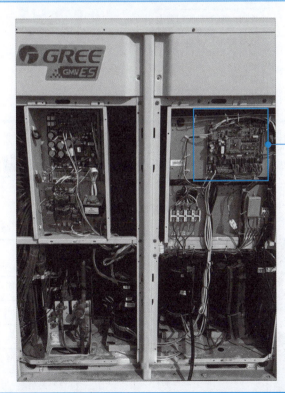
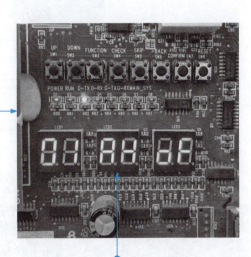

数码管显示"01AHoF"：待机状态

接下来，按图 8-3 所示的步骤，将数码管显示设置为"A80000"，即抽真空模式。

| 相关资料 |

格力典型多联式中央空调室外机主板数码管显示状态如图 8-4 所示。

图 8-3 格力多联式中央空调抽真空模式的设置方法

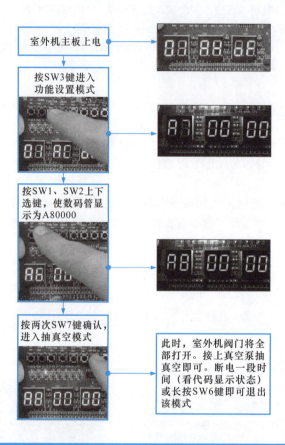

图 8-4 格力典型多联式中央空调室外机主板数码管显示状态

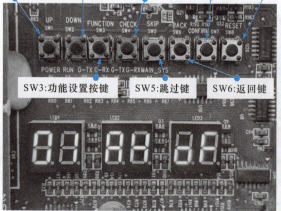

数码管显示代码	含义	数码管显示代码	含义
A2	制冷剂回收	n5	内机编号偏移
A6	冷暖功能	n6	故障查询
A7	静音等级	n7	参数查询
A8	抽真空	n8	内机编号查询
n0	节能控制1	n9	内机数量
n3	强制化霜	nb	外机条码
n4	节能控制2	01AHoF	待机

8.2 充注制冷剂

8.2.1 新机充注制冷剂

中央空调系统制冷剂的充注操作应在确认制冷剂管路施工、电气线路施工、系统吹污、充氮检漏和抽真空操作完成后进行。

由于多联式中央空调系统中,室外机出厂时管路中已经严格按照要求充注定量的制冷剂,因此,系统安装完成后制冷剂充注主要是针对制冷管路和室内机部分的追加充注制冷剂。

如图 8-5 所示,根据制冷剂管路(液管)的实际安装长度计算制冷剂追加量,连接制冷剂钢瓶、双头压力表、室外机的气体和液体截止阀检测接口。在不开机的状态下,从室外机气体、液体截止阀同时充注制冷剂。

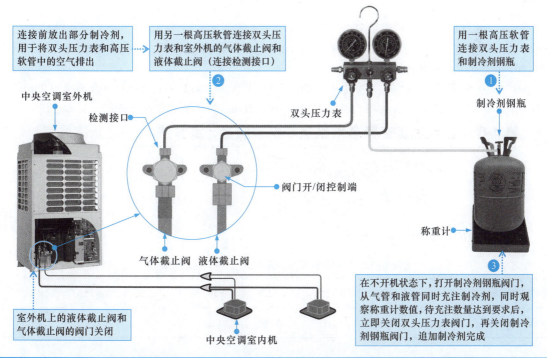

图 8-5 中央空调系统制冷剂充注的操作方法

| 提示说明 |

追加制冷剂前,中央空调系统中液管的管径、长度应严格计算,确保追加制冷剂量精确无误。

追加制冷剂时,追加制冷剂的量称重必须满足一定的精度(误差在 ±10g 左右),不可过多或过少追加制冷剂,否则将影响整个系统的制冷效果。

若采用 R22 制冷剂,追加时按照气态方式追加即可(R22 是单一制冷剂);若采用 R410a 制冷剂,必须以液态状态充注(R410a 是两种制冷剂混合的疑似共沸制冷剂,非液态下制冷剂成分可能发生变化)。追加制冷剂时,检查制冷剂钢瓶是否有虹吸装置。有虹吸装置的制冷剂钢瓶应采用正立方式充注;无虹吸装置的制冷剂钢瓶必须采用倒立方式充注。

另外,对制冷剂追加量必须做好记录(一般机器配件中会有相应的记录表格),并粘贴在室外机电控箱面板上,以便后期维护、检修时参考。

不同品牌、型号的多联式中央空调系统，制冷剂追加量的计算方法也不同，具体应根据实际安装机型的品牌、系列明确对制冷剂追加量的规定和要求。

以格力多联式中央空调为例。不同系列的多联机制冷剂具体追加计算方法也略有不同。

1　C 系列和 B 系列家用直流变频多联机组制冷剂追加量计算方法

格力 C 系列家用直流变频多联机组系统液管的长度小于或等于 20m 时，不需要追加制冷剂；当液管长度大于 20m 时，追加制冷剂的计算公式如下：

$$C 系列制冷剂追加量 = (L-20) \times 0.054$$

式中，$L = \phi 9.52mm$ 液管总长 $\times 1 + \phi 6.35mm$ 液管总长 $\times 0.4$。

格力 B 系列家用直流变频多联机组系统液管的长度小于或等于 50m 时，不需要追加制冷剂；当液管长度大于 50m 时，追加制冷剂的计算公式如下：

$$B 系列制冷剂追加量 = (L-50) \times 0.054$$

例如，格力 C 系列家用直流变频多联机 $\phi 9.52mm$ 液管长度为 25m，$\phi 6.35mm$ 液管长度为 20m，则可计算得 $L = 25 \times 1 + 20 \times 0.4 = 33（m）$，因 33m 大于 20m，则需要追加制冷剂的量为 $(33-20) \times 0.054 = 0.702（kg）$。

格力 B 系列家用直流变频多联机 $\phi 9.52mm$ 液管长度为 30m，$\phi 6.35mm$ 液管长度为 25m，则可计算得 $L = 30 \times 1 + 25 \times 0.4 = 40（m）$，因 40m 小于 50m，则需要追加制冷剂的量为 0kg。

2　第 4 代上出风直流变频多联机制冷剂追加量计算方法

格力第 4 代上出风多联机组制冷剂的追加量根据系统液管的长度计算如下：

$$制冷剂追加量 = \Sigma\ 液管长度 \times 每米液管制冷剂追加量$$

每米液管制冷剂追加量见表 8-1。

表 8-1　每米液管制冷剂追加量（R410a 制冷剂）

液管直径 /mm	$\phi 6.35$	$\phi 9.52$	$\phi 12.7$	$\phi 15.88$	$\phi 19.05$	$\phi 22.23$	$\phi 25.4$	$\phi 28.6$
每米追加量 /kg	0.022	0.054	0.11	0.17	0.25	0.35	0.52	0.68

例如，第 4 代上出风直流变频多联机系统中，$\phi 19.05mm$ 液管长度为 40m，$\phi 15.88mm$ 液管长度为 30m，$\phi 12.7mm$ 液管长度为 25m，$\phi 9.52mm$ 液管长度为 20m，$\phi 6.35mm$ 液管长度为 10m，则需追加制冷剂的量应为

$$制冷剂追加量 = 40 \times 0.25 + 30 \times 0.17 + 25 \times 0.11 + 20 \times 0.054 + 10 \times 0.022 = 19.15（kg）$$

3　第 5 代上出风直流变频多联机组制冷剂追加量计算方法

第 5 代上出风多联机组制冷剂的追加量 = 配管制冷剂追加量 $A + \Sigma$ 每个模块制冷剂追加量 B。其中，配管制冷剂追加量 $A = \Sigma$ 液管长度 × 每米液管制冷剂追加量。每米液管制冷剂追加量见表 8-1。Σ 每个模块制冷剂追加量 B 由室内外机额定容量配置率、室内机台数、室外机容量等因素决定，见表 8-2。

表 8-2　格力第 5 代多联机每个模块制冷剂追加量　　　　　　　　（单位：kg）

室内外机额定容量配置率 C	室内机配置数量	室外机容量/kW						
		22.4	28.0	33.5	40.0	45.0	50.4	56.0	61.5
$50\% \leqslant C \leqslant 70\%$	<4	0	0	0	0	0	0	0	0
	≥4	0.5	0.5	0.5	0.5	0.5	0.5	1.0	1.5
$70\% < C \leqslant 90\%$	<4	0.5	0.5	1.0	1.5	1.5	1.5	2.0	2.0
	≥4	1.0	1.0	1.5	2.0	2.0	2.5	3.0	3.5
$90\% < C \leqslant 105\%$	<4	1.0	1.0	1.5	2.0	2.0	2.5	3.0	3.5
	≥4	2.0	2.0	3.0	3.5	3.5	4.0	4.5	5.0
$105\% < C \leqslant 135\%$	<4	2.0	2.0	2.5	3.0	3.0	3.5	4.0	4.0
	≥4	3.5	3.5	4.0	5.0	5.0	5.5	6.0	6.0

| 提示说明 |

室内外机额定容量配置率 C = 室内机额定制冷量总和 / 室外机额定制冷量总和。另外，不同时间生产的机组，制冷剂追加量会有所不同，应以相应说明书作为规范进行操作。若室内机均为 GMV-NX 系列全新风室内机，则每个模块制冷剂追加量 B 为 0。若室内机为新风机和普通室内机混接，则灌注方法按均为普通室内机的方法灌注。

例如，第 5 代上出风直流变频多联机系统中，室外机由容量为 22.4kW 和 28kW 的两台室外机构成，室内机由 5 台风管机构成，容量分别为 12.5kW、11.2kW、10kW、9kW 和 8kW。计算可知，室内外机额定容量配置率 C =（12.5 + 11.2 + 10 + 9 + 8）/（22.4 + 28）= 1.005 = 100.5%。

查表 8-2 可知，容量为 22.4kW 的模块制冷剂追加量 B = 2.0kg（室内机数量大于 4），容量为 28kW 的模块制冷剂追加量 B = 2.0kg，则 Σ 每个模块制冷剂追加量 B = 2.0 + 2.0 = 4（kg）。

若制冷剂液管的长度分别为 ϕ19.05mm 液管长度为 50m，ϕ15.88mm 液管长度为 40m，ϕ12.7mm 液管长度为 35m，ϕ9.5mm 液管长度为 30m，ϕ6.35mm 液管长度为 20m，则需追加制冷剂的量应为

配管制冷剂追加量 A = 50×0.25 + 40×0.17 + 35×0.11 + 30×0.054 + 20×0.022 = 25.21（kg）

由此可知，该系统总的制冷剂追加量 =25.21+4=29.21（kg）。

4　第 6 代上出风直流变频多联机组制冷剂追加量计算方法

第 6 代上出风多联机组制冷剂的追加量计算公式与第 5 代相同，不同的是计算相关参数不同（见表 8-3）。

制冷剂的追加量 = 配管制冷剂追加量 A + Σ 每个模块制冷剂追加量 B。其中，配管制冷剂追加量 A = Σ 液管长度 × 每米液管制冷剂追加量。每米液管制冷剂追加量见表 8-1。Σ 每个模块制冷剂追加量 B 由室内外机额定容量配置率、室内机台数、室外机容量等因素决定，见表 8-3。

表 8-3　格力第 6 代多联机每个模块制冷剂追加量　　　　　　　　（单位：kg）

室内外机额定容量配置率 C	室内机配置数量	室外机容量/kW							
		25.2	28.0	33.5	40.0	45.0	50.4	56.0	61.5	68
$50\% \leqslant C \leqslant 70\%$	<4	0	0	0	0	0	0	0	0	0
	≥4	0.5	1.0	1.0	0.5	1.0	0.5	1.0	1.5	1.5
$70\% < C \leqslant 90\%$	<4	0.5	1.0	1.0	2.0	2.0	1.5	2.0	2.0	2.0
	≥4	1.0	1.0	1.0	2.0	2.0	2.5	3.0	3.0	3.5
$90\% < C \leqslant 105\%$	<4	1.0	1.0	1.0	2.0	2.0	2.5	3.0	3.5	3.5
	≥4	2.0	2.0	2.0	4.0	4.0	4.0	5.0	5.0	5.0
$105\% < C \leqslant 135\%$	<4	2.0	2.0	2.0	3.0	3.0	3.5	4.0	4.0	4.0
	≥4	3.5	4.0	4.0	5.0	5.0	5.5	6.0	6.0	6.0

| 相关资料 |

表 8-4、表 8-5 分别为美的多联式中央空调典型机型和约克多联式中央空调典型机型制冷剂追加量的计算方法。

表 8-4　美的多联式中央空调典型机型制冷剂追加量的计算方法

<table>
<tr><th>项目</th><th colspan="9">追加制冷剂计算</th></tr>
<tr><td rowspan="7">W_1（液管制冷剂追加充注量）</td><td colspan="2">液管管径 /mm</td><td colspan="2">制冷管路总长 /m</td><td colspan="3">1m 制冷管路制冷剂追加量 /kg</td><td colspan="2">追加充注量 /kg</td></tr>
<tr><td colspan="2">ϕ6.35</td><td colspan="2">L</td><td colspan="3">0.024</td><td colspan="2">0.024 L</td></tr>
<tr><td colspan="2">ϕ9.52</td><td colspan="2">L</td><td colspan="3">0.056</td><td colspan="2">0.056 L</td></tr>
<tr><td colspan="2">ϕ12.70</td><td colspan="2">L</td><td colspan="3">0.11</td><td colspan="2">0.11 L</td></tr>
<tr><td colspan="2">ϕ15.88</td><td colspan="2">L</td><td colspan="3">0.17</td><td colspan="2">0.17 L</td></tr>
<tr><td colspan="2">ϕ19.05</td><td colspan="2">L</td><td colspan="3">0.26</td><td colspan="2">0.26 L</td></tr>
<tr><td colspan="2">ϕ22.23</td><td colspan="2">L</td><td colspan="3">0.36</td><td colspan="2">0.36 L</td></tr>
<tr><td>W_2（室内机制冷剂追加充注量）</td><td colspan="9">224 型以下的室内机不需要追加充注制冷剂。224 型和 280 型每台室内机的制冷剂追加量为 1.0kg
W_2=（224 型和 280 型室内机的总台数）×1.0kg/ 台</td></tr>
<tr><td rowspan="3">W_3（室内机总容量 / 室外机容量（室内机比率）制冷剂追加充注量）</td><td colspan="5">小于 100%</td><td colspan="4">0.0kg</td></tr>
<tr><td colspan="5">100%～115%</td><td colspan="4">0.5kg</td></tr>
<tr><td colspan="5">116%～130%</td><td colspan="4">1.0kg</td></tr>
<tr><td>$W_{总}$</td><td colspan="9">$W_{总}=W_1+W_2+W_3$</td></tr>
<tr><td rowspan="2">最大制冷剂追加充注量 $W_{大}$（$W_{总}$应小于 $W_{大}$）/kg</td><td>252/280</td><td>335</td><td>400</td><td colspan="2">450</td><td>532</td><td colspan="2">560～680</td><td>730～1350</td></tr>
<tr><td>28.0</td><td>33.0</td><td colspan="3">38.5</td><td>42.0</td><td colspan="2">46.0</td><td>52.0</td></tr>
<tr><td>室外机出厂时的制冷剂充注量 /kg</td><td>6.5</td><td>9.9</td><td>9.0</td><td colspan="2">10.5</td><td colspan="4">—</td></tr>
</table>

表 8-5　约克多联式中央空调典型机型制冷剂追加量的计算方法

<table>
<tr><th>制冷剂类型</th><th>液管管径 / mm</th><th>1m 追加制冷剂的量 /kg</th><th>液管等效总长</th><th>各管增加的制冷剂量 /kg</th><th>追加制冷剂的总量</th></tr>
<tr><td rowspan="6">R22</td><td>ϕ6.35</td><td>0.03</td><td>L_1</td><td>$0.03L_1$</td><td rowspan="6">$W_{总}=0.03L_1+0.06L_2+0.12L_3+0.19L_4+0.27L_5+0.36L_6-\alpha$</td></tr>
<tr><td>ϕ9.52</td><td>0.06</td><td>L_2</td><td>$0.06L_2$</td></tr>
<tr><td>ϕ12.70</td><td>0.12</td><td>L_3</td><td>$0.12L_3$</td></tr>
<tr><td>ϕ15.88</td><td>0.19</td><td>L_4</td><td>$0.19L_4$</td></tr>
<tr><td>ϕ19.05</td><td>0.27</td><td>L_5</td><td>$0.27L_5$</td></tr>
<tr><td>ϕ22.23</td><td>0.36</td><td>L_6</td><td>$0.36L_6$</td></tr>
<tr><td colspan="6">注：修正值 α（YDOH80/100）= 1.2kg、α（YDOH120/140/160）= 1.9kg，若计算出的制冷剂追加量为负数时，则无须追加制冷剂</td></tr>
<tr><td rowspan="6">R410a</td><td>ϕ6.35</td><td>0.02</td><td>L_1</td><td>$0.02\ L_1$</td><td rowspan="6">$W_{总}=0.02L_1+0.06L_2+0.125L_3+0.18L_4+0.27L_5+0.35L_6-\alpha$</td></tr>
<tr><td>ϕ9.52</td><td>0.06</td><td>L_2</td><td>$0.06\ L_2$</td></tr>
<tr><td>ϕ12.70</td><td>0.125</td><td>L_3</td><td>$0.125\ L_3$</td></tr>
<tr><td>ϕ15.88</td><td>0.18</td><td>L_4</td><td>$0.18\ L_4$</td></tr>
<tr><td>ϕ19.05</td><td>0.27</td><td>L_5</td><td>$0.27\ L_5$</td></tr>
<tr><td>ϕ22.23</td><td>0.35</td><td>L_6</td><td>$0.35\ L_6$</td></tr>
<tr><td colspan="6">注：修正值 α（YDOH80/100）= 0.6kg、α（YDOH120/140/160）= 1.25kg、α（YDOH180/200）= 1.2kg、α（YDOH220/240/260）=1.85kg、α（YDOH280/300/320）= 2.5kg、α（YDOH340/360）=2.45kg</td></tr>
</table>

| 相关资料 |

制冷剂追加充注完成后,应根据空调的自动诊断功能,执行制冷剂判定运行步骤来判断制冷剂充注量,如图8-6所示(典型美的多联式中央空调)。若运行结果显示制冷剂充注不足、过量或异常,应找出原因,并进行相应处理,然后再次执行制冷剂判定运行,直到制冷剂追加量合格。

图8-6 典型多联式中央空调的制冷剂判定运行(美的典型机型)

安装好除主机维修盖和电气控制盒之外的其他钣金件 ▶▶▶ 室内机、室外机上电(上电12h加热压缩机油) ▶▶▶ 室外机主板七段数码管显示: ▶▶▶ 检查七段数码管显示内容,然后按PSW1,室外机风扇和压缩机起动

七段数码管显示: ch02

制冷剂充注量判断运行持续30~40min,根据显示结果,对照表格了解制冷剂的具体充注情况和不同情况可采用的解决办法

室外机七段数码管显示内容	显示代码含义	说明
End	制冷剂适量	制冷剂追加量合适,DWS5-4 OFF,可开机试运转
chHi	制冷剂过量	根据制冷剂液管长度重新计算制冷剂追加量,用制冷剂回收装置回收制冷剂,然后充注重新计算后的追加充注制冷剂量
chLo	制冷剂不足	检查追加制冷剂是否已经完全充入;重新根据实际制冷液管的长度重新计算制冷剂追加量,并根据重新计算的数值,追加制冷剂
ch	异常终止	可能产生异常终止的原因: ●上电充注量判断运转前未将DSW5-4置于ON ●室内机未准备完毕便开始充注量判断运转 ●室外机环境温度超过范围或室内机连接数量超过要求最大数量 ●运行室内机总容量比较小 ●DSW4-4(压缩机强制停止)未设置为OFF

8.2.2 维修后充注制冷剂

当中央空调系统因制冷剂管路泄漏、更换管路部件(如压缩机、电子膨胀阀、过滤器、单向阀等),导致管路系统被打开时,需要对管路系统进行彻底抽真空操作后,重新充注制冷剂。

重新充注制冷剂的量 = 室外机所需制冷量 A + 需追加制冷剂的量 B

式中,室外机所需制冷量 A 可从室外机铭牌上标注所需制冷量确定,如图8-7所示,需追加制冷剂的量 B 应根据不同品牌、系列中央空调所规定制冷剂追加量的计算方法进行计算(参照8.2.1节)。

图8-7 典型多联式室外机铭牌标识上标注的制冷剂量

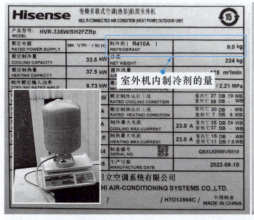
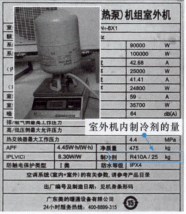

需要注意的是，若在中央空调运行过程中充注制冷剂，一定要在低压处接压力表。即制冷时，液管是高压，气管是低压，压力表应连接在气管上；制热时相反。也有一些中央空调设有专门的加氟口，如图8-8所示，该加氟口一般连接到四通阀的低压侧，无论是制冷还是制热模式，均为低压状态，可直接从该口充注制冷剂。

图8-8 典型多联式中央空调室外机上的加氟口

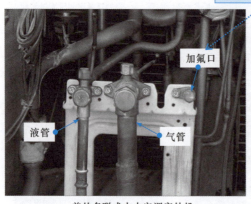

美的多联式中央空调室外机

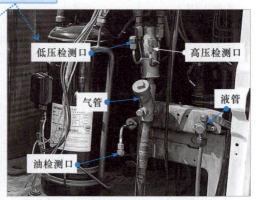

日立多联式中央空调室外机

不同品牌中央空调管道系统的具体结构不同，加氟口的设计也不一样，充注制冷剂前应先根据中央空调的类型、机型、品牌，明确充注制冷剂的位置。

| 提示说明 |

如果系统更换部件，对系统重新追加制冷剂，需要按照安装新空调的步骤重新抽真空，并且追加制冷剂的过程中根据情况加压缩机油。

| 相关资料 |

在实际维修操作中，当中央空调系统出现异常时，很多维修人员在维修前将中央空调系统中的制冷剂进行回收，如当室内机故障时，将室内机及管路中的制冷剂回收至室外机；当室外机某一个模块损坏时，将制冷剂回收到其余管路和模块中；当室外机故障时，将制冷剂回收至室内机或专用的制冷剂回收机等。

无论采用何种方式，具体的回收方法需要根据中央空调的品牌、型号来确定。应严格按照厂家要求进行相应参数设置（如室外机设置到制冷剂回收模式）和设备连接，并按规范操作。需要注意的是，制冷剂回收一般都无法完全回收，因此还需要根据实际情况进行适当追加补充。

第 9 章 中央空调室外机规划安装

9.1 风冷式中央空调室外机安装

9.1.1 风冷式中央空调室外机安装要求

风冷式中央空调室外机在安装之前要仔细核查、验收,无误后,再按照安装、操作和维护手册清点配件,如图 9-1 所示。

图 9-1 风冷式中央空调室外机的外形

| 提示说明 |

选择安装位置时,应尽可能选择离室内机较近、通风良好且干燥的地方,注意避开阳光长时间直射、高温热源直接辐射、环境脏污恶劣的区域,同时也要注意室外机的噪声及排风不要影响周围居民的生活。

1 室外机整机安装要求

通常,风冷式中央空调室外机应安装在坚实、水平的混凝土基座上,最好用混凝土制作距地面至少 10cm 厚的基座。若室外机需要安装在道路两侧,则整机底部距离地面的高度至少不低于 1m。图 9-2 为风冷式中央空调室外机整机安装要求。

风冷式中央空调室外机在安装时要确保有足够的维修空间,应根据实际安装情况和环境限制在基座周围设置排水沟。图 9-3 为风冷式中央空调室外机基座周围的排水沟。

| 相关资料 |

室外机在安装时,除使用减振橡胶垫外,如果有特殊需要,还需加装压缩机消音罩,以降低室外机的噪声,同时要确认在室外机的排风口处不要有任何障碍物。若室外机的安装位置位于室内机的上部,则气管最大高度差不应超过 21m。若室外机比室内机高 1.2m 以上,则气管要设一个集油弯头,每隔 6m 都要设一个集油弯头。若室外机的安装位置位于室内机的下部,则液管最大高度差不应超过 15m,气管在靠近室内机处设置回转环。

图 9-2　风冷式中央空调室外机整机安装要求

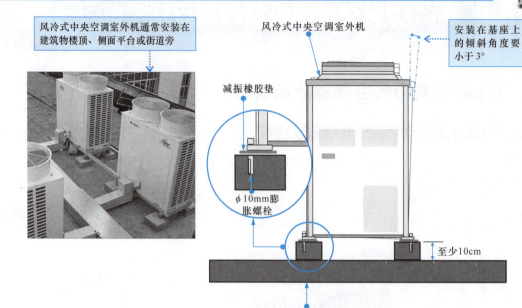

图 9-3　风冷式中央空调室外机基座周围的排水沟

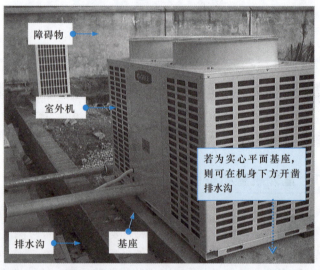

2　室外机进风口、送风口的位置要求

为确保工作良好，中央空调室外机的进风口至少要高于周围障碍物 80cm。图 9-4 为风冷式中央空调室外机进、送风口位置的要求。

如图 9-5 所示，若受环境所限，室外机周围有障碍物且室外机很难按照设计要求达到规定高度时，为防止室外热空气串气，影响散热效果，可在室外机散热出风罩上加装导风罩以利于散热。

图 9-4 风冷式中央空调室外机进、送风口位置的要求

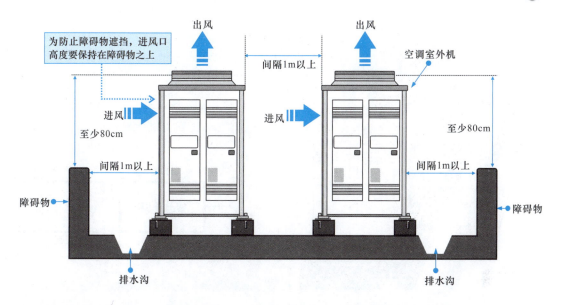

图 9-5 风冷式中央空调室外机加装导风罩要求

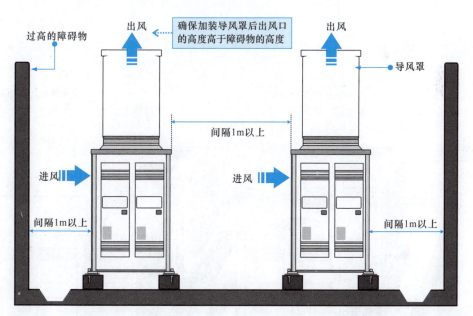

如果需要安装多台室外机，除考虑通风和维修空间外，每台室外机之间也要保留一定的间隙，以确保室外机能够良好工作。

如图 9-6 所示，多台室外机单排安装时，应确保室外机与障碍物之间的间隔距离在 1m 以上，每台室外机之间的间隙要保持在 20～50cm。

◆ 图9-6 多台室外机单排安装的位置要求

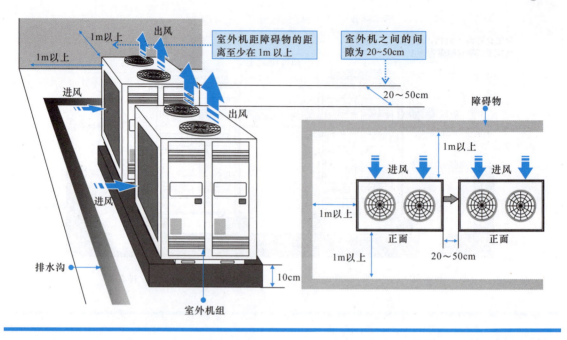

如图9-7所示,多台室外机多排安装时,除确保靠近障碍物的室外机与障碍物间隔距离在1m以上外,相邻两排室外机的间隔也要在1m以上,单排中室外机之间的安装间隔要保持在20～50cm。

◆ 图9-7 室外机组多排安装的位置要求

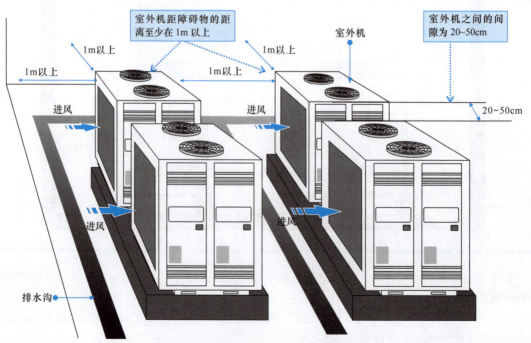

a) 多台室外机多排安装立体效果图

图 9-7 室外机组多排安装的位置要求（续）

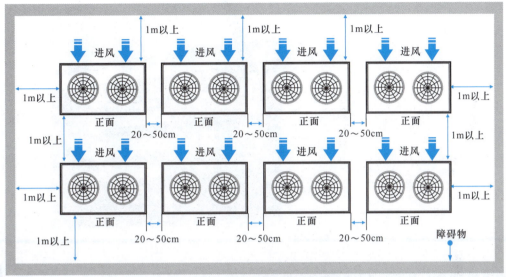

b）多台室外机多排安装平面效果图

相关资料

考虑到中央空调室外机噪声的影响，中央空调室外机的排风口不得朝向相邻方的门窗，其安装位置距相邻门窗的距离随中央空调室外机制冷额定功率的不同而不同。具体见表 9-1。

表 9-1 中央空调室外机排风口距相邻方门窗的距离与室外机制冷额定功率的关系

制冷额定功率	排风口距相邻方门窗的距离
制冷额定功率 ≤ 2kW	至少相距 3m
2kW < 制冷额定功率 ≤ 5kW	至少相距 4m
5kW < 制冷额定功率 ≤ 10kW	至少相距 5m
10kW < 制冷额定功率 ≤ 30kW	至少相距 6m

9.1.2 风冷式中央空调室外机安装固定

风冷式中央空调室外机的体积较大且很重，安装时，一般借助适当吨数的叉车或吊车进行搬运和吊装。

如图 9-8 所示，借助吊车搬运室外机时应使用具有一定称重系数的帆布吊带（可避免刮伤室外机外壳），将帆布吊带绕过室外机底座并捆紧。

风冷式中央空调室外机搬运到位后，将其放置到预先浇注好的混凝土基座上，机身四角通过螺栓固定，对螺栓进行二次浇注后，完成室外机的安装，如图 9-9 所示。

相关资料

如图 9-10 所示，风冷式中央空调室外机在安装时要确保室外机有足够的维修空间，另外，应根据实际安装情况和环境限制，在室外机基座的周围设置排水沟，以排除设备周围的积水。

图 9-8　风冷式中央空调室外机的搬运

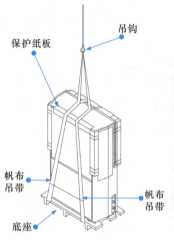

图 9-9　风冷式中央空调室外机的安装效果

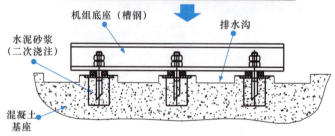
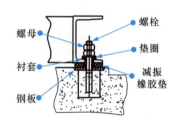

图 9-10　风冷式中央空调室外机底座周围的排水沟

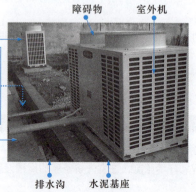

9.2 水冷式中央空调冷水机组安装

水冷式中央空调冷水机组不同于一般的设备,其体积大,质量大,毛细管分布致密,系统密闭,搬运过程要求高。

9.2.1 水冷式中央空调冷水机组安装要求

冷水机组是水冷式中央空调系统的核心部分,安装前,应根据设计图纸全面检查冷水机组是否符合要求,如图9-11所示。

图9-11 水冷式中央空调冷水机组的结构

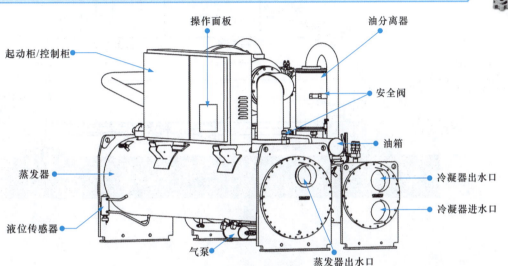

a) 冷水机组前视图

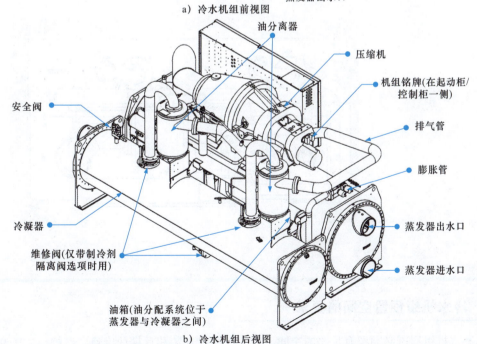

b) 冷水机组后视图

水冷式中央空调冷水机组实施安装作业前,要首先了解基本的安装要求,根据要求安装冷水机组非常重要,安装是否合理将直接影响整个中央空调的工作效果。

1　冷水机组安装基座的要求

冷水机组安装基座必须是混凝土或钢制结构，必须能够承受冷水机组及附属设备、制冷剂、水等的运行，如图9-12所示。冷水机组安装基座的平面应水平。

图9-12　冷水机组安装基座的要求

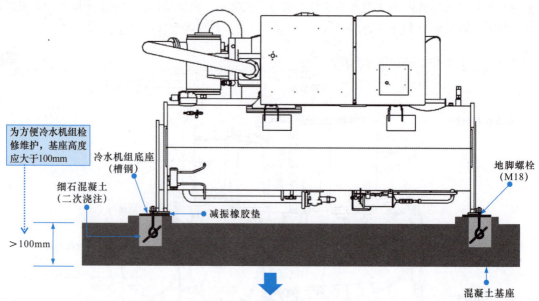

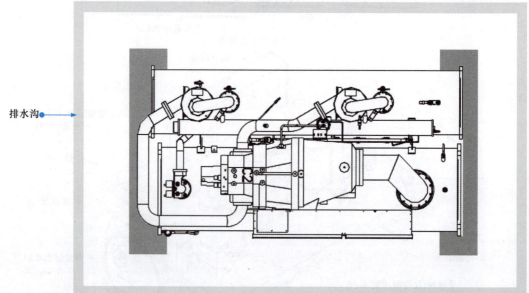

2　冷水机组预留空间的要求

冷水机组周围必须留有足够的空间，以方便起吊安装和后期的维修、养护，如图9-13所示。冷水机组电路的控制箱安装在前部，前部预留空间必须大于箱门半径。

图 9-13 冷水机组预留空间的要求

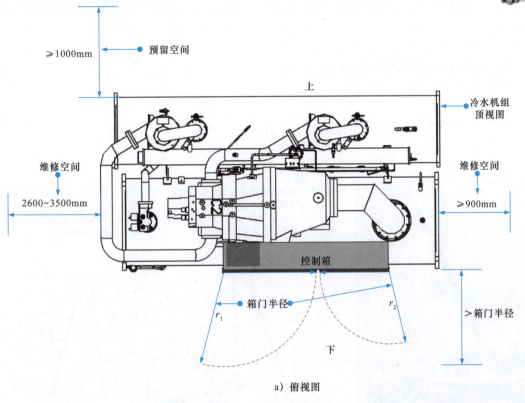

a) 俯视图

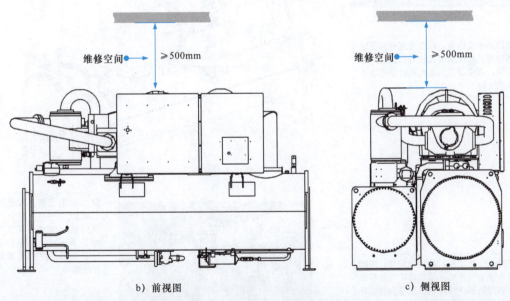

b) 前视图　　　　　　　　c) 侧视图

| 相关资料 |

安装冷水机组除了要求制作安装基座、预留空间，还要求安装环境的合理性，例如应避免接近火源、易燃物，避免暴晒、雨淋，避免腐蚀性气体或废气影响，要有良好的通风空间，少灰尘，温度不超过40℃，在湿度较大、温度较高的地方，应安装到机房内。

9.2.2 水冷式中央空调冷水机组吊装

水冷式中央空调冷水机组的体积和质量较大，安装时一般借助大型起重设备吊装到选定的安装位置上。起吊冷水机组时，吊绳可以安装在冷水机组的起吊孔（壳管换热器）上；对于有钢底座或木底座的冷水机组，吊绳可安装在底座的起吊孔上。切忌将吊绳安装在压缩机的任何位置上起吊，也不可用吊绳缠绕压缩机、壳管换热器等。

图 9-14 为冷水机组的吊装方法。

图 9-14 冷水机组的吊装方法

起吊时，必须使用起重能力超过冷水机组重量，且具有一定安全系数（起重能力超过冷水机组重量至少 10%）的起重设备，一般不使用铲车移动冷水机组，防止滑落导致冷水机组损坏

起吊时，吊绳之间应放置支撑杆，避免吊绳挤压冷水机组，造成冷水机组和连接部件损坏

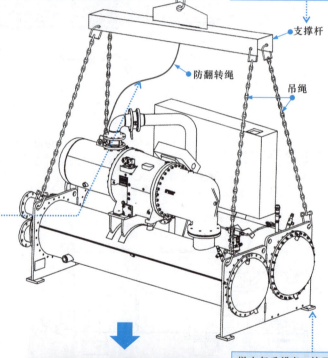

起吊冷水机组前，应在支撑杆和压缩机顶部的螺纹机头或铁环间安装防翻转绳，避免吊绳出现问题时导致冷水机组坠落

当确认安装基座、减振橡胶垫、地脚螺栓安装完毕后，借助起重设备和足够强度的吊绳将冷水机组准确放置在安装位置的减振橡胶垫上

撤去起重设备，校正冷水机组水平度（横向和纵向运行的水平度误差均为 6mm/m），待水平度合格后，拧紧地脚螺栓的螺母

| 提示说明 |

水冷式中央空调冷水机组的吊装注意事项如下：

1）吊装时，一般借助冷水机组提供的吊点进行吊运。若冷水机组没有提供吊点，则吊装时应注意，吊绳不得结扎在冷水机组的连接管口、通风机的转子、机壳或轴承盖的吊环上。

2）吊装时，应在吊绳和冷水机组表面接触处垫木块或橡胶垫。

3）在冷水机组就位前，应按设计方案并依据安装位置建筑物的轴线、边缘线及标高线画出安装基准线，将冷水机组安装基座表面的油污、泥土杂物及地脚螺栓预留孔内的杂物清除干净。

4）吊装时，将冷水机组直接放在处理好的基座上。若有轻微晃动或不平，则可用垫铁找平。垫铁一般放在地脚螺栓的两侧，必须成对使用。冷水机组安装好后，同一组垫铁应焊在一起，以免受力时松动。

5）冷水机组若安装在无减振器的基座上，则应在冷水机组与基座之间垫 4～5mm 厚的橡胶板，找正找平后固定。

6）冷水机组若安装在有减振器的基座上，则地面要平整，各组减振器承受的荷载压缩量应均匀。

9.3 多联式中央空调室外机安装

9.3.1 多联式中央空调室外机安装要求

多联式中央空调室外机的安装情况直接决定换热效果的好坏，对中央空调高性能的发挥起着关键的作用，为避免由于室外机安装不当造成的不良后果，对室外机的安装位置、固定方式和连接方法也有一定的要求。

1 安装位置的要求

多联式中央空调室外机应安装在通风良好且干燥的地方，不应安装在多尘、多污染、多油污或含硫等有害气体成分高的地方及空间狭小的阳台或室内，噪声及排风不应影响附近居民。图 9-15 为多联式中央空调室外机的安装效果。

图 9-15 多联式中央空调室外机的安装效果

2 安装空间的要求

图 9-16 为多联式中央空调室外机的安装空间要求。可以看到，同一台室外机因安装位置周围环境因素的影响，对安装空间有不同的要求和规定。

图 9-16 多联式中央空调室外机的安装空间要求

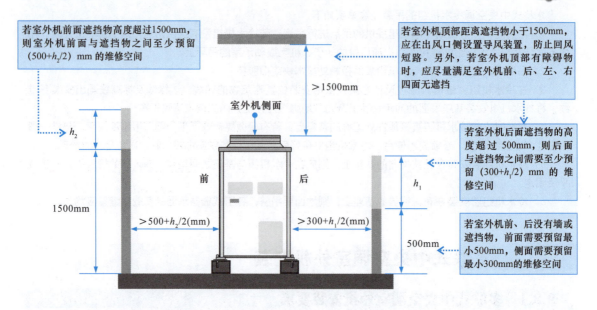

| 提示说明 |

需要注意的是，不同品牌、型号和规格的多联式中央空调室外机，对安装空间的具体要求也不同。在实际安装时，必须根据实际室外机设备的安装说明和要求规范确定安装位置。例如，图 9-17 为水平出风单台室外机和顶部出风单台室外机的安装位置要求对比。

图 9-17 水平出风单台室外机和顶部出风单台室外机的安装位置要求对比

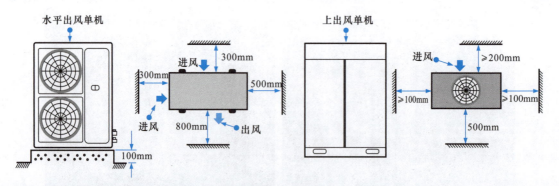

多联式中央空调室外机可以单台工作，也可以多台构成工作组协同工作，对于不同组合形式，室外机的安装空间有不同的要求，具体如图 9-18 所示。

图 9-18　不同组合形式时多联式中央空调室外机的安装空间要求

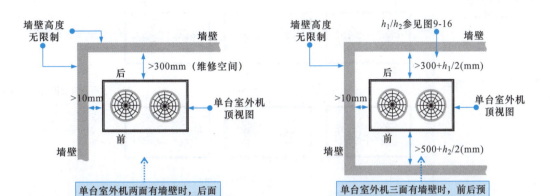

a) 多联式中央空调单台室外机安装空间要求

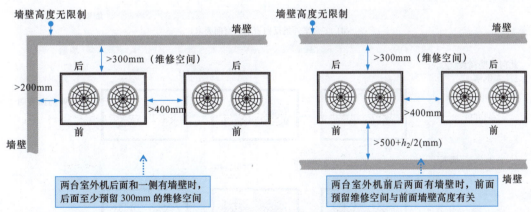

b) 多联式中央空调两台室外机安装空间要求

图 9-18 不同组合形式时多联式中央空调室外机的安装空间要求（续）

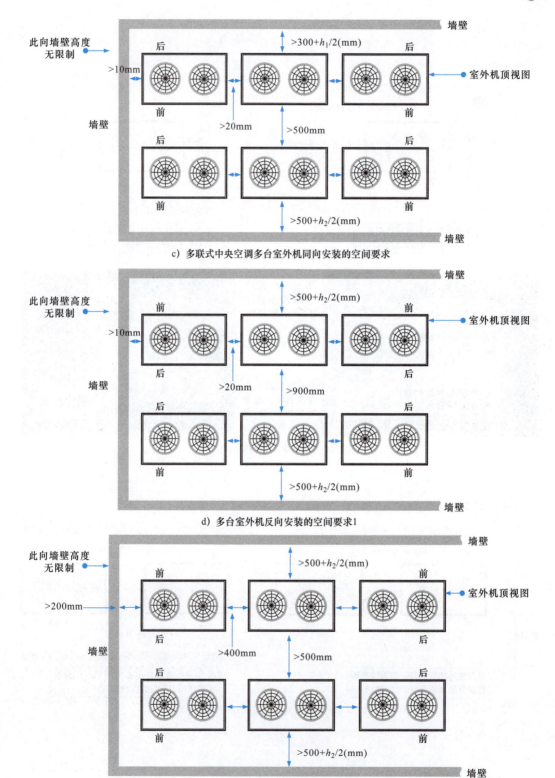

如图 9-19 所示，当多台室外机同向安装时，一组最多允许安装 6 台室外机，相邻两组室外机之间的最小距离应不小于 1m。另外，若室外机安装在不同楼层时，需要特别注意避免气流短路，必要时需要配置风管。

图 9-19 多联式室外机一组的台数及组与组的距离要求

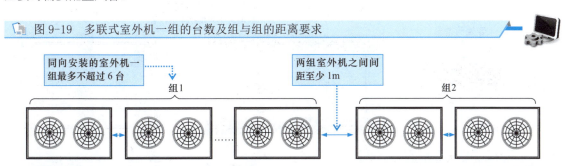

3 基座的设置要求

多联式中央空调室外机一般固定在专门制作的基座上。室外机基座是承载和固定室外机的重要部分，基座的好坏以及安装状态也是影响多联式中央空调整个系统性能的重要因素。目前，多联式中央空调室外机基座主要有混凝土结构基座和槽钢结构基座两种。

（1）混凝土结构基座

混凝土结构基座一般根据多联式中央空调室外机的实际规格和安装位置现场浇注制作，图 9-20 为多联式中央空调室外机混凝土结构基座的相关要求。

图 9-20 多联式中央空调室外机的混凝土结构基座

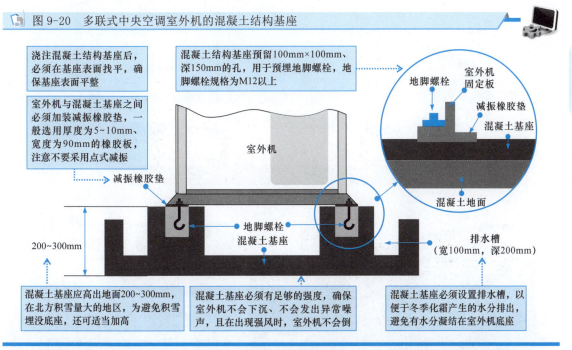

| 提示说明 |

浇注混凝土结构基座时需要注意，混凝土结构基座的设置方向应该沿着多联式中央空调室外机座的横梁，不可垂直相交于横梁设置，如图 9-21 所示。

图 9-21 混凝土结构基座的设置方向要求

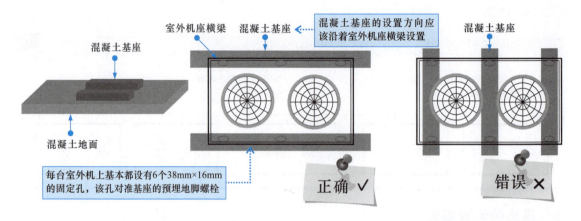

（2）槽钢结构基座

室外机采用槽钢结构基座时，宜选择 14# 或更大规格的槽钢作为基座；槽钢上端预留有螺栓孔，用于与室外机固定孔对准固定连接，图 9-22 为槽钢结构基座及相关要求。

图 9-22 槽钢结构基座及相关要求

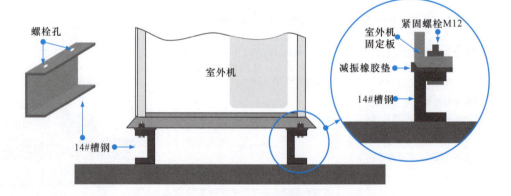

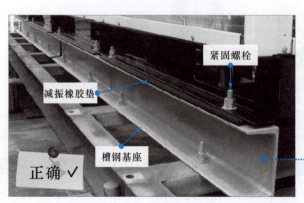

9.3.2 多联式中央空调室外机安装固定

制作好基座后,将多联式中央空调室外机固定到基座上,即可完成室外机的固定。

1 室外机的吊装与固定

如图 9-23 所示,采用起吊设备将室外机吊运到符合安装要求的位置,使用国标规格的固定螺母、垫片将其固定在制作好的基座上即可。

图 9-23 多联式中央空调室外机的固定方法

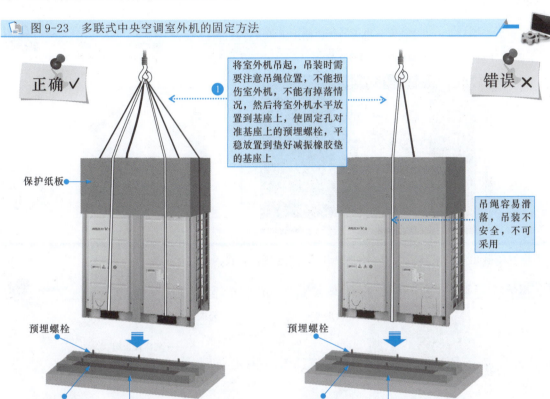

① 将室外机吊起,吊装时需要注意吊绳位置,不能损伤室外机,不能有掉落情况,然后将室外机水平放置到基座上,使固定孔对准基座上的预埋螺栓,平稳放置到垫好减振橡胶垫的基座上

吊绳容易滑落,吊装不安全,不可采用

② 使用固定螺母固定室外机,使室外机与基座牢固可靠地固定在一起,完成室外机的安装

室外机不应直接放置在地面上,需设置混凝土或槽钢结构基座;此室外机固定孔未安装地脚螺栓,无法固定牢固

2 室外机与制冷管路的连接

多联式中央空调室外机固定完成后,需要将其内部管路与制冷管路连接,实现制冷管路的循环通路。

多联式中央空调室外机内部管路引出至机壳部位,分别接有气体截止阀和液体截止阀。连接室外机与制冷管路,将气体截止阀和液体截止阀分别与制冷管路连接即可,图 9-24 为多联式中央空调室外机上的截止阀。

图 9-24 多联式中央空调室外机上的气体截止阀和液体截止阀

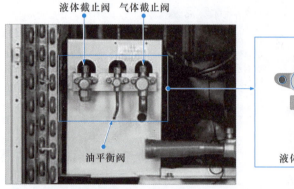
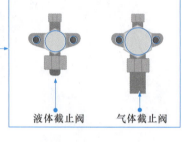

将气体截止阀和液体截止阀分别与制冷管路连接,如图 9-25 所示。

图 9-25 多联式中央空调室外机气体截止阀、液体截止阀与制冷管路的连接方法

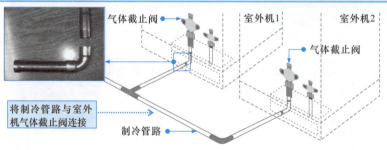

a) 中央空调室外机气体截止阀与制冷管路的连接

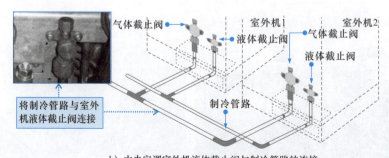

b) 中央空调室外机液体截止阀与制冷管路的连接

| 相关资料 |

多联式中央空调室外机截止阀与制冷管路连接时,气体截止阀一般通过钎焊或法兰连接,液体截止阀与制冷管路通过喇叭口螺纹连接。

第10章 中央空调管路系统施工安装

10.1 风道施工安装

风冷式风循环中央空调系统中,室外机与室内末端设备通过风管路连接,由风管路输送冷热风实现制冷或制热功能。

图 10-1 为风冷式风循环中央空调系统中风管路的连接关系示意图。可以看到,风管路主要由风道和风道设备(静压箱、风量调节阀、法兰等)构成。

图 10-1 风冷式风循环中央空调系统中风管路的连接关系示意图

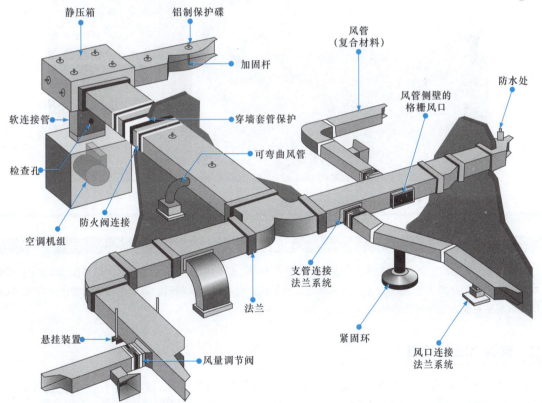

风道是风冷式风循环中央空调主要的送风传输通道,在安装风道时,应先根据安装环境实地测量和规划。按照要求制作出一段一段的风管,然后依据设计规划,将一段一段的风管接在一起,并与相应的风道设备连接组合、固定。

10.1.1 风管加工制作

风管是中央空调送风的管道系统。通常,在进行中央空调安装的过程中,风管的制作都采用现场丈量、加工,然后通过咬口连接、铆接和焊接等方式加工成形并连接。

在制作风管前,一定要根据设计要求对风管的长度和安装方式进行核查,并结合实际安装环境和仔细丈量的结果做出周密的制作方案,根据实际丈量尺寸核算板材。

目前,风管按照制作材料不同主要有金属材料风管和复合材料风管,以金属材料风管最为常见。许多中央空调都采用镀锌钢板作为风管的制作材料,并按照规定尺寸下料、剪板及倒角。

1 镀锌钢板的剪裁和倒角

切割镀锌钢板多采用剪板机,将需要裁切的尺寸直接输入计算机,剪板机便会自动根据输入的尺寸完成精确的切割。图 10-2 为镀锌钢板的剪裁和倒角。

图 10-2 镀锌钢板的剪裁和倒角

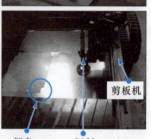

| 相关资料 |

在剪裁和倒角时,一定要注意人身安全,严禁将手伸入切割平台的压板空隙中,尽可能远离刀口(确保与刀口的安全距离大于 5cm),如果使用脚踏式剪板机,则在调整板料时,脚不要放在踏板上,以免误操作导致发生割伤事故或损伤板料。

2 镀锌钢板的咬口

剪裁和倒角完成后,就要对剪裁成形的镀锌钢板进行咬口操作。咬口也称咬边或辘骨,主要用于板材边缘的加工,使板材便于连接。

图 10-3 为镀锌钢板常见的咬口连接方式。镀锌钢板常见的咬口连接方式主要有按扣式咬口连接、联合角(东洋骨)咬口连接、转角(驳骨)咬口连接、单咬口(钩骨)连接、立咬口(单/双骨)连接、抽条咬口(剪烫骨)连接等。

3 镀锌钢板的折方和圈圆

咬口操作完成后,便可以根据设计规划,对咬口成形的镀锌钢板进行折方(或圈圆)操作。如图 10-4 所示,通常,风管的形状主要有矩形和圆形。如果需要制作矩形风管,则利用折方机对加工好的镀锌钢板进行弯折,使其折成矩形。如果需要制作圆形风管,则可利用圈圆机进行圈圆操作。

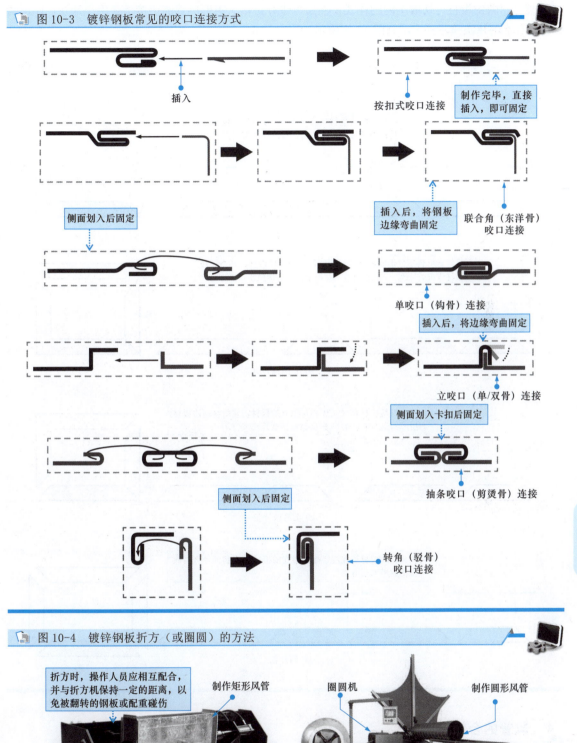

图10-3 镀锌钢板常见的咬口连接方式

图10-4 镀锌钢板折方（或圈圆）的方法

复合材料的板材可切成不同的样式,然后再进行拼接。矩形风管的拼接可采用一片法、U 形两片法、L 形两片法和四片法,如图 10-5 所示。

图 10-5 复合材料风管的折方方法

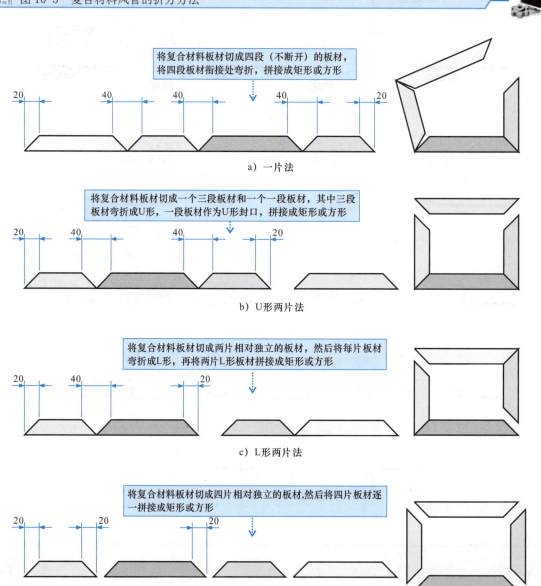

4 风管的合缝处理

风管折成方形或圈成圆形后,要进行合缝处理,一般可使用专用的合缝机完成合缝操作。注意,在联合角、转角及单/双骨等位置合缝时,应操作仔细、缓慢,必须确保合缝效果完好,不能有开缝、漏缝情况。

图 10-6 为风管合缝的操作方法。

图 10-6　风管合缝的操作方法

风管

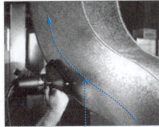
合缝机可根据风管走向合缝

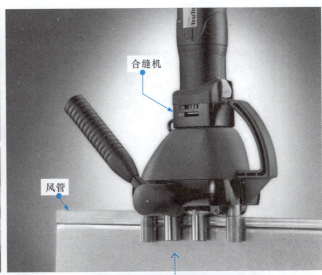
合缝机

风管

将合缝机底部夹持到待合缝的风管拼接位置

单/双骨合缝操作

联合角(东洋骨)合缝操作

转角(驳骨)合缝操作

10.1.2　风管连接

金属材料的风管通常采用法兰及铆接的方法连接。复合材料的风管可以采用错位无法兰插接式连接。

1　金属材料风管的法兰连接

法兰连接是指借助法兰角连接器将一段风管与另一段风管连接和固定。

图 10-7 为金属材料风管借助法兰角连接器的连接，即将需要连接的两个风管连接口对齐，使用法兰角连接器连接接口的四个角。

2　金属材料风管的铆接

铆接是指利用铆钉实现一段风管与另一段风管的连接和固定。图 10-8 为采用金属材料制作的风管借助铆钉实现铆接的方法。

风管除了按照上述操作方法进行相应的加工处理，往往还需要根据实际的安装位置进行必要的加工处理和连接，图 10-9 为风冷式风循环中央空调多段风管的连接效果。

图 10-7　金属材料风管借助法兰角连接器的连接

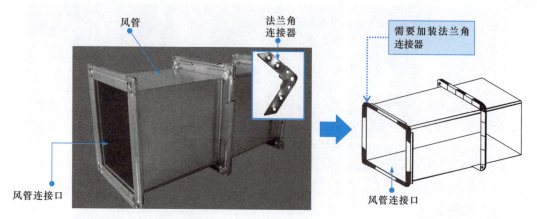

图 10-8　金属材料风管之间的铆接方法

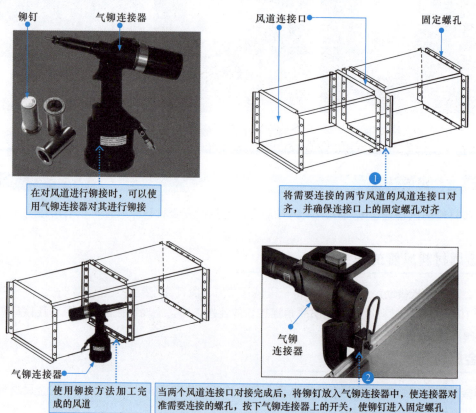

图 10-9 风冷式风循环中央空调多段风管的连接效果

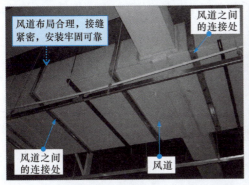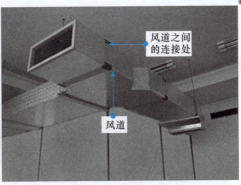

3 复合材料风管的插接

如图 10-10 所示,玻镁复合风道可以采用错位无法兰插接式连接,将风道的连接插口对齐,将专用的黏合剂涂抹在风道连接口上,将其对接插入即可。

图 10-10 复合材料风管的插接方法

10.1.3 风管与风道设备连接

风道中除了主体风管外,往往安装有多种风道设备,如静压箱、风量调节阀等,因此还需要将静压箱与风管连接、风量调节阀与风管连接。

图 10-11 为风量调节阀与静压箱,由图中可以看出风量调节阀与静压箱上都带有法兰角连接器安装部位,与风道之间的连接方式基本相同。

图 10-11 中央空调风管路中的风量调节阀与静压箱

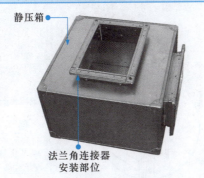

扫一扫看视频

1 静压箱与风管之间的连接

根据静压箱接口的类型,连接静压箱和风管一般采用法兰角连接器连接。图10-12为静压箱与风管之间使用法兰角连接器进行连接的操作方法。

图10-12 静压箱与风管之间的连接方法

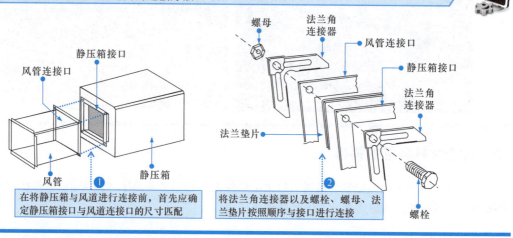

2 风量调节阀与风管之间的连接

根据风量调节阀接口的类型,连接风量调节阀和风管一般采用插接法兰条与勾码连接。图10-13为风量调节阀与风管之间通过插接法兰条与勾码连接的方法。

图10-13 风量调节阀与风管之间的连接方法

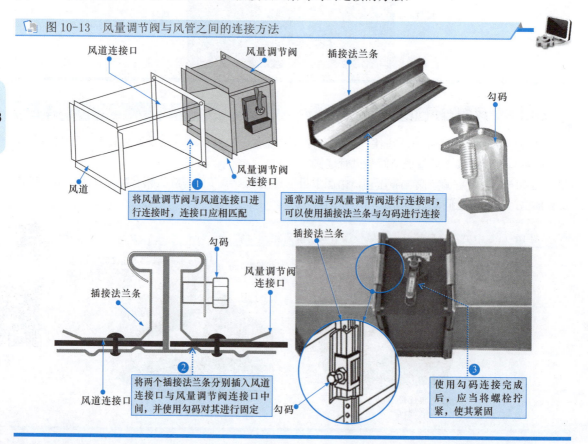

10.1.4 风道安装

中央空调的风道多采用吊装的方法安装在天花板上。吊装时应先根据风道的宽度选择合适的钢筋吊架，然后在确定的安装位置上，使用电钻打孔，并将全螺纹吊杆安装在打好的孔中。安装好吊杆后，将连接好的风道固定到吊杆上即可。

图10-14为使用吊杆吊装风道的操作方法。

图10-14 使用吊杆吊装风道的操作方法

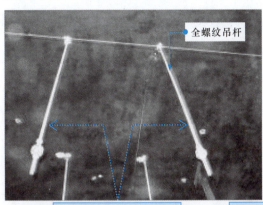

① 将全螺纹吊杆安装在已经确定好的位置上

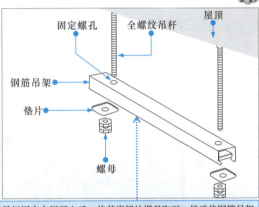

② 当全螺纹吊杆固定在屋顶之后，将其底部的螺母取下，然后将钢筋吊架上的固定螺孔对准全螺纹吊杆，使其穿过，使用垫片和螺母进行固定

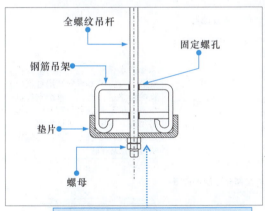

③ 当全螺纹吊杆穿入钢筋吊架的固定螺孔和垫片后，应使用双螺母将其拧紧固定

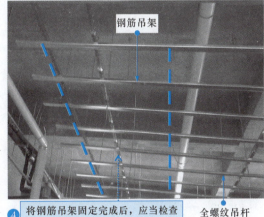

④ 将钢筋吊架固定完成后，应当检查钢筋吊架是否保持水平位置

⑤ 当钢筋吊架安装完成后，即可将风道安装至吊架上端，当风道安装好后，安装人员需要站在工程架上，使用专业的连接方法将风道连接

⑥ 当风道固定在钢筋吊架上之后，应检查风道两端与钢筋吊架两端的距离

10.2 水管路施工安装

水管路是风冷式水循环中央空调和水冷式中央空调中的重要管路系统。水管路安装前需要对水管路相关的材料和设备进行加工和连接，然后按照管路的施工要求和规范安装即可。

图 10-15 为风冷式水循环中央空调室外机组水管路的安装示意图。水管路安装主要包括水管与闸阀组件的连接，如水泵的安装、自动排气阀和排水阀的安装、过滤器的安装、水流开关的安装等。

图 10-15 风冷式水循环中央空调水管路系统的安装连接关系示意图

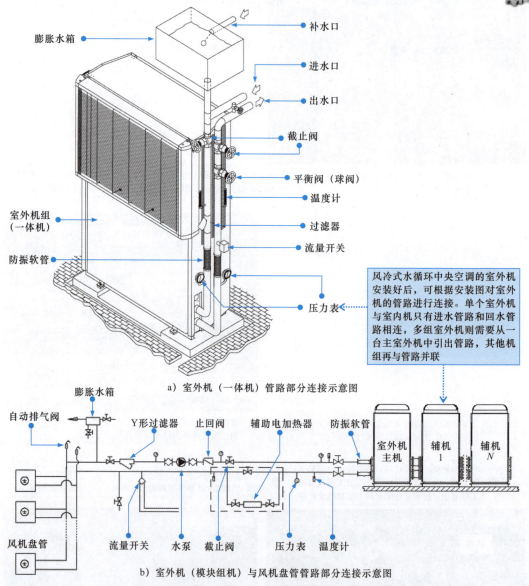

a) 室外机（一体机）管路部分连接示意图

b) 室外机（模块组机）与风机盘管管路部分连接示意图

图 10-16 为水冷式中央空调中水管路的连接关系示意图。水冷式中央空调水管路的连接是指将所有用来使水系统正确、安全运行的设备和控制部件采用正确的顺序和方法安装连接。正确连接水管路系统是决定水冷式中央空调系统性能的关键步骤。

图 10-16　水冷式中央空调中水管路的连接关系示意图

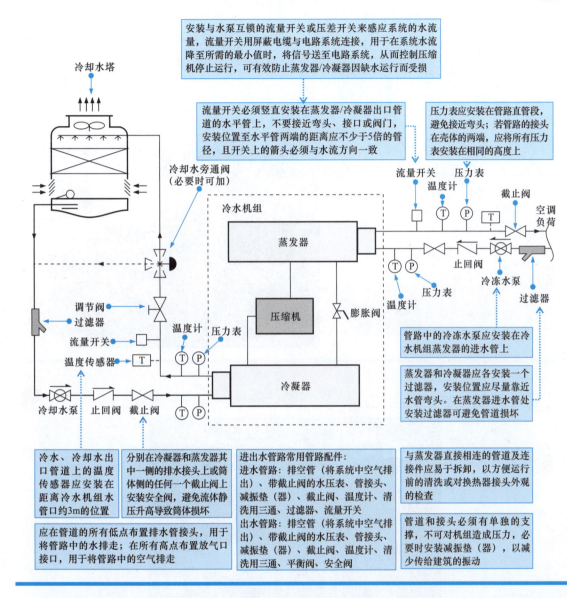

10.2.1　水泵安装

水泵是风冷式水循环中央空调水管路中的重要组成部件之一，用于增加水管路中的水循环动力，通常安装在进水管路上。

如图 10-17 所示，水泵需要安装在混凝土基座上，水平校正后，再固定好地脚螺栓。配管时，泵体接口和水管路连接不得强行组合。

10.2.2　过滤器安装

过滤器也是风冷式水循环中央空调水管路系统中不可缺少的组成部件之一，用于过滤水管路中的杂质，通常采用法兰连接方法安装在水管路系统中。

图 10-18 为过滤器的安装连接。过滤器通过法兰盘与水管或橡胶软管连接。

图 10-17 水泵的安装

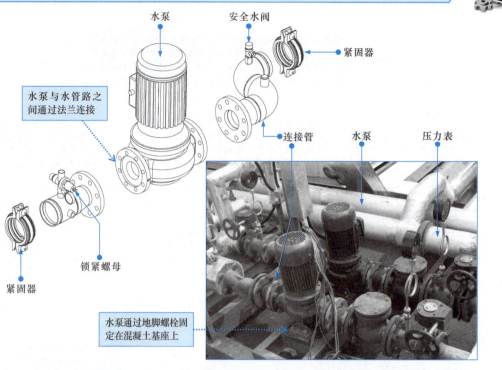

图 10-18 过滤器的安装连接

过滤器应设置在室外机主机和水泵之前，保护室外机主机和水泵不进入杂质、异物。过滤器前后应设有阀门（可与其他设备共用），以便检修、拆卸、清洗，安装位置须留有拆装和清洗操作空间，便于定期清洗。过滤器应尽量安装在水平管路上。水泵入口过滤器多安装在主水管上，水流方向必须与外壳上标明的箭头方向一致。

10.2.3 排气阀和排水阀安装

自动排气阀一般应设置在水管路系统的最高点，另外在分区分段水平干管或布置有局部上凸的地方也需要设置。水管路系统的最低端应设置排水管和排水阀。

图 10-19 为自动排气阀和排水阀的安装连接。

图 10-19 自动排气阀和排水阀的安装连接

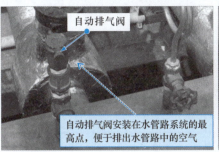
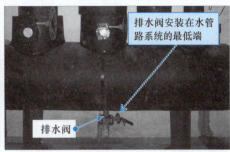

10.2.4 水流开关安装

水流开关是一种检测部件。在冷水流量不足或缺水的情况下，水流开关动作使室外机主机停止工作。水流开关应安装在室外机主机出水管的水平管路上，前、后必须有不小于 5 倍管径的平直管路。水流开关应接在主机对应的接线端子上，安装前应检查端子的通断情况，以免接错。

图 10-20 为水流开关的安装连接。水流开关安装完毕后，其下部的簧片长度应达到管路直径的 2/3，且能活动自如，不应出现卡住或摆动幅度小的现象，以免误动作。

图 10-20 水流开关的安装连接

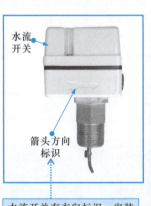
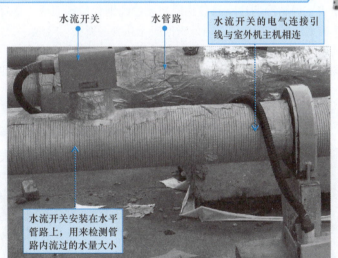

10.3 制冷剂管路施工安装

10.3.1 制冷剂管路施工原则

中央空调的制冷剂管路是中央空调系统中的重要组成部分。操作施工前，正确合理地设计制冷剂管路的长度、材料、安装等是整个系统设计施工的关键环节。这里以制冷剂管路施工较为复杂多样的多联式中央空调为例。

安装多联式中央空调制冷剂管路必须了解系统的总体设计规范和施工原则：室内机与室外机容量配比必须在规范范围内；连接管的长度、尺寸、室内/外机落差必须在允许范围内；分歧管的选型要正确；管路的走向必须与现场实际情况相符合；室内机的送风方式应符合实际应用场合，且与室内装饰物匹配；室外机的安装位置必须确保通风良好，噪声不影响附近居民，如图10-21所示。

图10-21 制冷剂管路安装总体施工原则

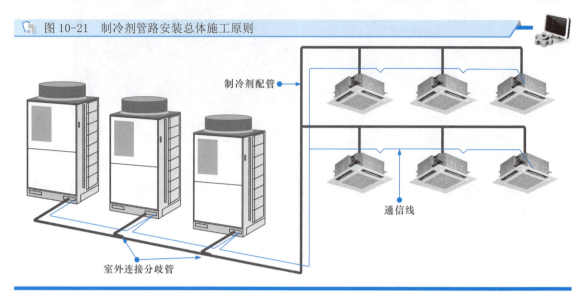

10.3.2 制冷剂管路选材

中央空调制冷剂管路一般由脱磷无缝纯铜管拉制而成，选择铜管时，应尽量选择长直管或盘绕管，避免经常焊接；铜管内外表面应无孔缝、裂纹、气泡、杂质、铜粉、锈蚀、脏污、积碳层和严重氧化膜等情况；不允许铜管存在明显的刮伤、凹坑等缺陷。

图10-22为多联式中央空调系统中常用的不同规格的制冷剂铜管。

图10-22 多联式中央空调系统中常用的不同规格的制冷剂管铜管

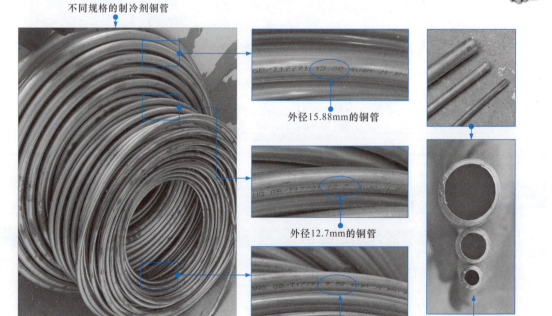

表 10-1 为不同规格铜管的外径及壁厚，选用时，应根据实际需求和设计要求选配。

表 10-1　不同规格铜管的外径及壁厚

外径		R22 制冷剂管路		R410a 制冷剂管路	
mm	英寸	最小壁厚 /mm	类型	最小壁厚 /mm	类型
6.35	1/4	0.6	O	0.8	O
9.52	3/8	0.7	O	0.8	O
12.7	1/2	0.8	O	0.8	O
15.88	5/8	1.0	O	1.0	O
19.05	3/4	1.0	O	1.0	1/2H
22.23	7/8	1.2	1/2H	1.2	1/2H
25.4	1	1.2	1/2H	1.2	1/2H
28.6	1~1/8	1.2	1/2H	1.2	1/2H
31.75	1~1/4	1.2	1/2H	1.2	1/2H
34.88	1~3/8	1.2	1/2H	1.2	1/2H
38.1	1~1/2	1.5	1/2H	1.5	1/2H
41.3	1~5/8	1.5	1/2H	1.5	1/2H
44.45	1~3/4	1.7	1/2H	1.7	1/2H

注："O" 指硬度较小的软铜管，可扩喇叭口；"1/2H" 指半硬度管，不可扩喇叭口。

制冷剂管路根据安装位置、长度和制冷容量的不同，选配管径也有相应的要求。表 10-2 为制冷剂管路选配管径对照表。

表 10-2　制冷剂管路选配管径对照表

室外机容量	室内机等效管路长度 < 90m		室内机等效管路长度 ≥ 90m	
	液管 /mm	气管 /mm	液管 /mm	气管 /mm
8 匹	9.53	22.2	12.7	22.2
10 匹	12.7	22.2	12.7	25.4
12 匹	12.7	25.4	15.88	28.6
14~16 匹	15.88	28.6	15.88	31.8
18~22 匹	15.88	31.8	19.05	31.8
24 匹	15.88	34.9	19.05	34.9
26~32 匹	19.05	34.9	22.2	38.1
34~48 匹	19.05	41.3	22.2	41.3
50~72 匹	22.2	44.5	25.4	44.5

注：不同中央空调生产厂家对制冷剂管路管径要求略有不同，选配时需根据不同厂家具体要求确定。

| 提示说明 |

禁止使用给排水用途的铜管作为制冷剂管路（内部清洁度不够，杂质或水分会导致制冷剂管路出现脏堵、冰堵等情况）。R410a 制冷剂铜管必须为专用去油铜管，可承受压力 ≥ 45kgf/cm^2；R22 制冷剂铜管可承受压力 ≥ 30kgf/cm^2。

10.3.3　制冷剂管路存放

制冷剂管路在运输或存放时，不可将管路直接放置在地面上，也不可在管路上面堆放重物；应注意管口两端要封口，避免杂质、灰尘进入；管路开口应尽量横向或朝下放置，如果环境湿度较大，则需在制冷剂管路外套装防护膜；穿墙时，管口必须加密封盖，以防止杂质进入管内；在运输过程中，不可让制冷剂管路与地面磕碰和摩擦，应避免因碰撞出现管壁刮伤、凹坑等情况。

图 10-23 所示为制冷剂管路的存放原则。

图 10-23 制冷剂管路的存放原则

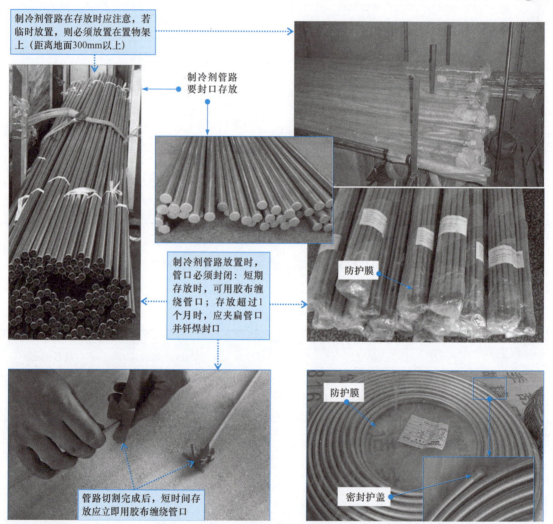

10.3.4 制冷剂管路长度要求

多联式中央空调制冷剂管路的长度按照制冷机组容量的不同有不同的长度要求（不同厂家对长度的要求也有细微差别，可根据出厂说明具体了解）。

图 10-24 所示为多联式中央空调制冷剂管路长度要求。

制冷剂管路长度要求：等效长度是指在考虑分歧管、弯头、存油弯等局部压力损失后换算的长度。其计算公式为等效长度 = 实际长度 + 分歧管数量 × 分歧管等效长度 + 弯头数量 × 弯头等效长度 + 存油弯数量 × 存油弯等效长度。

分歧管的等效长度一般按 0.5m 计算，弯头和存油弯的等效长度与管径有关，见表 10-3。

图 10-24 多联式中央空调制冷剂管路长度要求

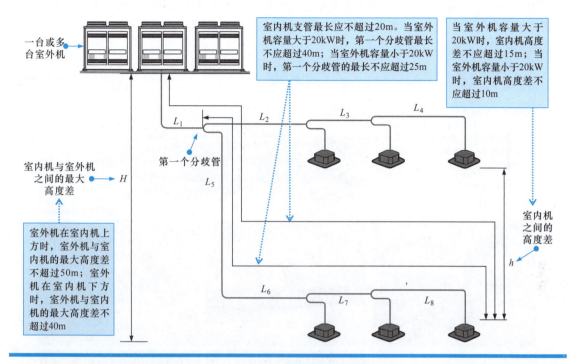

表 10-3 不同管径制冷剂管路弯头、存油弯的等效长度

管径/mm	等效长度/m		管径/mm	等效长度/m		管径/mm	等效长度/m	
	弯头	存油弯		弯头	存油弯		弯头	存油弯
9.52	0.18	1.3	22.23	0.40	3.0	34.9	0.60	4.4
12.7	0.20	1.5	25.4	0.45	3.4	38.1	0.65	4.7
15.88	0.25	2.0	28.6	0.50	3.7	41.3	0.70	5.0
19.05	0.35	2.4	31.8	0.55	4.0	44.5	0.70	5.0

例如，12 匹的室外机，管道的实际长度为 82m，管道直径为 28.6mm，使用了 14 个弯管、2 个存油弯、3 个分歧管时，其等效长度为 82+0.5×14+3.7×2+0.5×3=97.9（m）。

不同容量机组的制冷剂管路长度要求，见表 10-4。

表 10-4 不同容量机组的制冷剂管路长度要求

R410a 制冷剂系统		机组容量≥60kW	20kW≤机组容量<60kW	机组容量<20kW
		允许值	允许值	允许值
管路总长（实际长度）		500m	300m	150m
最远管路长度	实际长度	150m	100m	70m
	相当长度	175m	125m	80m
第一分歧管到最远室内机管路相当长度		40m	40m	25m
室内机-室外机落差	室外机在上	50m	50m	30m
	室外机在下	40m	40m	25m
室内机-室内机落差		15m	15m	10m

10.3.5 制冷剂管路的固定方式和要求

中央空调制冷剂管路可直接固定在墙壁上,也可将其水平或垂直进行吊装。常用于辅助固定的附件主要有金属卡箍、U形管卡、角钢支架、托架或圆钢吊架等。图10-25为制冷剂管路横管和竖管的固定方式和要求。

图 10-25 制冷剂管路横管和竖管的固定方式和要求

横管固定:横管可采用金属卡箍、U形管卡、角钢支架、角钢托架或圆钢吊架固定。应注意,U形管卡应用扁钢制作;角钢支架、角钢托架或圆钢吊架需做防腐防锈处理

铜管外径/mm	$\phi < 12.7$	$\phi > 12.7$
吊支架间距/m	1.2	1.5

金属卡箍

吊装配管

吊装配管

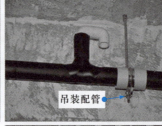
吊装配管

角钢托架

竖管固定:竖管一般采用U形管卡每间隔2.5m以内固定。管卡处应使用圆木垫代替保温材料。U形管卡应卡住圆木垫外固定,且应对圆木垫进行防腐处理

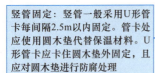

圆木垫

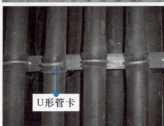
U形管卡

图10-26为制冷剂管路的局部管固定要求。局部管是指制冷剂配管中的弯管、分歧管、室内机接口管和穿墙管等,这些比较特殊的管路部分,对管路固定的方式有一定要求。

图 10-26 制冷剂管路的局部管固定要求

a) 弯管管路

b) 室内机接口管路 $A+B+C=300\sim500$

c) 分歧管管路

d) 穿墙管管路

10.3.6 制冷剂管路的画线定位和钻穿墙孔

1 画线定位

安装和固定制冷剂管路时,需首先根据设计图纸确定制冷剂管路的长度、安装位置以及固定附件的位置,并进行初步画线定位,如图 10-27 所示。

图 10-27 制冷剂管路的画线定位

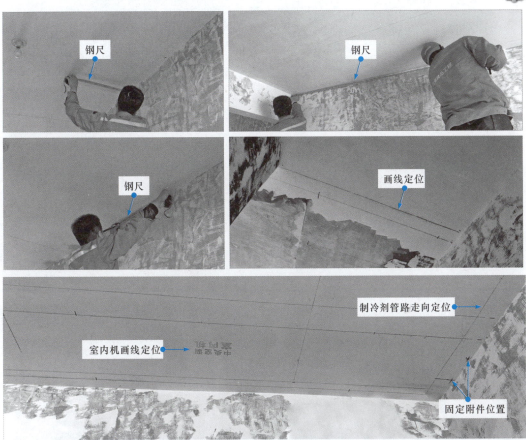

2 钻穿墙孔

根据制冷剂管路的初步定位,在需要穿墙固定的位置需要钻穿墙孔,如图 10-28 所示。

10.3.7 制冷剂管路固定附件的安装

多联式中央空调制冷剂管路沿屋顶安装时,需要固定附件(吊码或吊杆)辅助支撑。这里以 U 形卡箍和吊码(或吊杆)、套管固定为例。首先用吊顶器将吊码固定在画定好的位置上,如图 10-29 所示。

10.3.8 制冷剂管路的裁切和弯曲

根据多联式中央空调设计方案,测量各环节所需制冷剂管路的长度,裁切所需长度的液管和气管,并根据穿墙孔位置弯曲制冷剂管路,如图 10-30 所示。

图 10-28 钻穿墙孔

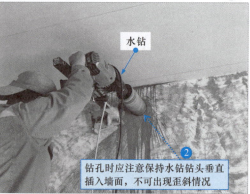
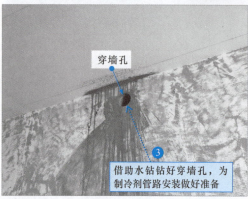

图 10-29 吊码的安装

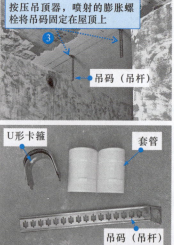

图 10-30 制冷剂管路的裁切和弯曲

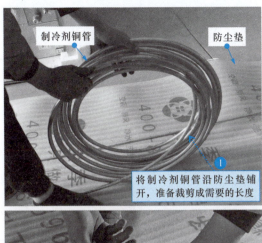

① 将制冷剂铜管沿防尘垫铺开，准备裁剪成需要的长度

制冷剂铜管　防尘垫

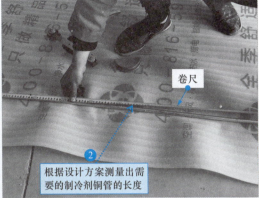

② 根据设计方案测量出需要的制冷剂铜管的长度

卷尺

扫一扫看视频

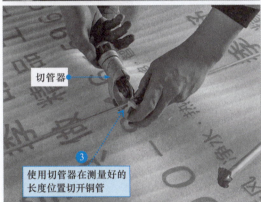

③ 使用切管器在测量好的长度位置切开铜管

切管器

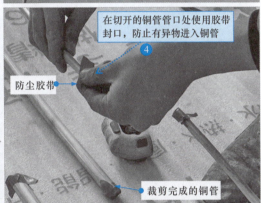

④ 在切开的铜管管口处使用胶带封口，防止有异物进入铜管

防尘胶带　裁剪完成的铜管

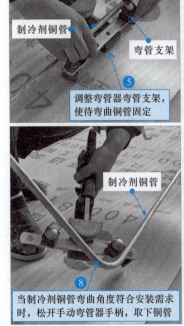

⑤ 调整弯管器弯管支架，使待弯曲铜管固定

手动弯管器　制冷剂铜管　弯管支架

⑥ 按压手动弯管器手柄，使弯管轮对准制冷剂铜管

手柄　弯管轮　弯管支架块

⑦ 制冷剂铜管在弯管轮和弯管支架块的作用下均匀弯曲

制冷剂铜管

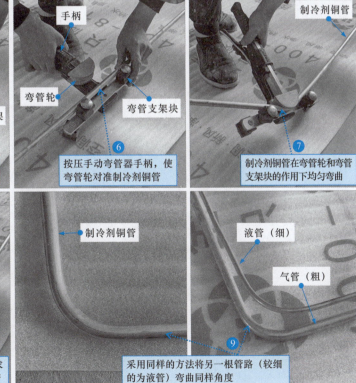

⑧ 当制冷剂铜管弯曲角度符合安装需求时，松开手动弯管器手柄，取下铜管

制冷剂铜管

⑨ 采用同样的方法将另一根管路（较细的为液管）弯曲同样角度

制冷剂铜管　液管（细）　气管（粗）

10.3.9 制冷剂管路的保温

中央空调在制冷模式时气管的温度很低，因管道散热会损失冷量并引起结露滴水；制热时管路温度很高，可能会引起烫伤。因此，综合各方面因素，制冷剂管路应按要求实施保温处理。

1 直管的保温方法

图 10-31 为制冷剂管路直管的保温方法。将制冷剂管路穿入保温材料（保温层）时，注意穿入保温材料时制冷剂管口必须密封，防止有杂物进入管路，影响制冷／制热效果。

图 10-31 制冷剂管路直管的保温方法

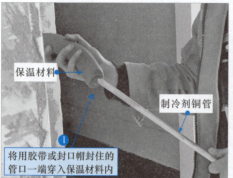
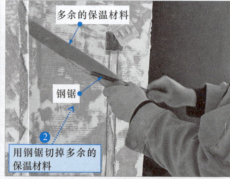
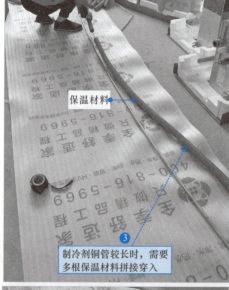

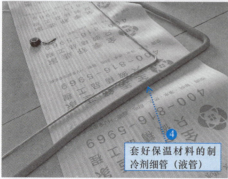
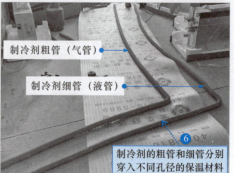

| 相关提示 |

需要注意的是，制冷剂管路中气管和液管的直径不同，所需保温材料的规格也不同，制冷剂管路中的气管较粗，所需保温材料内孔直径较大；制冷剂管路中的液管较细，所需保温材料内孔直径较小，如图10-32所示。在实际应用中应按照不同规格匹配不同内孔直径的保温材料，否则可能会影响保温效果。

图 10-32 不同内孔直径的保温材料

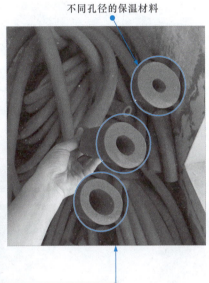

2 分歧管的保温方法

如图10-33所示，分歧管保温一般需要使用专用的分歧管保温套，然后将保温套的进、出口分别与直管的保温层连接，使用专用胶粘连，然后缠布基胶带（宽度不小于50mm）。

图 10-33 分歧管的保温方法

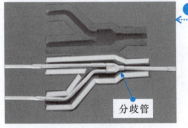
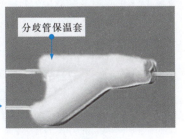

图 10-33 分歧管的保温方法（续）

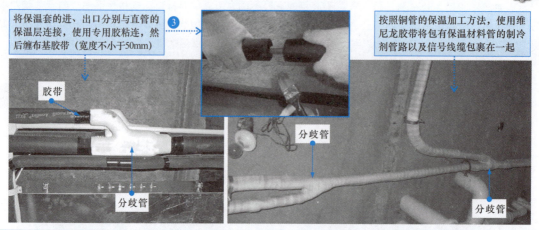

分歧管保温也可用制冷剂铜管上的保温材料直接保温，在制冷剂铜管穿入保温材料时，预留出分歧管保温材料的长度，焊接好分歧管后，将预留的保温材料拉直，使其覆盖住分歧管，并用专用胶带包缠牢固，如图 10-34 所示。

图 10-34 用制冷剂管路保温材料保温分歧管

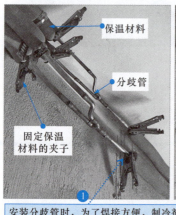

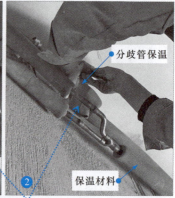

3 保温材料衔接处的黏合

当保温材料因安装需要切断或两段保温材料需要连接时，需按要求对接口处涂抹专用胶，并用胶布缠绕，确保连接可靠，如图10-35所示。

| 相关资料 |

连接保温材料也可采用修补法连接，如图10-36所示。

图10-35 保温材料的连接

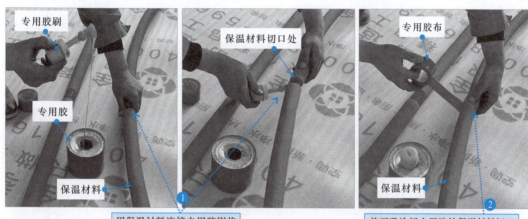

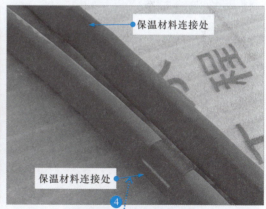

10.3.10 制冷剂管路的固定

制冷剂管路经裁切、弯曲和保温处理后，需要固定到规划的位置。如图10-37所示，将制冷剂管路沿画定线路吊装，需要过墙时，先将一端穿入过墙孔，然后在需要固定部位套入套管，再用U形卡箍固定在吊码（吊杆）上即可。

图 10-36 保温材料的修补法连接

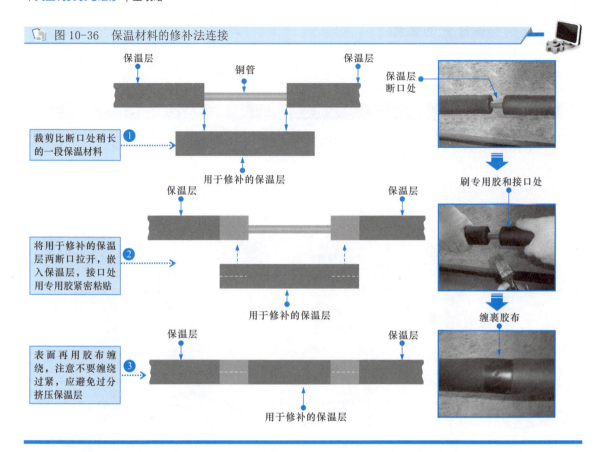

图 10-37 制冷剂管路的固定方法

图 10-37 制冷剂管路的固定方法（续）

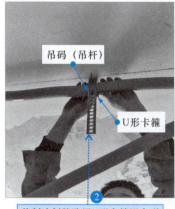
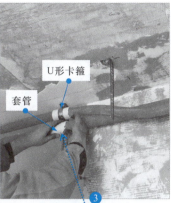
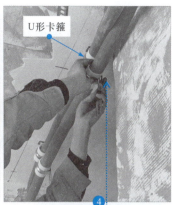
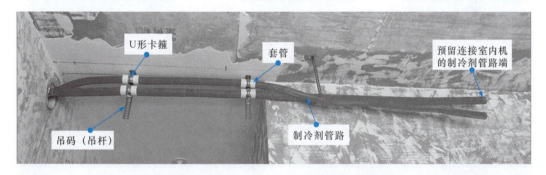

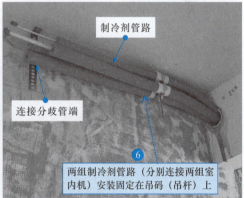
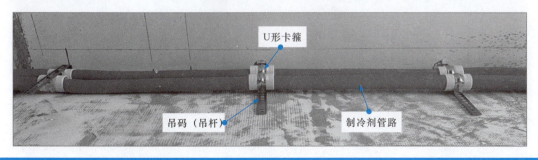

10.3.11 分歧管安装连接

分歧管是将制冷剂管路进行分路的配件,按照规范要求正确设计、安装和连接分歧管也是制冷剂管路连接中的重要环节。

1 分歧管的距离要求

多联式中央空调制冷剂管路中,不直接连接室内机的分歧管称为主分歧管,主分歧管的安装位置与最近、最远室内机之间的管路长度等必须符合设计规范,如图10-38所示。

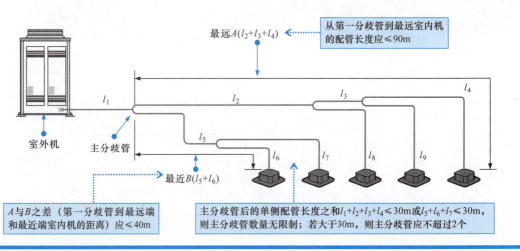

图10-38 主分歧管的设计要求

从第一分歧管到最远室内机的配管长度应≤90m

最远$A(l_2+l_3+l_4)$

最近$B(l_5+l_6)$

A与B之差(第一分歧管到最远端和最近端室内机的距离)应≤40m

主分歧管后的单侧配管长度之和$l_1+l_2+l_3+l_4$≤30m或$l_5+l_6+l_7$≤30m,则主分歧管数量无限制;若大于30m,则主分歧管应不超过2个

2 分歧管的连接要求

连接分歧管时,对其连接方向、长度都有明确要求和规定,实际操作时必须按照要求操作和执行,如图10-39所示。

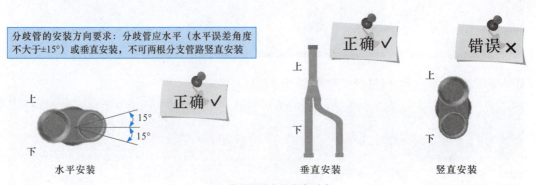

图10-39 分歧管连接方向和长度要求

分歧管的安装方向要求:分歧管应水平(水平误差角度不大于±15°)或垂直安装,不可两根分支管路竖直安装

a) 分歧管的安装方向要求

图 10-39 分歧管连接方向和长度要求（续）

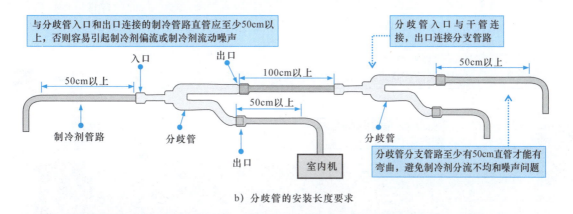

b) 分歧管的安装长度要求

3 分歧管的焊接要求

分歧管与制冷剂管路之间需要气焊连接。焊接时，需要向管路中充入氮气，进行充氮焊接（即氮气置换钎焊），防止焊接部位氧化，导致管路内部出现杂质，如图 10-40 所示。

图 10-40 分歧管的焊接要求

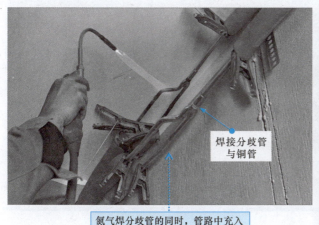

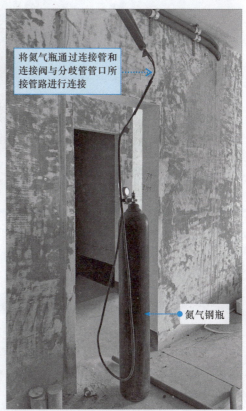

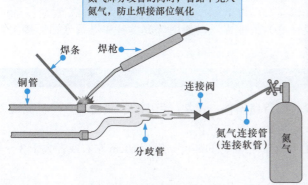

4 分歧管的焊接方法

首先选配管口粗细与制冷剂管路（铜管）相符的分歧管准备连接。将分歧管管口进行切管处理，使制冷剂管路主管插入分歧管主管口，分支管路分别插入分歧管的两个分支管口，如图10-41所示。

图10-41 分歧管的准备及与制冷剂管路初步插接

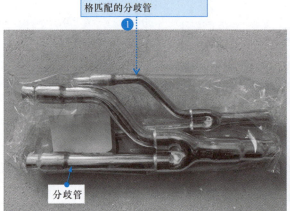
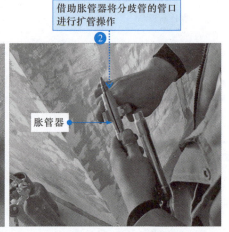
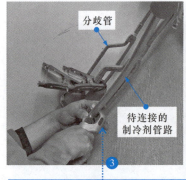

在制冷剂管路端口充入氮气（氮气置换钎焊）的前提下，使用气焊设备和焊条分别焊接主管管口和分支管口，如图10-42所示。

10.3.12 存油弯安装连接

存油弯是制冷剂管路中为便于回油而设置的管路附件。通常，当中央空调室内、外机高度差大于10m时，需要在气管上设置存油弯，每间隔10m增加一个。

存油弯弯曲半径与管径有关，如图10-43所示。存油弯的高度一般为10cm左右或者大于3～5倍的管径。

当室内、外机高度差大于10m时，需要每间隔10m安装一个存油弯，如图10-44所示。

图10-42 分歧管与制冷剂管路的焊接

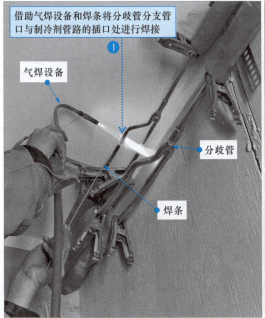
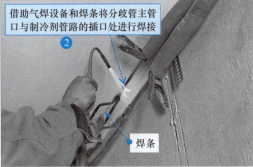
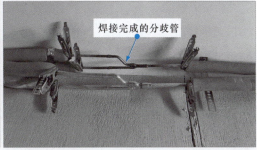
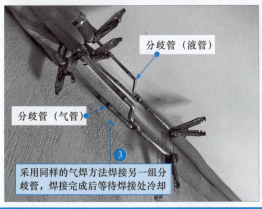

图10-43 存油弯的规格

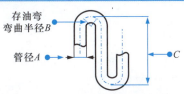

A/mm	B/mm	C/mm	A/mm	B/mm	C/mm
22.2	≥31	≤150	38.1	≥60	≤350
25.4	≥45	≤150	41.3	≥80	≤450
28.6	≥45	≤150	44.45	≥80	≤500
34.9	≥60	≤250	54.1	≥90	≤500

图 10-44 存油弯的安装距离要求

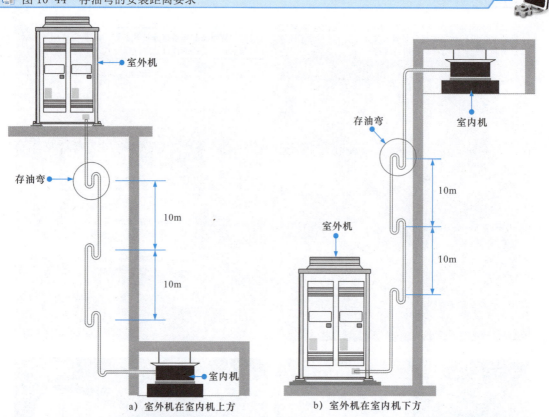

a）室外机在室内机上方　　b）室外机在室内机下方

10.3.13 冷凝水管安装

冷凝水管（排水管）是多联式中央空调室内机排水的通道。

1 冷凝水管的安装原则和要求

安装冷凝水管应遵循 1/100 坡度、合理管径和就近排水三大基本原则。

如图 10-45 所示，为确保冷凝水顺利排出，管路要尽量短，且保持 1/100 下垂坡度。若无法满足下垂坡度，则可选择大一号的管路，利用管径作为坡度。

图 10-45 冷凝水管的安装坡度要求

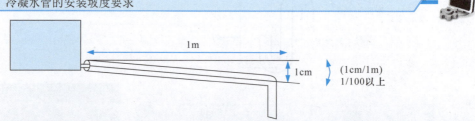

| 相关资料 |

冷凝水管一般使用给水用 PVC-U 塑料管，使用专用胶粘连，管径应大于或等于室内机排水管的管径。图 10-46 为冷凝水管及保温材料。

图 10-46 冷凝水管及保温材料

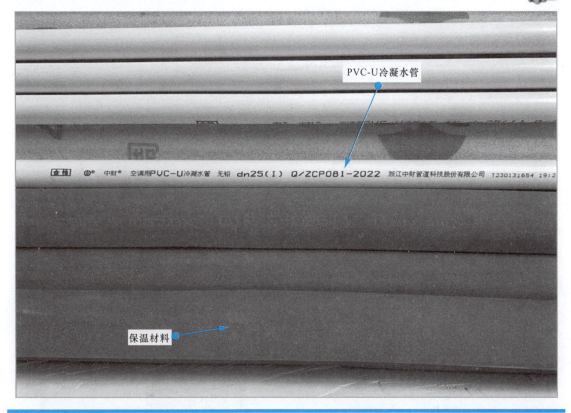

固定冷凝水管时需要根据要求设置支撑，防止因弯曲产生气袋，且必须与室内其他水管分开安装。在水平管路中，每隔 0.8～1m 设置一个支撑，以防冷凝水管下垂，如图 10-47 所示。

图 10-47 冷凝水管水平管路支撑要求

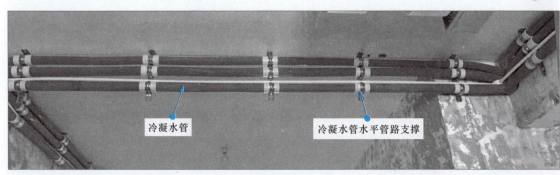

冷凝水管采用自然排水时，为防止冷凝水倒流，排水管应向下 50mm 后形成存水弯。存水弯的高度为排水管向下一半的距离；采用排水泵排水也需在室内机出口处设置止回弯，如图 10-48 所示。

当多台室内机集中排水时，需将每台室内机排水管与排水干管连接，由排水干管统一排水，如图 10-49 所示。

图 10-50 为室内机排水管汇流与排水干管横向、竖向连接时的要求。

图 10-48 冷凝水管排水方式要求

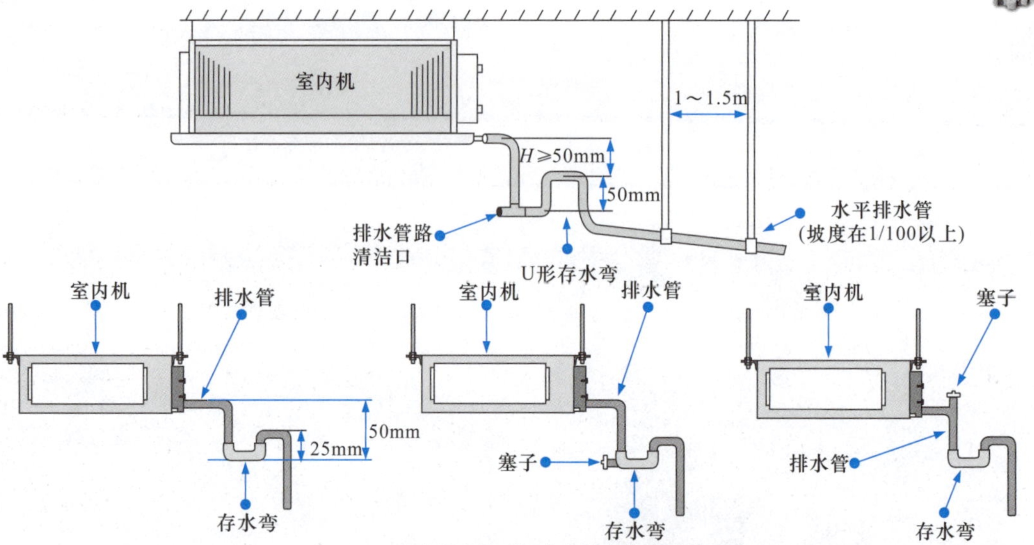

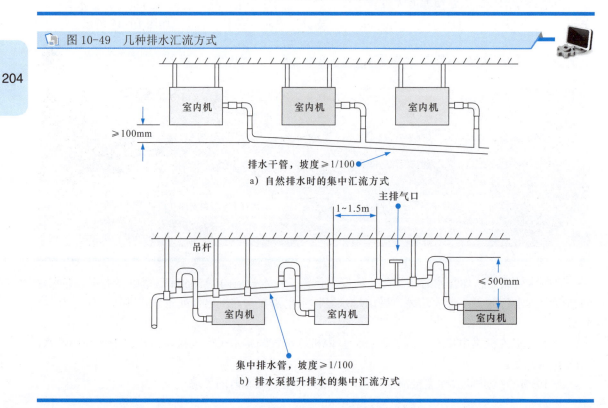

a）冷凝水管采用自然排水方式时的要求

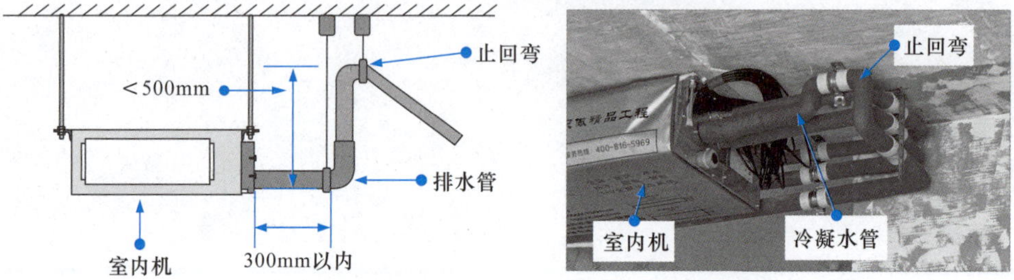

b）冷凝水管采用排水泵排水方式时的要求

图 10-49 几种排水汇流方式

a）自然排水时的集中汇流方式

b）排水泵提升排水的集中汇流方式

图 10-50 室内机排水管汇流与排水干管横向、竖向连接时的要求

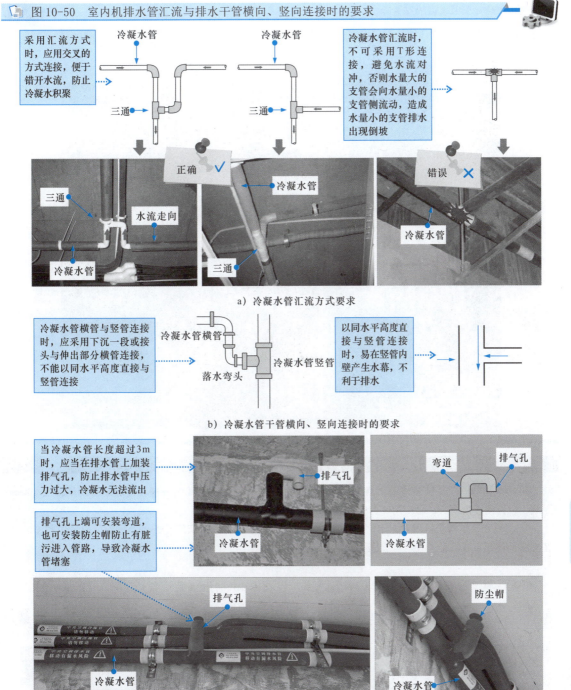

a) 冷凝水管汇流方式要求

b) 冷凝水管干管横向、竖向连接时的要求

c) 冷凝水管排气孔要求

2　冷凝水管的安装方法

冷凝水管一般与制冷剂管路同路径安装。首先将冷凝水管穿入保温材料，按照制冷剂管路安装路径的长度进行相应裁剪，需要拐弯处借助 90°弯头和分支附件连接，然后沿制冷剂管路安装路径进行安装，并用固定附件进行支撑固定，如图 10-51 所示。

图 10-51 冷凝水管的安装方法

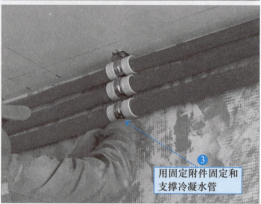

① 根据安装路径，裁剪好相应长度的冷凝水管
② 将冷凝水管穿入过墙孔（与制冷剂管路路径相同）
　　冷凝水管
③ 用固定附件固定和支撑冷凝水管

| 提示说明 |

冷凝水管一般采用整管保温，且应在安装前穿好保温管。穿保温管时一般在冷凝水管两端留出 100mm 距离，以方便连接弯头、分支附件等管件。

若因长度或材料规格问题无法整管保温时，两段保温管接缝处或切割开的保温管部分应使用胶粘，并在胶粘部位缠布基胶带，胶带宽度应不小于 50mm，防止脱胶。

根据冷凝水管安装原则和要求，冷凝水管长度超过 3m 时应安装排气孔，如图 10-52 所示。

图 10-52 冷凝水管排气孔的安装

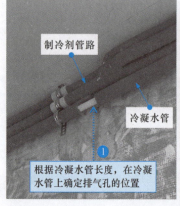

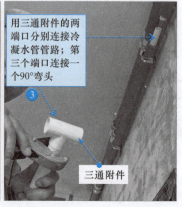

① 根据冷凝水管长度，在冷凝水管上确定排气孔的位置
② 用塑料管剪刀剪开冷凝水管
③ 用三通附件的两端口分别连接冷凝水管管路；第三个端口连接一个90°弯头
三通附件

图 10-52 冷凝水管排气孔的安装（续）

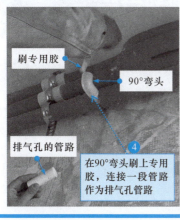
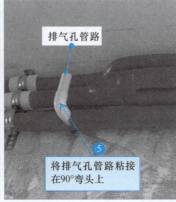
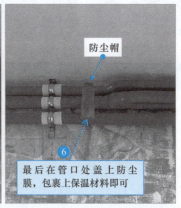

10.3.14 冷凝水管的排水测试

冷凝水管安装连接完成后还需要进行排水测试，检查冷凝水管是否有漏水、渗水现象，以及排水是否通畅和坡度是否合适等。

1 漏水、渗水测试

冷凝水管安装完成后，堵住排水口向冷凝水管内注满水，保持 24h，检查冷凝水管有无漏水和渗水情况，如图 10-53 所示。

图 10-53 冷凝水管的漏水、渗水测试

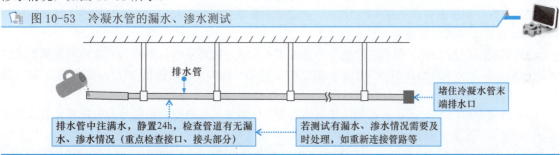

2 排水通畅和坡度测试

室内机系统安装完成后，从室内机注水口向接水盘注水（2～2.5L），检查排水是否通畅，如图 10-54 所示。

图 10-54 冷凝水管的排水通畅和坡度测试

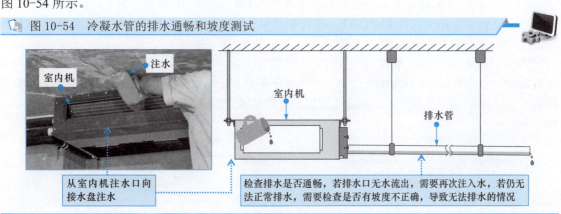

第11章 中央空调室内机规划安装

11.1 室内机的规划安装

规划安装中央空调室内机,需先了解待安装场所的实际情况,如场所类型(如商场、写字楼、厂房、家庭住房等)、室内面积、环境温度、安装位置等,根据不同需求进行规划,计算所需冷/热量,对室内机的类型、规格等进行选配。

安装中央空调室内机前,需要明确施工流程,根据施工图纸确认安装信息,应与用户、家装设计人员进行安装情况的沟通。

1)明确室内机的安装位置及空调型号。

2)根据图纸及装修方案确认室内机出风口、回风口的位置,并判断是否需要加装风道。

3)确认铜管、冷凝水管及分歧管的安装位置。

4)与家装设计人员确认室内装修情况,确认布线位置等与装修方案无冲突。

例如,一套家庭住房欲安装中央空调系统,则首先确认该类场所适用多联式中央空调系统结构,再根据室内各房间面积规划室内机安装位置、安装形式和规格。图11-1所示为典型家庭住房多联式中央空调系统规划方案。

此家庭住房为三室两厅大户型住房,规划依据及方案如下:

1)三室两厅,则需室内机5台。

2)家庭住房房屋垂直高度大约为3m,选配室内机需要安装于吊顶内,为尽量避免吊顶影响户内层高,选择天花板内置薄型风管式室内机。

3)客厅面积为24m^2,所需制冷量粗略计算为5.5kW,选择室内机型号为天花板内置薄型风管式室内机,型号为RPIZ-56HRN5QD/P,额定制冷量为5.6kW(室内温度27℃、室外温度35℃条件下),额定制热量为6.3kW(室内温度20℃、室外温度7℃条件下)。

4)卧室1面积为17m^2,所需制冷量粗略计算为3.9kW,选择室内机型号为天花板内置薄型风管式室内机,型号为RPIZ-40HRN5QD/P,额定制冷量为4.0kW(室内温度27℃、室外温度35℃条件下),额定制热量为4.5kW(室内温度20℃、室外温度7℃条件下)。

5)卧室2面积为14m^2,所需制冷量粗略计算为3.2kW,选择室内机型号为天花板内置薄型风管式室内机,型号为RPIZ-32HRN5QD/P,额定制冷量为3.2kW(室内温度27℃、室外温度35℃条件下),额定制热量为3.6kW(室内温度20℃、室外温度7℃条件下)。

6)书房面积为9.5m^2,所需制冷量粗略计算为2.1kW,选择室内机型号为天花板内置薄型风管式室内机,型号为RPIZ-22HRN5QD/P,额定制冷量为2.2kW(室内温度27℃、室外温度35℃条件下),额定制热量为2.5kW(室内温度20℃、室外温度7℃条件下)。

7)餐厅面积为7.6m^2,所需制冷量粗略计算为1.7kW,选择室内机型号为天花板内置薄型风管式室内机,型号为RPIZ-18HRN5QD/P,额定制冷量为1.8kW(室内温度27℃、室外温度35℃条件下),额定制热量为2.2kW(室内温度20℃、室外温度7℃条件下)。

图 11-1 典型家庭住房多联式中央空调系统规划方案

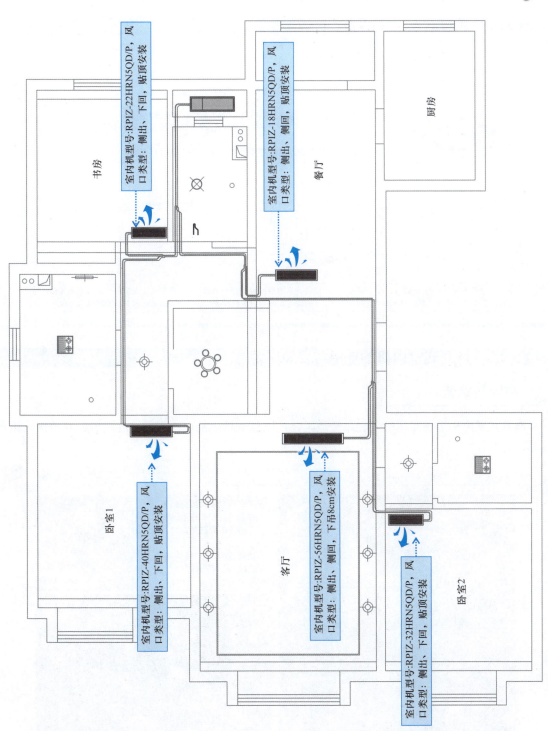

11.2 风管式室内机的安装

风管式室内机是多联式中央空调系统常见的室内机形式。

11.2.1 风管式室内机的安装位置

图 11-2 为风管式室内机的安装位置要求。

图 11-2 风管式室内机的安装位置要求

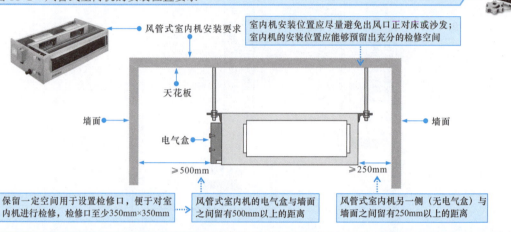

11.2.2 风管式室内机的进场与安装准备

1 进场与检查

风管式室内机进场搬运时要轻拿轻放,并按照包装箱上的箭头指示进行码放,开箱检查排水附件、说明书等是否齐全,如图 11-3 所示。

图 11-3 风管式室内机的进场与拆箱操作

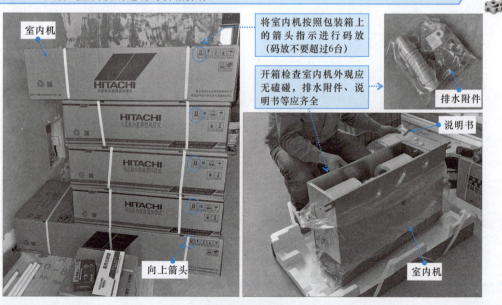

2 确认和调整回风口位置

明确室内机出风口和回风口的位置（侧回风或下回风），并根据要求调整室内机出厂挡风板位置，使回风口根据需求设置为侧回风或下回风。

图11-4所示为室内机安装前回风口的调整。

图11-4 室内机安装前回风口的调整

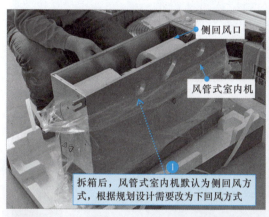
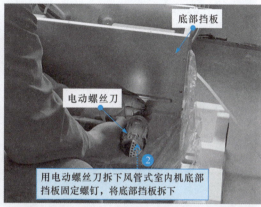
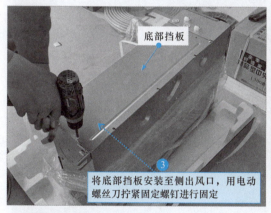
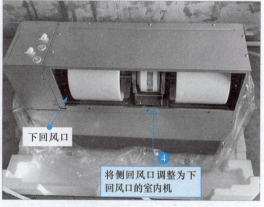

3 安装出风口帆布

风管式室内机安装操作在装修前进行。为了美观，风管式室内机最终将封装于吊顶内，吊顶上开孔安装出风口格栅。为了避免室内机出风口出风不良，需要在室内机出风口与吊顶风口格栅之间安装出风口帆布实现软接，如图11-5所示。

| 相关资料 |

在安装出风口帆布环节，采用侧回风的室内机不宜包裹塑料薄膜，因其后部无挡板，避免塑料薄膜贴在电动机部分，若拆除不净，易被吸入室内机内部造成室内机无法正常工作。

图 11-5　风管式室内机安装出风口帆布

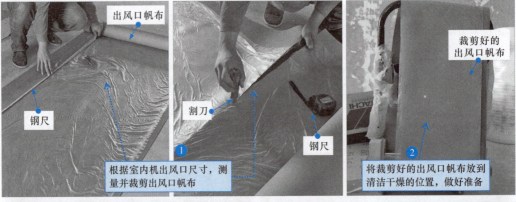
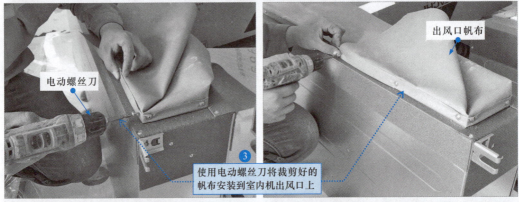
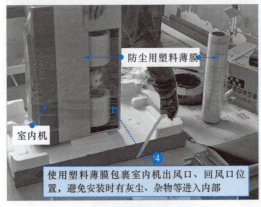
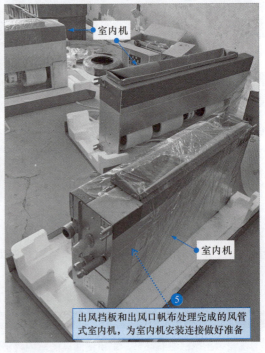
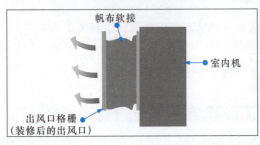

11.2.3 风管式室内机吊杆的制作与安装

风管式室内机一般采用吊杆悬吊的形式安装固定。安装时，需要先根据规划设计，制作吊杆，并根据室内机的安装位置进行画线定位，安装吊杆。

1 制作吊杆

吊杆悬吊是中央空调系统中室内机最常采用的一种安装形式。采用该方法时，要求吊杆、膨胀螺栓必须严格符合选配要求。

吊杆的承重强度必须足以承受室内机至少 2 倍重量，直径应不小于 10mm；吊杆宜采用全螺纹国标圆钢，以便调整室内机位置；膨胀螺栓承重强度必须符合选配要求（M10 以上）。

一般情况下，吊杆需要根据现场室内机的实际安装情况，从整根的全螺纹国标圆钢中切割适当的长度，如图 11-6 所示。

扫一扫看视频

图 11-6 制作吊杆

① 使用金属切割机将全螺纹国标圆钢切割成适当长度的吊杆

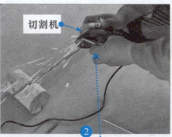
② 使用金属切割机的磨盘打磨吊杆端部，去除毛刺，便于套入膨胀螺栓、垫片和螺母

③ 挑选切割打磨好的4根圆钢为一组作为吊杆

切割好吊杆后，在吊杆上安装膨胀螺栓、螺母和垫片，如图 11-7 所示。固定室内机需要严格按照双螺母互锁的方式。另外，若吊杆长度超过 1.5m，需加装两条斜撑以防止晃动。

图 11-7 吊杆的基本要求

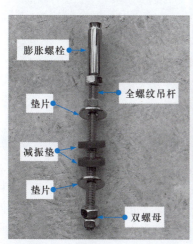

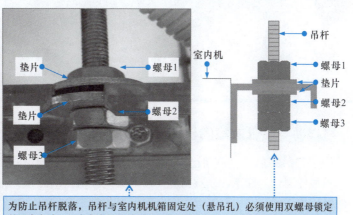

为防止吊杆脱落，吊杆与室内机机箱固定处（悬吊孔）必须使用双螺母锁定的固定方法，且在室内机悬吊孔上下必须使用垫片，必要时加装减振垫

2 安装吊杆

如图 11-8 所示,在天花板上根据选定室内机的尺寸,测量并画定吊杆的位置,然后在画定的位置上钻孔,安装膨胀螺栓和吊杆。

图 11-8 画线定位和安装吊杆

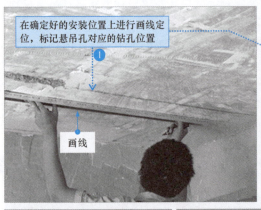
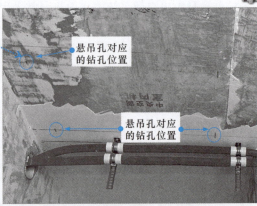
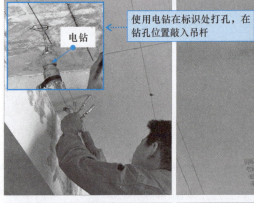

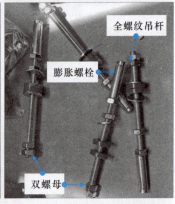

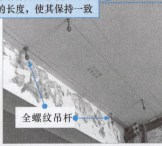
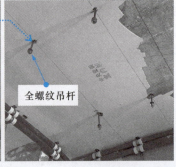

11.2.4 风管式室内机的固定

安装好吊杆后,将前期已准备好的室内机托举到吊杆位置,将室内机上的四个悬吊孔分别对应四根吊杆固定。注意,一般情况下,风管式室内机的悬吊孔有开口,先将一侧的悬吊孔插入吊杆的两组垫片之间,并用双螺母固定,保证室内机不会掉落;另外一侧的悬吊孔穿入吊杆(这一侧两根吊杆的下端垫片和双螺母先拧下),待室内机悬吊孔穿入吊杆后,再穿入一组垫片和双螺母,适当拧紧双螺母,如图 11-9 所示。

◆ 图 11-9　安装风管式室内机

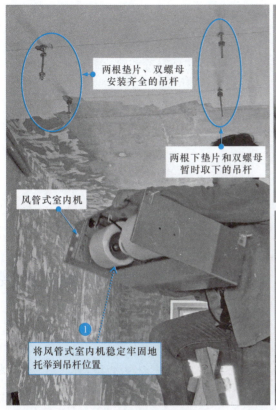
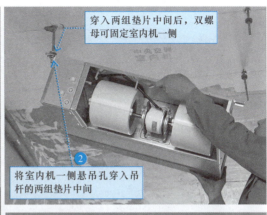
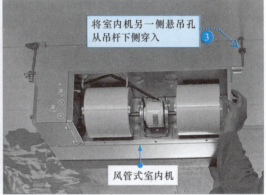
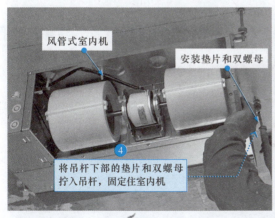
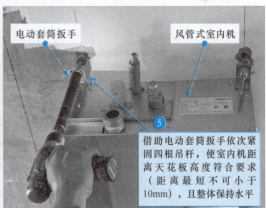

风管式室内机安装完成后，需要借助水平检测仪检测悬吊水平程度，一般要求风管式室内机各个方向的水平度符合要求，确保风管式室内机吊装水平（水平度在±1°内，或排水管一侧稍低1～5mm），如图11-10所示。

图 11-10 风管式室内机水平度测试

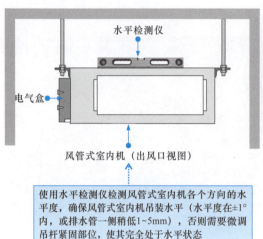
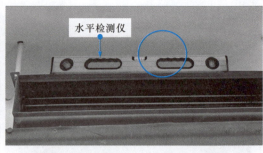
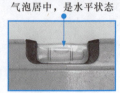

使用水平检测仪检测风管式室内机各个方向的水平度，确保风管式室内机吊装水平（水平度在±1°内，或排水管一侧稍低1~5mm），否则需要微调吊杆紧固部位，使其完全处于水平状态

11.2.5 风管式室内机的连接

固定好风管式室内机后，接下来需将风管式室内机与制冷剂管路、冷凝水管进行连接。

1 风管式室内机与制冷剂管路的连接

风管式室内机之间多采用扩管连接方式。连接时，应首先将制冷剂管路管口套入纳子，并将管口扩为喇叭口，通过纳子将制冷剂管路液管连接至室内机的液管连接口；制冷剂管路气管连接至室内机的气管连接口，如图 11-11 所示。

图 11-11 风管式室内机与制冷剂管路的连接

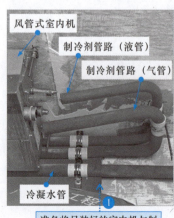

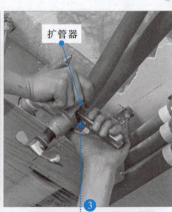

① 准备将吊装好的室内机与制冷剂管路和冷凝水管连接

② 使用刮刀将制冷剂管路管口毛刺刮平，为连接做好准备

③ 使用扩管器将两根制冷剂管路管口进行扩管操作

图 11-11　风管式室内机与制冷剂管路的连接（续）

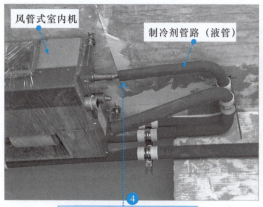

④ 将制冷剂管路液管管口通过纳子连接到室内机液管接口上

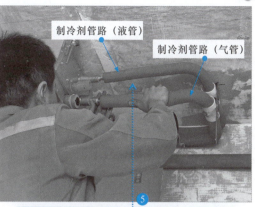

⑤ 采用同样的方法将制冷剂管路气管管口进行扩管操作，并通过纳子连接到室内机气管接口上

⑥ 用一个活扳手固定室内机管口，另一个活扳手紧固纳子，使制冷剂液管、气管与室内机接口连接牢固

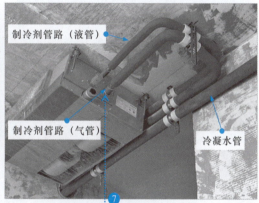

⑦ 制冷剂液管、气管与室内机接口连接完成

2　风管式室内机与冷凝水管的连接

风管式室内机与冷凝水管连接需符合冷凝水排水要求。一般情况下，风管式室内机多采用排水泵排水，该排水方式连接时需在冷凝水管接口附近设置止回弯，即在接口附近将冷凝水管加工一个向上抬升的弯管，如图 11-12 所示。

图 11-12　风管式室内机与冷凝水管的连接

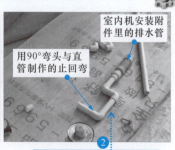

① 根据冷凝水管安装要求，用冷凝水管制作止回弯（室内机排水口附近一段冷凝水管抬高，防止冷凝水回流到室内机中）

② 止回弯与室内机安装附件里的排水管通过专用胶粘接

图 11-12 风管式室内机与冷凝水管的连接（续）

③ 将过长的冷凝水管按照制冷剂管路弯管位置进行切割，并安装90°弯头

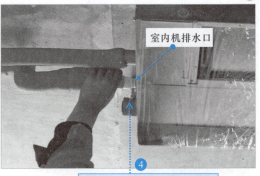

④ 将制作好的止回弯与排水管连接到室内机的排水口上

⑤ 将制作好的止回弯及连接管路穿入保温材料进行保温

⑥ 将止回弯与冷凝水管通过90°弯头连接

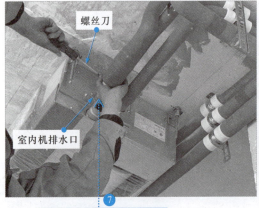

⑦ 用排水管卡箍固定室内机排水口与排水管

⑧ 室内机排水口与排水管、冷凝水管连接完成

11.2.6 风管式室内机的防尘保护

风管式室内机一般在室内装修前安装，安装完成后，必须进行防尘保护，即使用原包装袋或防尘布进行防尘。

图 11-13 为风管式室内机常见的防尘保护措施。

图 11-13　风管式室内机常见的防尘保护措施

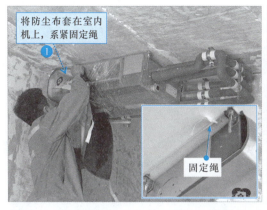
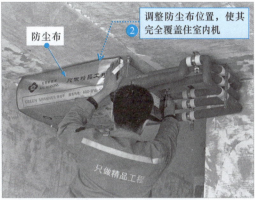

11.3　嵌入式室内机的安装

11.3.1　嵌入式室内机的安装位置

嵌入式室内机也是多联式中央空调系统中常采用的一种室内机类型，该类室内机一般也是通过吊杆悬吊于天花板上实现安装固定。

图 11-14 为嵌入式室内机的安装位置要求。

图 11-14　嵌入式室内机的安装位置要求

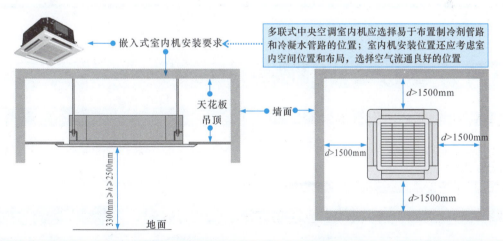

11.3.2　嵌入式室内机的安装连接

安装嵌入式室内机时，也需要先选定安装位置、定位划线，然后安装吊杆，吊装机体，最后做好防尘保护等完成安装。图 11-15 为嵌入式室内机的安装连接方法。

图 11-15　嵌入式室内机的安装连接方法

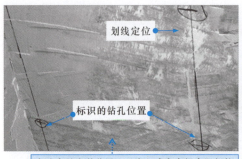

❶ 在选定的安装位置，以嵌入式室内机实际规格为依据，划线定位，标识出钻孔的位置

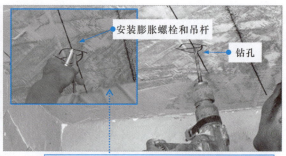

❷ 使用电钻在定位处钻孔，并在钻好孔的位置敲入膨胀螺栓，安装四根吊杆（全螺纹国标吊杆）

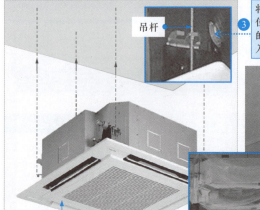

❸ 将嵌入式室内机托举到安装位置，使四根吊杆穿入机箱的安装孔中，放入垫片，拧入固定螺母将箱体固定牢固

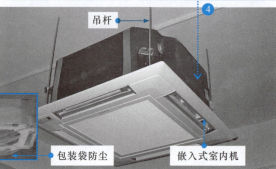

❹ 使用水平测试仪检查嵌入式室内机安装是否保持水平。若检查倾斜度超出范围，需要立即调整，使室内机处于水平状态

11.4　壁挂式室内机的安装

11.4.1　壁挂式室内机的安装位置

壁挂式室内机是多联式中央空调系统中常用的末端设备之一，采用专用挂板紧贴墙壁悬挂的形式安装固定。

图 11-16 为壁挂式室内机的安装位置要求。

11.4.2　壁挂式室内机的安装连接方法

根据规范要求，在室内选定好壁挂式室内机的安装位置，并根据安装要求标识定位挂板的位置，然后固定挂板、连接管路，如图 11-17 所示。

管路部分连接完成后，将室内机托举到挂板位置，固定孔对准挂板，适当用力按压，完成室内机的安装固定，如图 11-18 所示。

图 11-16 壁挂式室内机的安装位置要求

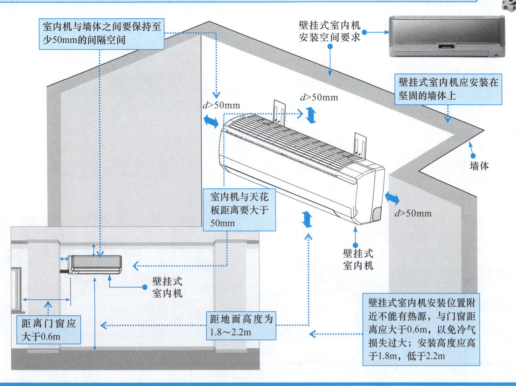

图 11-17 壁挂式室内机的安装连接方法

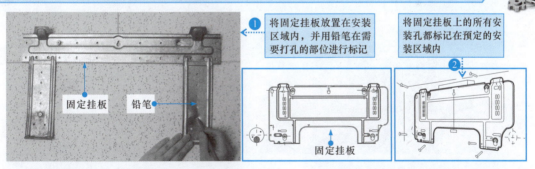

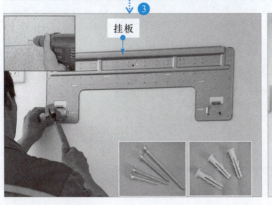

图 11-17 壁挂式室内机的安装连接方法（续）

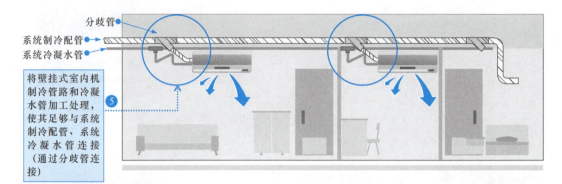

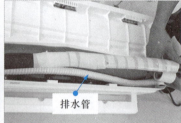

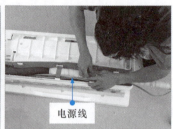

图 11-18 壁挂式室内机的固定

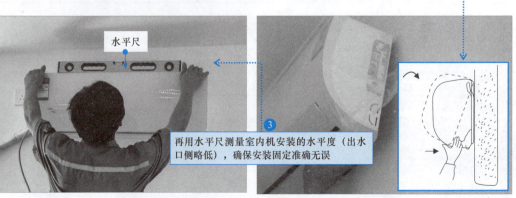

11.5 风机盘管的安装

风机盘管是风冷式水循环中央空调系统和水冷式中央空调系统中的室内末端设备。风机盘管根据机型不同有卧式明装、卧式暗装、立式明装、立式暗装、吸顶式二出风、吸顶式四出风及壁挂式等多种安装方式。

本节以常见的卧式暗装风机盘管为例，图11-19为其安装要求和规范。

图 11-19 卧式暗装风机盘管的安装要求和规范

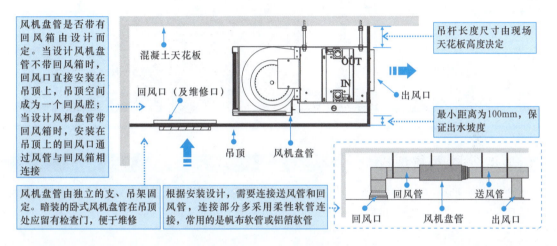

卧式暗装风机盘管的安装一般包括测量定位、安装吊杆、吊装风机盘管、连接水管道等环节。

11.5.1 测量定位

如图11-20所示，测量定位是指在风机盘管安装前，在选定安装的位置上，根据待安装风机盘管的尺寸划出一条直线，该直线为下一环节安装吊杆做好定位。

图 11-20 卧式暗装风机盘管安装前的测量定位

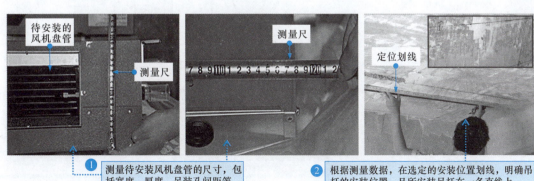

11.5.2 安装吊杆

如图11-21所示,风机盘管采用独立的吊杆安装。安装吊杆需要先在划定好的位置钻孔打眼、安装膨胀螺栓,然后固定吊杆。

图11-21 卧式暗装风机盘管安装吊杆的固定

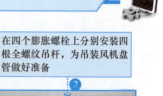
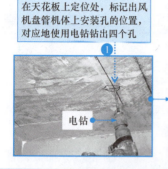
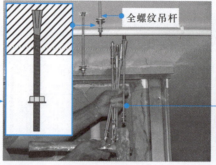
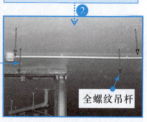

11.5.3 吊装风机盘管

如图11-22所示,将风机盘管箱体托举到待安装位置,使其四个安装孔对准四根全螺纹吊杆,将吊杆穿入安装孔中,分别使用固定螺母、垫片将风机盘管机体悬吊在四根吊杆上,安装必须牢固可靠。

图11-22 风机盘管的吊装方法

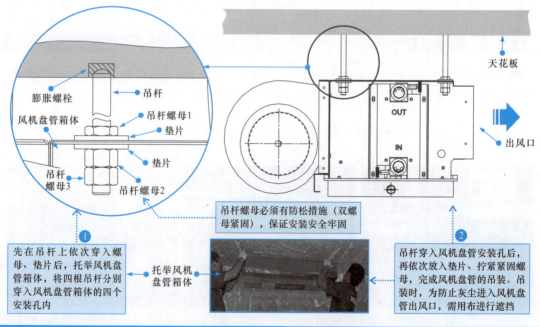

如图11-23所示,风机盘管吊装的高度(吊杆的长度)根据安装空间和设计需要决定,也可将风机盘管紧贴天花板安装。

图 11-23 风机盘管的吊装高度

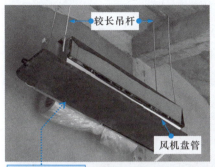
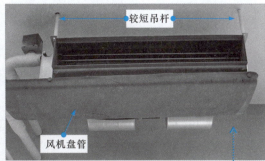

11.5.4 风机盘管与水管道连接

风机盘管箱体安装到位后，接下来需将风机盘管进出水口、冷凝水口分别与进出水管和冷凝水管连接。图 11-24 为风机盘管与水管道连接示意图。

图 11-24 风机盘管与水管道连接示意图

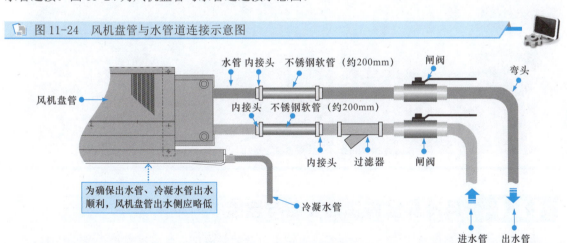

如图 11-25 所示，根据风机盘管与水管道的连接关系，将风机盘管与水管道及相关的管道部件进行连接，拧紧接头，确保连接正确、牢固可靠。

为防止风机盘管连接水管处结露，应对风机盘管的连接水管进行绝热处理。风机盘管管路安装完成后还需进行电气线路的连接。通水前，应将进、出水管先通水清洗。图 11-26 为不同安装环境下，风机盘管的安装完成效果图。

图 11-25　风机盘管与水管道的连接方法

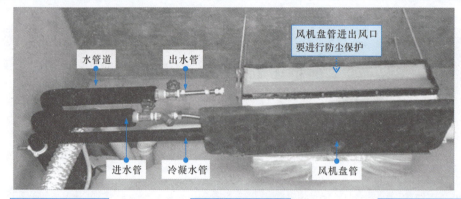

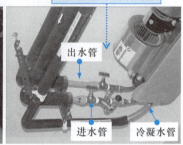

图 11-26　不同安装环境下，风机盘管的安装完成效果图

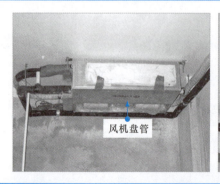

11.6　风冷式室内机的安装与连接

风冷式室内机是风冷式风循环中央空调系统中重要的室内机设备。风冷式室内机内有蒸发器和风扇，蒸发器与室外机制冷管路相连，风冷式室内机的两个接口与室内送风口和回风口相连。

安装风冷式室内机主要包括机体的安装、室内机与风道的连接两个环节。

11.6.1　风冷式室内机的安装

风冷式室内机通常采用吊装的方式进行安装。当确定风冷式室内机的安装位置后，应当在确定的安装位置进行打孔，并将全螺纹吊杆进行固定，然后将吊架固定在全螺纹吊杆上，再将风冷式室内机固定在吊架上即可，操作方法如图 11-27 所示。

图 11-27 风冷式室内机机体的安装方法

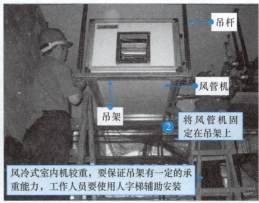

11.6.2 风冷式室内机与风道的连接

风冷式室内机与风道的连接主要分为风冷式室内机送风口与风道的连接和风冷式室内机回风口与风道的连接两道工序。

图 11-28 为风冷式室内机送风口与风道补偿器及风道的连接方法。

图 11-28 风冷式室内机与风道的连接

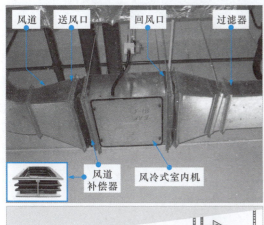
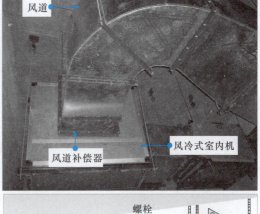
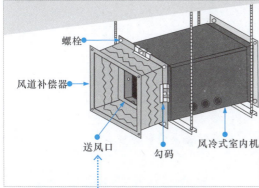
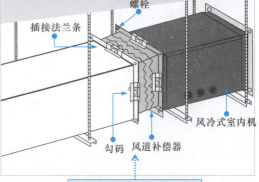

风冷式室内机回风口需要通过过滤器与风道进行连接。通常过滤器的安装方式与风管机的安装方式相同（采用吊装方式）。

图 11-29 为风冷式室内机回风口与过滤器的连接方法。

图 11-29　风冷式室内机回风口与过滤器的连接方法

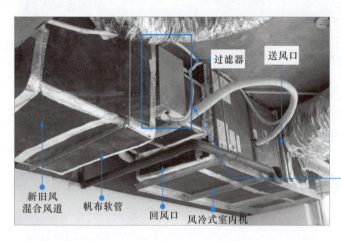

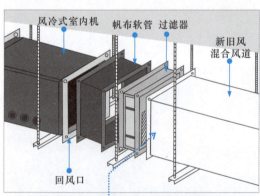

❶ 将风冷式室内机的回风口经过帆布软管连接过滤器，再将过滤器与新旧风混合风道进行连接

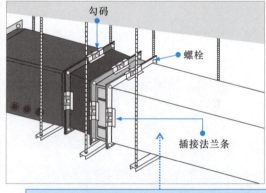

❷ 同样可以使用插接法兰条、勾码以及螺栓将风冷式室内机送风口、帆布软管、过滤器、新旧风混合风道进行连接

第 12 章 中央空调常见故障检修

12.1 风冷式中央空调常见故障检修

12.1.1 风冷式中央空调高压保护故障的检修

如图 12-1 所示,风冷式中央空调高压保护故障表现为中央空调系统不起动、压缩机不动作、空调显示高压保护故障代码。

图 12-1 风冷式中央空调高压保护故障的特点

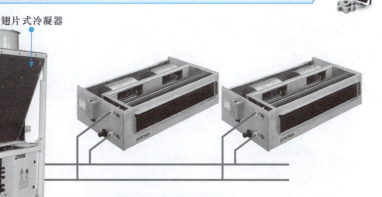

风冷机组　　翅片式冷凝器

壳管式蒸发器　　压缩机

中央空调系统通电开机,压缩机不起动,系统显示高压保护代码

| 提示说明 |

在风冷式中央空调管路系统中,当系统高压超过 2.35MPa 时会出现高压保护,此时对应系统故障指示灯亮,应立即关闭报警提示的压缩机。出现该类高压保护故障后,一般需要手动清除故障后才能再次开机。

| 相关资料 |

风冷式中央空调系统设有多个检测开关,如高压开关、低压开关、水流开关、压缩机过电流开关、风机过电流开关、温度传感器(环境温度、排气温度、吸气温度、进水温度、化霜温度、出水温度、制冷节流点温度)等。

◆ 高、低压开关用于判断中央空调的系统压力。当系统压力异常时,高、低压开关断开,电路部分接收到压力开关的断开信号,控制系统不起动或停机,同时将信号传递到显示板,显示板故障指示灯亮。

◆ 水流开关用于判断室内机水循环系统中的水流量。当水流量过低时,水流开关断开,电路部分接收到水流断开信号,控制水泵停止工作、系统不起动或停机,同时将信号传递到显示板,显示故障信息。

◆ 压缩机过电流开关用于判断压缩机的运行电流。当电流过大时,压缩机过电流开关断开,电路部分接收到断开信号,控制系统不起动或停机,同时将信号传递到显示板,显示故障信息。

◆ 风冷式中央空调中设有多个温度传感器,分别用于检测环境温度、排气温度、吸气温度、进水温度、化霜温度、出水温度、制冷节流点温度等,任何一处温度不正常,都会将信号送至电路部分,由电路控制系统不起动或停机,并且显示板将显示出相应的故障信息。

图12-2为风冷式中央空调高压保护故障的检修流程。

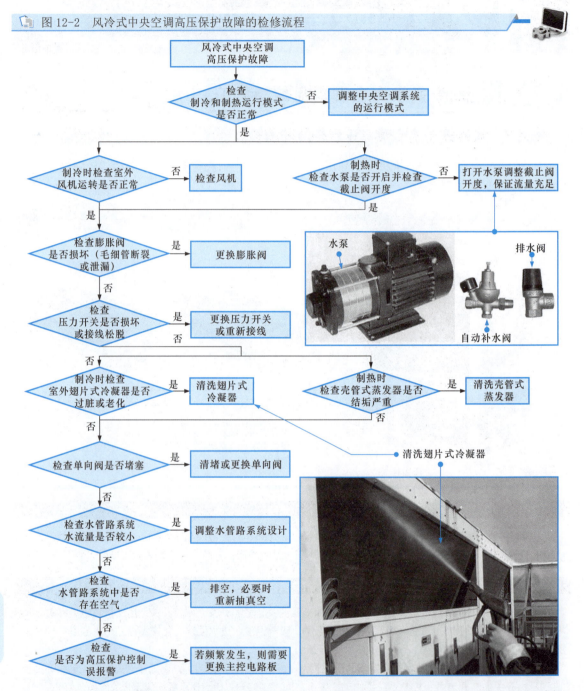

图12-2 风冷式中央空调高压保护故障的检修流程

12.1.2 风冷式中央空调低压保护故障的检修

图12-3为风冷式中央空调低压保护故障的检修流程。风冷式中央空调按下起动开关后，低压保护指示灯亮，无法正常起动，出现该类故障多是由中央空调系统中低压管路部分异常、存在堵塞情况或制冷剂泄漏等引起的。

图 12-3 风冷式中央空调低压保护故障的检修流程

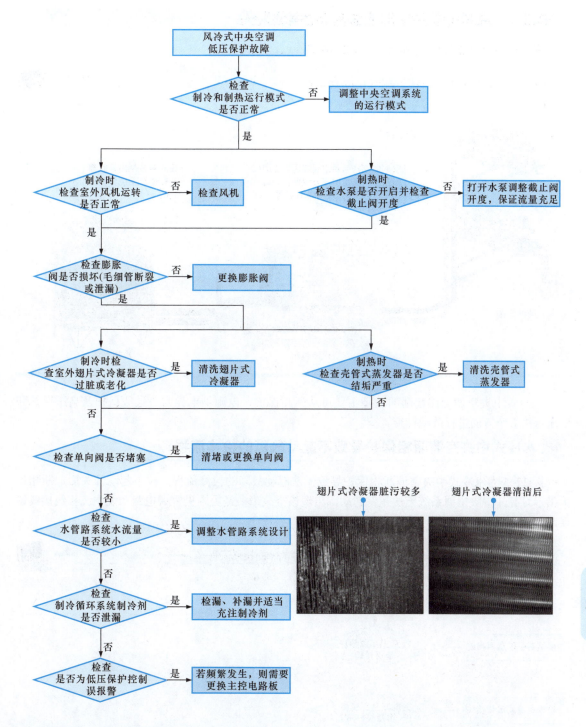

12.2 水冷式中央空调常见故障检修

12.2.1 水冷式中央空调无法起动故障的检修

图 12-4 为水冷式中央空调无法起动的故障特点。

图 12-4 水冷式中央空调无法起动的故障特点

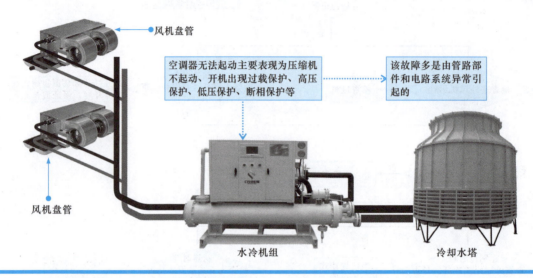

水冷式中央空调无法起动的故障主要可从断相保护、电源供电异常、过载保护及高压保护和低压保护五个方面进行故障排查。

1 水冷式中央空调断相保护导致不起动故障的检修流程

图 12-5 为水冷式中央空调断相保护导致无法起动故障的检修流程。按下起动开关后,断相保护指示灯亮,中央空调系统无法正常起动,出现该类故障多是由中央空调电路系统中三相线接线错误或断相等引起的。

图 12-5 水冷式中央空调断相保护导致无法起动故障的检修流程

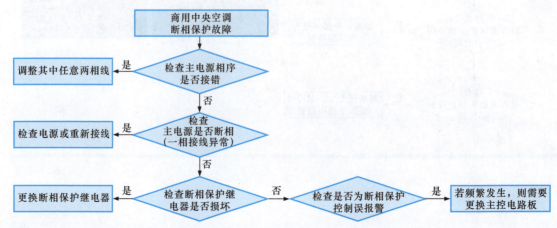

2 水冷式中央空调压缩机不起动故障的检修流程

水冷式中央空调接通电源后,按下起动开关,压缩机不起动,出现该类故障主要是由电源供电线路异常、压缩机控制线路继电器及相关部件损坏、中央空调系统中存在过载及压缩机本身故障引起的。

图 12-6 为水冷式中央空调压缩机不起动导致无法起动故障的检修流程。

图 12-6 水冷式中央空调压缩机不起动导致无法起动故障的检修流程

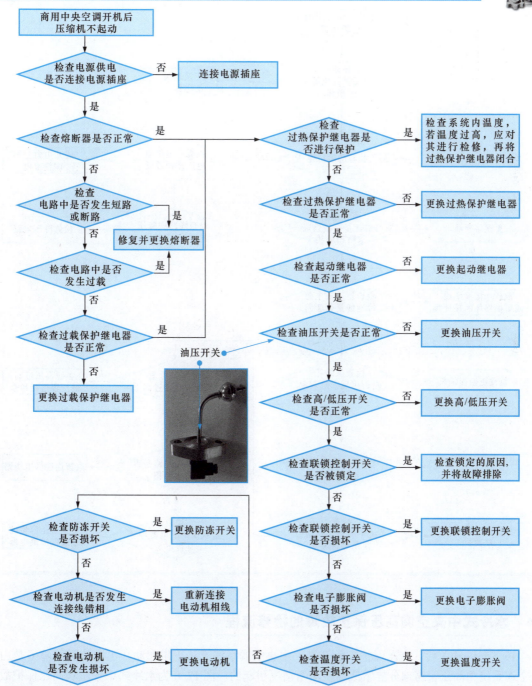

3 水冷式中央空调过载保护故障的检修流程

按下起动开关后，过载保护继电器跳闸，中央空调系统无法起动，出现该类故障主要是由于整个中央空调系统中的负载可能存在短路、断路或超载现象，如电路中电源接地线短路、压缩机卡缸引起负载过重、供电线路接线错误或线路设计中的电器部件参数不符合要求等。

图 12-7 为水冷式中央空调过载保护故障的检修流程。

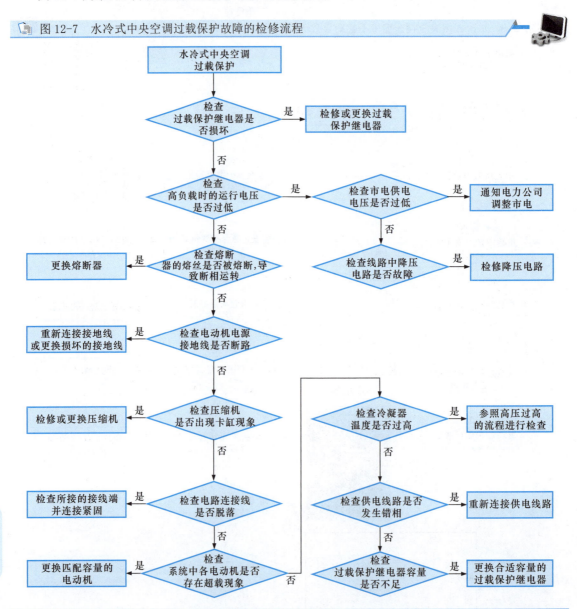

图 12-7　水冷式中央空调过载保护故障的检修流程

4 水冷式中央空调高压保护故障的检修流程

按下起动开关后，高压保护指示灯亮，中央空调系统无法正常起动，出现该类故障多是由中央空调系统中高压管路部分异常或存在堵塞情况引起的。图 12-8 为水冷式中央空调高压保护故障的检修流程。

图 12-8 水冷式中央空调高压保护故障的检修流程

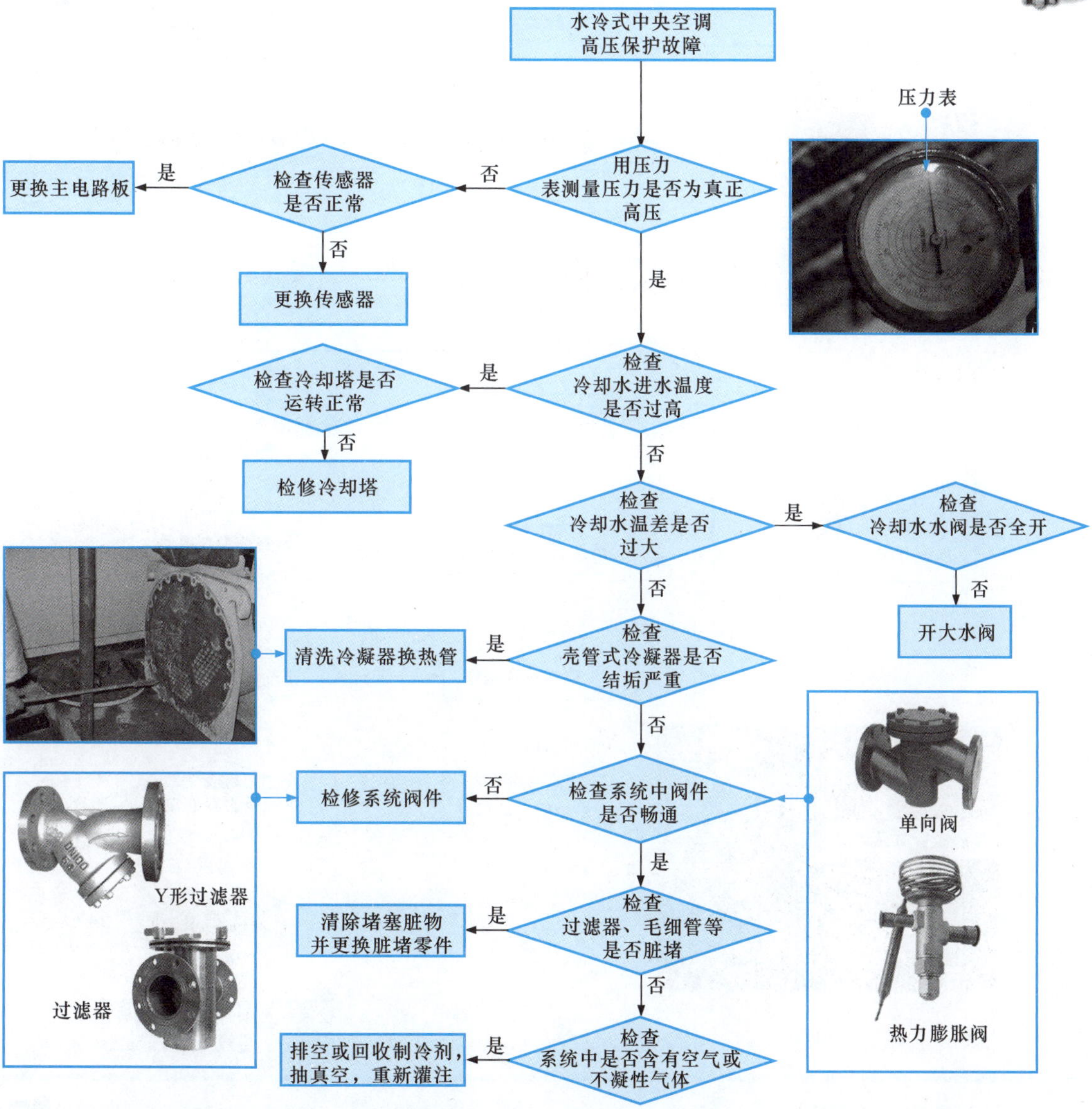

5　水冷式中央空调低压保护故障的检修流程

按下起动开关后，低压保护指示灯亮，中央空调系统无法正常起动，出现该类故障多是由中央空调系统中温度传感器、水温设置异常、水流量异常、系统阀件阻塞、制冷剂泄漏等原因引起的。

图 12-9 为水冷式中央空调低压保护故障的检修流程。

12.2.2　水冷式中央空调制冷或制热效果差故障的检修

图 12-10 为水冷式中央空调制冷或制热效果差的故障特点。

图 12-9　水冷式中央空调低压保护故障的检修流程

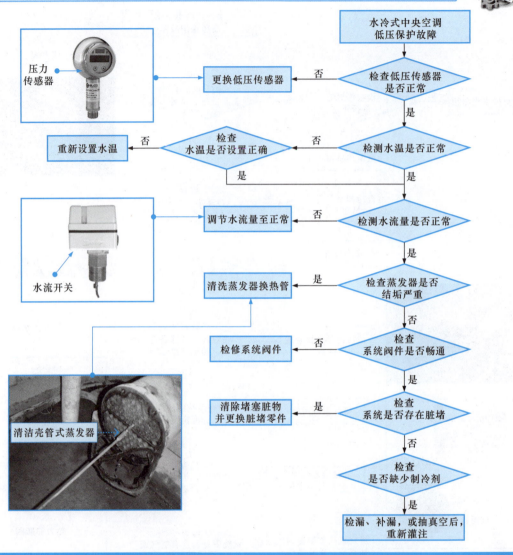

图 12-10　水冷式中央空调制冷或制热效果差的故障特点

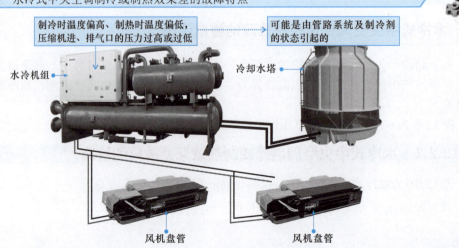

1 管路系统高压（排气压力）过高故障的检修流程

在水冷式中央空调系统运行中，管路系统上的排气压力表显示高压过高，制冷和制热效果差，出现该类故障多是由冷却水流量小或冷却水温度高、制冷剂充注过多、冷负荷大等原因引起的。

图 12-11 为水冷式中央空调管路系统高压（排气压力）过高故障的检修流程。

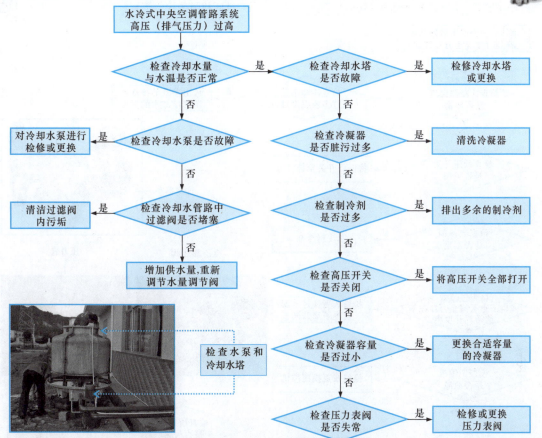

图 12-11　水冷式中央空调管路系统高压（排气压力）过高故障的检修流程

| 提示说明 |

水冷式中央空调系统中压力的概念十分重要。制冷系统在运行时可分高、低压两部分。其中，高压段为从压缩机的排气口至节流阀前，该段也被称为冷凝压力；低压段为从节流阀至压缩机的进气口部分，该段也被称为蒸发压力。

为方便起见，制冷系统的蒸发压力和冷凝压力都在压缩机的吸、排气口检测，即通常所说的压缩机吸、排气压力。冷凝压力接近于蒸发压力，两者之差就是管路的流动阻力。压力损失一般限制在 0.018MPa 以下。检测制冷系统吸、排气压力的目的是要得到制冷系统的蒸发温度与冷凝温度，以此获得制冷系统的运行状况。

制冷系统运行时，排气压力与冷凝温度相对应，冷凝温度与冷却介质的流量和温度、制冷剂的流入量、冷负荷量等有关，在检查时，应在排气管处装一只排气压力表检测排气压力，作为故障分析的重要依据。

2 管路系统高压（排气压力）过低故障的检修流程

在水冷式中央空调系统运行中，管路系统上的排气压力表显示高压过低，制冷、制热效果差，出现该类故障的原因主要有冷凝器温度异常、制冷剂量不足、低压开关未打开、过滤器及膨胀阀不通畅或开度小、压缩机效率低等。

图12-12为水冷式中央空调管路系统高压（排气压力）过低故障的检修流程。

图12-12 水冷式中央空调管路系统高压（排气压力）过低故障的检修流程

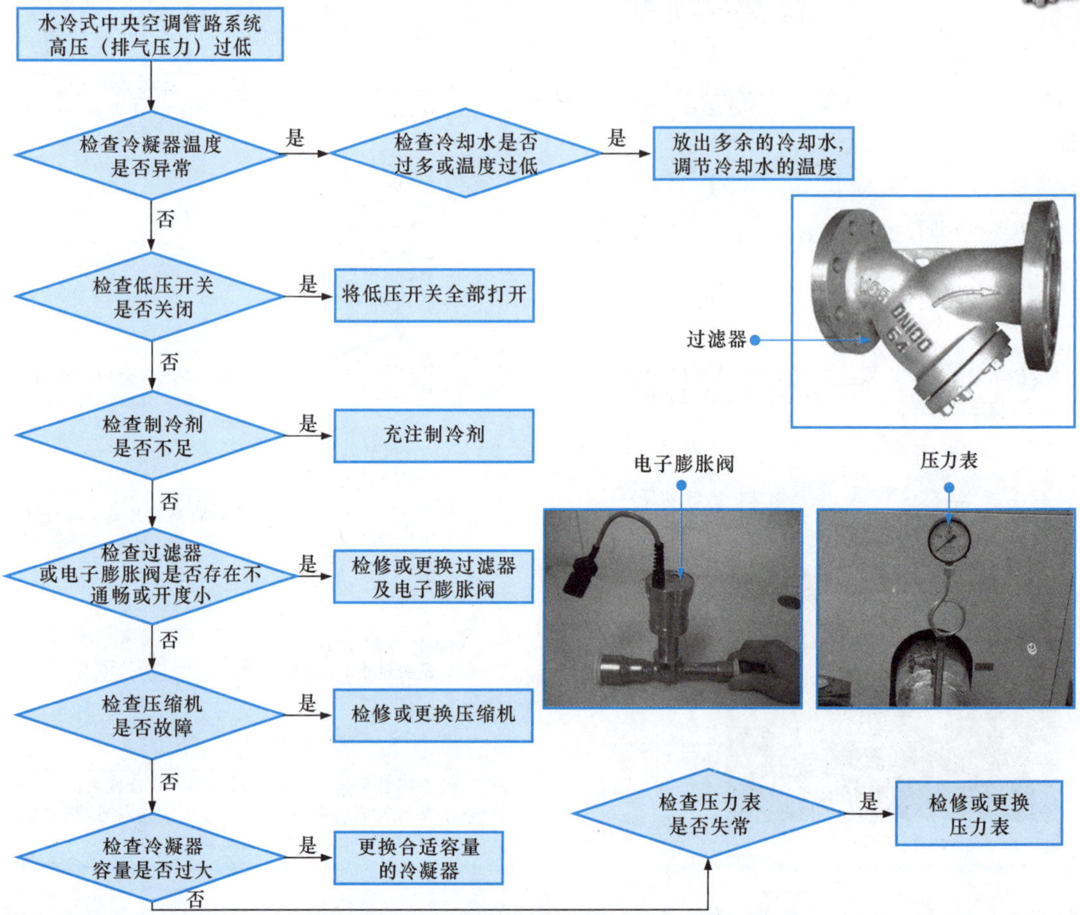

提示说明

水冷式中央空调管路系统高压过低会引起系统的制冷剂流量下降、冷凝负荷小，使冷凝温度下降。另外，吸气压力与排气压力有密切的关系。在一般情况下，吸气压力升高，排气压力也相应上升；吸气压力下降，排气压力也相应下降。

3 管路系统低压（吸气压力）过高故障的检修流程

在水冷式中央空调系统运行中，管路系统上的吸气压力表显示低压过高，制冷、制热效果差，出现该类故障的原因主要有制冷剂不足、冷负荷量小、电子膨胀阀开度小、压缩机效率低等。

图12-13为水冷式中央空调管路系统低压（吸气压力）过高故障的检修流程。

图 12-13 水冷式中央空调管路系统低压（吸气压力）过高故障的检修流程

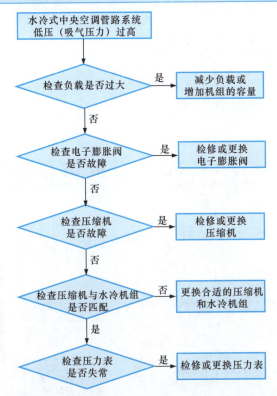

4　管路系统低压（吸气压力）过低故障的检修流程

如图 12-14 所示，在水冷式中央空调系统运行中，管路系统上的吸气压力表显示低压过低，制冷、制热效果差，出现该类故障的原因主要有制冷剂过多、制冷负荷大、电子膨胀阀开度大、压缩机效率低等。

| 相关资料 |

在中央空调系统中，压力和温度都是检测的重要参数。制冷系统中的温度参数主要有蒸发温度（t_e）、冷凝温度（t_c）、排气温度（t_d）、吸气温度（t_s）。

◆ 蒸发温度（t_e）是液体制冷剂在蒸发器内沸腾气化的温度。例如，一般商用空调将 5 ~ 7℃作为最佳蒸发温度。一般蒸发温度无法直接检测，需通过检测对应的蒸发压力而获得蒸发温度（通过查阅制冷剂热力性质表）。

◆ 冷凝温度（t_c）是制冷剂的过热蒸气在冷凝器内放热后凝结为液体时的温度。冷凝温度也不能直接检测，需通过检测对应的冷凝压力而获得（通过查阅制冷剂热力性质表）。

◆ 排气温度（t_d）是压缩机排气口的温度（包括排气口接管的温度），检测排气温度必须有测温装置。排气温度受吸气温度和冷凝温度的影响。吸气温度或冷凝温度升高，排气温度也相应上升，因此要控制吸气温度和冷凝温度才能稳定排气温度。

◆ 吸气温度（t_s）是压缩机吸气连接管的气体温度，检测吸气温度需要测温装置，检修调试时一般用手触摸估测。商用空调的吸气温度一般要求控制在 15℃左右最佳，超过此值，对制冷效果有一定的影响。

图 12-14 水冷式中央空调管路系统低压（吸气压力）过低故障的检修流程

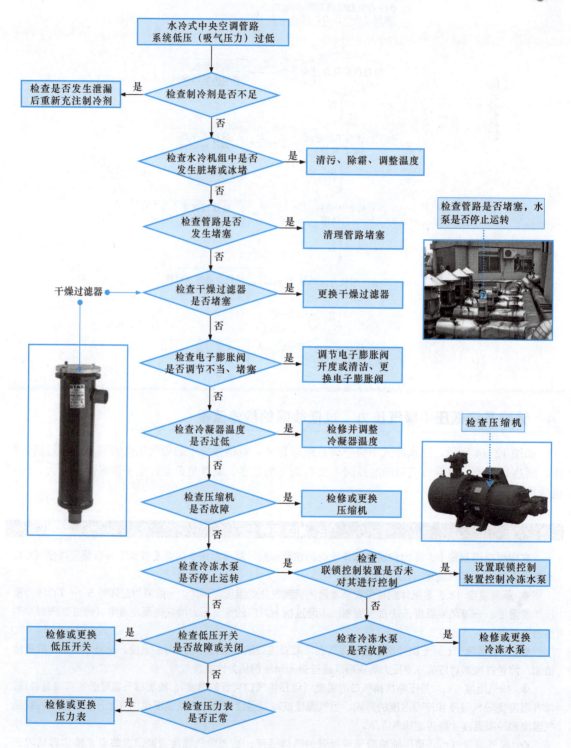

12.2.3 水冷式中央空调压缩机工作异常故障的检修

图12-15所示为水冷式中央空调压缩机工作异常的故障特点。

图12-15 水冷式中央空调压缩机工作异常的故障特点

空调器工作异常，压缩机无法停机，压缩机短时间内循环运转，压缩机有杂音或振动

引起该故障的原因主要是压缩机本身及关联部件出现异常

水冷机组

1 压缩机无法停机故障的检修流程

图12-16为水冷式中央空调压缩机无法停机故障的检修流程。

图12-16 水冷式中央空调压缩机无法停机故障的检修流程

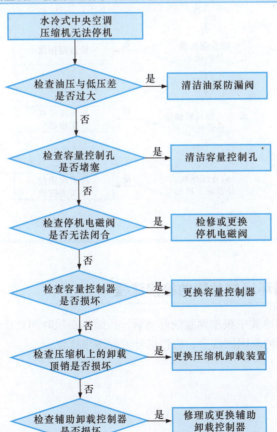

2 压缩机有杂音或振动故障的检修流程

如图 12-17 所示，水冷式中央空调系统起动后，压缩机发出明显的杂音或有明显的振动情况，出现该类故障多是由压缩机内制冷剂量、压缩机避振系统或压缩机联轴器部分异常引起的。

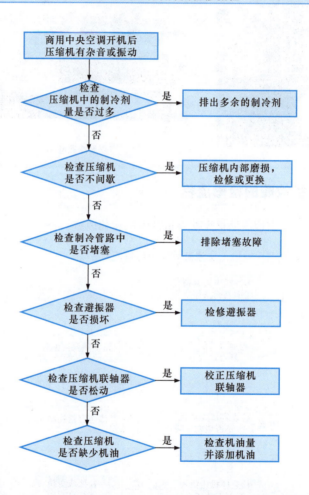

图 12-17 水冷式中央空调压缩机有杂音或振动故障的检修流程

3 压缩机短时间循环运转故障的检修流程

如图 12-18 所示，水冷式中央空调系统起动后，压缩机在短时间处于频繁起动和停止状态，无法正常运行，引起该故障的原因比较多，应按信号流程逐步排查。

图 12-18 水冷式中央空调压缩机短时间循环运转故障的检修流程

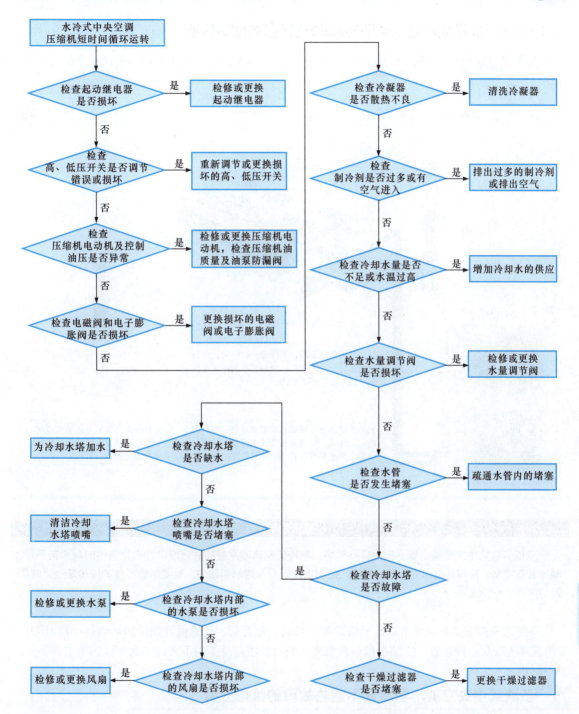

12.3 多联式中央空调常见故障检修

12.3.1 多联式中央空调制冷或制热异常的故障检修

如图 12-19 所示,多联式中央空调制冷或制热异常主要表现为中央空调不制冷或不制热、制冷或制热效果差等。

图 12-19 多联式中央空调制冷或制热异常的故障表现

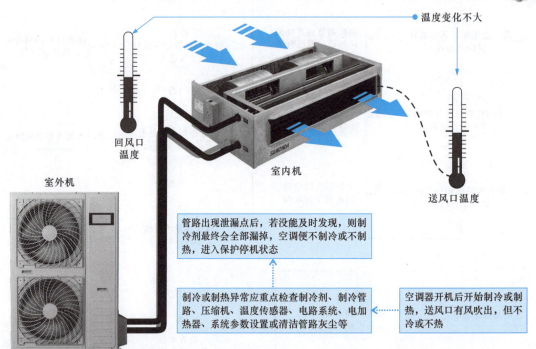

| 提示说明 |

造成多联式中央空调出现不制冷或不制热、制冷或制热效果差的故障通常是由管路中的制冷剂不足、制冷管路堵塞、室内环境温度传感器损坏、控制电路出现异常所引起的,需要结合具体的故障表现,对怀疑的部件逐一检测。

多联式中央空调系统通电后,开机正常,当设定温度后,压缩机开始运转,运行一段时间后,室内温度无变化。经检查,空调送风口的温度与室内环境温度差别不大,由此可以判断空调不制冷或不制热。

1 多联式中央空调不制冷或不制热故障的检修分析

多联式中央空调利用室内机接收室内环境温度传感器送入的温度信号,判断室内温度是否达到制冷要求,并向室外机传输控制信号,由室外机的控制电路控制四通阀换向,同时驱动变频电路工作,进而使压缩机运转,制冷剂循环流动,达到制冷或制热的目的。若多联式中央空调出现不制冷或不制热的故障,应重点检查四通阀和室内环境温度传感器。

图 12-20 为多联式中央空调不制冷或不制热故障的检修流程。

图 12-20 多联式中央空调不制冷或不制热故障的检修流程

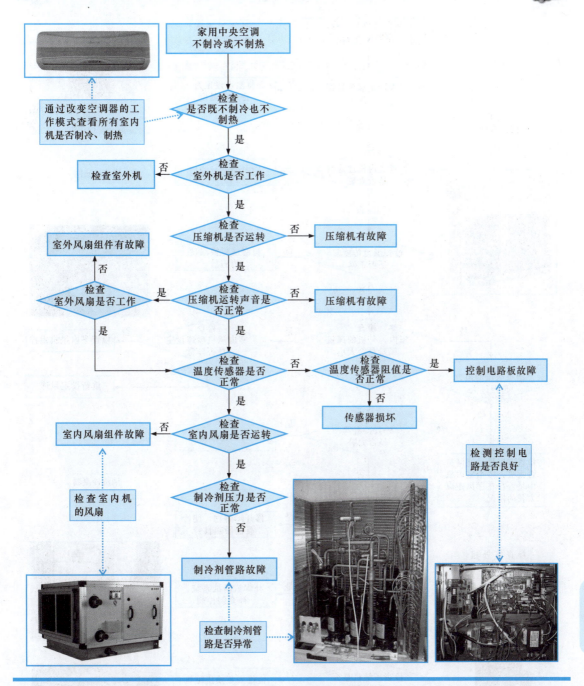

2 多联式中央空调制冷或制热效果差故障的分析流程

多联式中央空调可起动运行，但制冷/制热温度达不到设定要求，应重点检查室内外机的风机、制冷循环系统等是否正常。

图 12-21 为多联式中央空调制冷或制热效果差故障的检修流程。

图 12-21 多联式中央空调制冷或制热效果差故障的检修流程

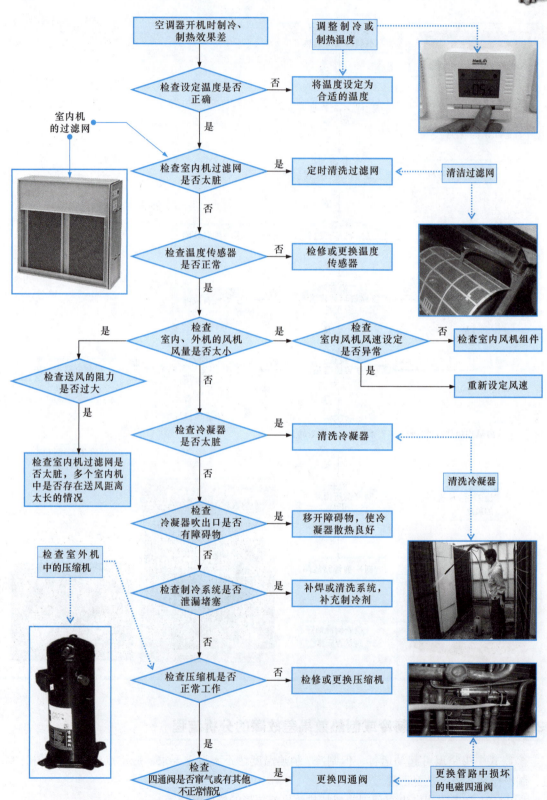

12.3.2 多联式中央空调不开机或开机保护的故障检修

如图 12-22 所示,多联式中央空调不开机或开机保护主要表现为开机跳闸,室外机不起动,开机显示故障代码提示高压保护、低压保护、压缩机电流保护、变频模块保护等。

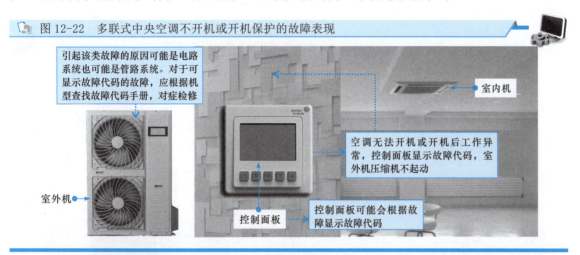

图 12-22 多联式中央空调不开机或开机保护的故障表现

1 多联式中央空调开机跳闸的故障检修流程

如图 12-23 所示,开机跳闸是指中央空调系统通电后正常,开机起动时,出现烧熔丝、电源供电开关跳脱的现象。此种故障可能是由电路系统中存在短路或漏电引起的,应重点检查空调系统的控制线路、压缩机、压缩机起动电容等。

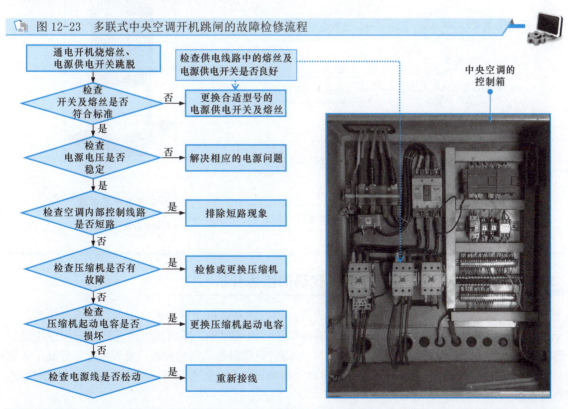

图 12-23 多联式中央空调开机跳闸的故障检修流程

2 多联式中央空调室内机可起动、室外机不起动故障的检修流程

如图 12-24 所示，多联式中央空调系统开机后，室内机运转，室外机压缩机不起动，主要是由室内外机通信不良、室外机压缩机起动部件或压缩机本身不良引起的，应检查室内外机连接线、压缩机起动部件及压缩机。

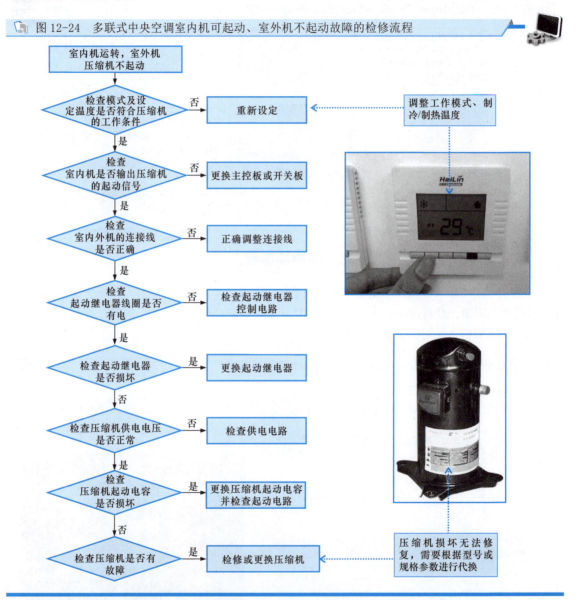

图 12-24 多联式中央空调室内机可起动、室外机不起动故障的检修流程

3 多联式中央空调开机显示故障代码的检修分析

多联式中央空调一般都带有故障代码设定，当出现室内机、室外机自身可识别的故障时，显示屏或指示灯会显示相应的故障指示，如高压保护、低压保护、压缩机电流保护、变频模块保护等，不同故障代码所指示故障的含义不同，且故障代码同时显示在室内机、室外机上与只显示在室内机或室外机上所表示的意义也不相同，可对照故障代码含义表初步判定故障范围，再有针对性地进行检修。

图 12-25 为几种常见故障代码指示故障的检修流程。

图 12-25 几种常见故障代码指示故障的检修流程

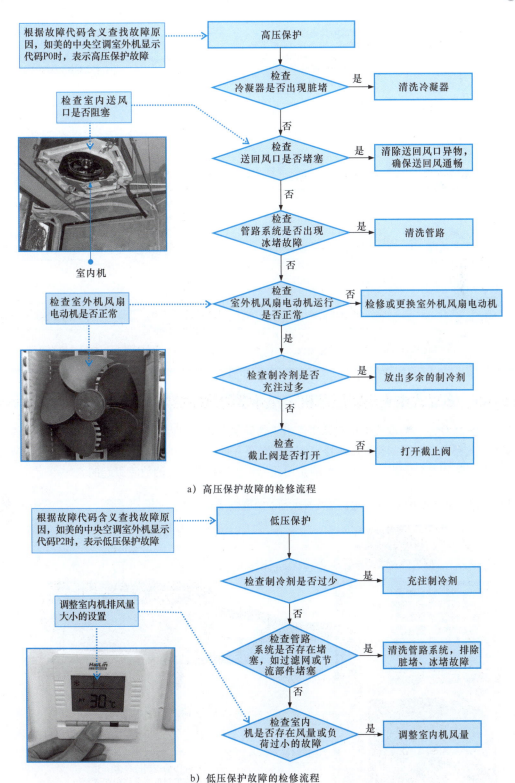

a) 高压保护故障的检修流程

b) 低压保护故障的检修流程

图 12-25 几种常见故障代码指示故障的检修流程（续）

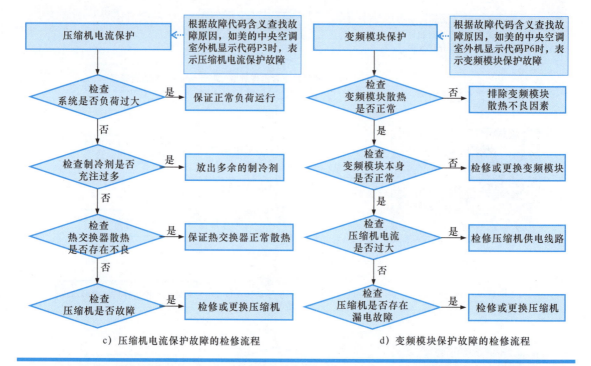

c）压缩机电流保护故障的检修流程　　d）变频模块保护故障的检修流程

12.3.3 多联式中央空调压缩机工作异常的故障检修

如图 12-26 所示，多联式中央空调压缩机工作异常主要表现为压缩机不运转、压缩机起停频繁等，从而引起不制冷（不制热）或制冷（制热）效果差的故障。该类故障通常是由制冷系统或控制电路工作异常所引起的，也有很小的可能是由压缩机出现机械不良的故障引起的。

图 12-26 多联式中央空调压缩机工作异常的故障表现

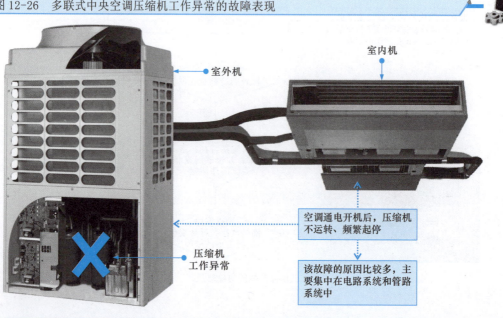

1 多联式中央空调压缩机不运转故障的检修流程

如图 12-27 所示，多联式中央空调室外机一般采用变频压缩机。该类压缩机一般由专门的变频电路或变频模块驱动控制，压缩机不运转时，应重点检查压缩机相关电路。

图 12-27　多联式中央空调压缩机不运转故障的检修流程

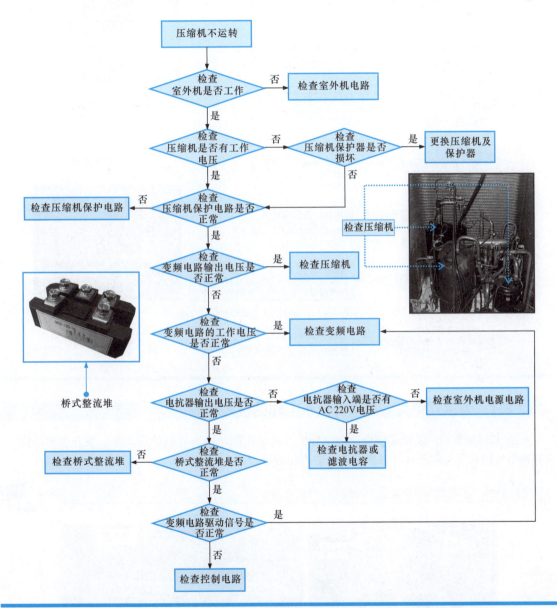

2 多联式中央空调压缩机起停频繁故障的检修流程

多联式中央空调系统通电起动后，压缩机在短时间内频繁起停主要是由电源电压不稳、温度传感器不良及室内外风机故障或系统存在堵塞等引起的。

图 12-28 为多联式中央空调压缩机起停频繁故障的检修流程。

▶ 图 12-28 多联式中央空调压缩机起停频繁故障的检修流程

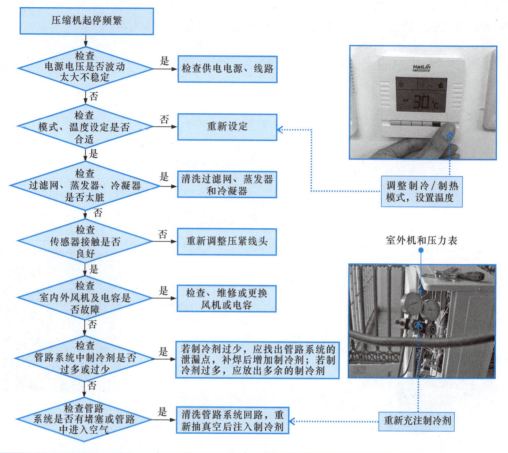

12.3.4 多联式中央空调室外机不工作的故障检修

如图 12-29 所示,多联式中央空调室外机不工作可能是由室外机通信故障、室外机相序错误、室外机地址错误等引起的,可根据空调机型查找故障代码,对症检修。

▶ 图 12-29 多联式中央空调室外机组不工作的故障表现

空调通电开机后,室外机不工作,室内机或室外机出现故障代码

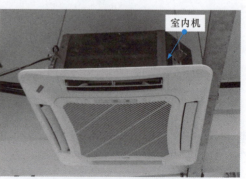

该故障可能是由室外机通信故障、室外机相序错误、室外机地址错误引起的

1 室外机通信故障引起室外机不起动故障的检修流程

如图 12-30 所示,多联式中央空调室外机通信故障是指室外机主机与辅机之间无法连接和起动。该类故障多是由通信设置不当或主控板损坏引起的,应重点检查主机与辅机间的信号线连接、地址码设置及主控板部分是否正常。

图 12-30 室外机通信故障引起室外机不起动故障的检修流程

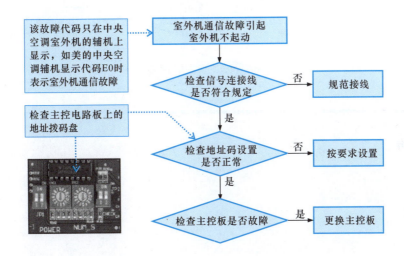

2 室外机相序错误故障引起室外机不起动故障的检修流程

图 12-31 为室外机相序错误引起室外机不起动故障的检修流程。

图 12-31 室外机相序错误引起室外机不起动故障的检修流程

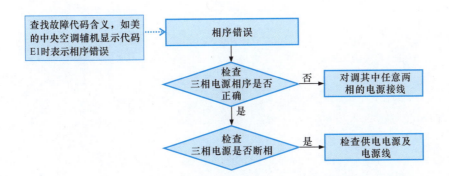

3　室外机地址错误引起室外机不起动的检修流程

图 12-32 为室外机地址错误引起室外机不起动故障的检修流程。

图 12-32　室外机地址错误引起室外机不起动故障的检修流程

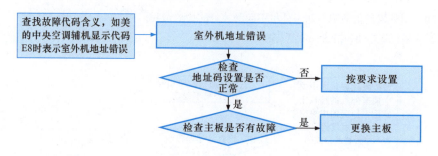

第13章 中央空调管路系统检修技能

13.1 中央空调管路系统的检修分析

13.1.1 中央空调管路系统的特点

1 风冷式风循环中央空调管路系统

图13-1为风冷式风循环中央空调管路系统,包括两大部分,即制冷剂循环系统及风道传输和分配系统。

图13-1 风冷式风循环中央空调管路系统

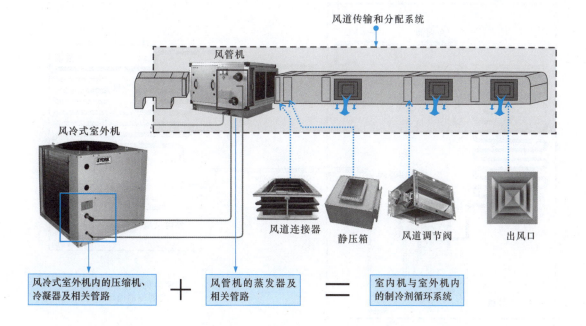

风冷式风循环中央空调制冷剂循环系统由室内机的蒸发器和室外机的冷凝器、压缩机及相关的闸阀组件构成,如图13-2所示。

风冷式风循环中央空调风道传输和分配系统将制冷剂循环系统产生的冷量或热量送入室内实现制冷或制热,除基本的风道外,还包括一些处理部件,如静压箱、风量调节阀、送风口或回风口等。

图 13-2 风冷式风循环中央空调制冷剂循环系统

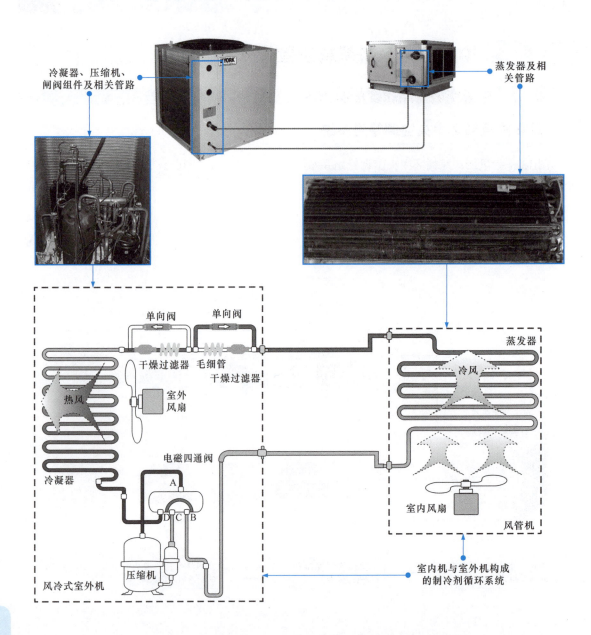

2 风冷式水循环中央空调管路系统

图 13-3 为风冷式水循环中央空调管路系统,可将制冷量或制热量通过水管路送入室内实现热交换,除基本的制冷剂循环系统外,还包括水管路传输和分配系统。

图 13-3 风冷式水循环中央空调管路系统

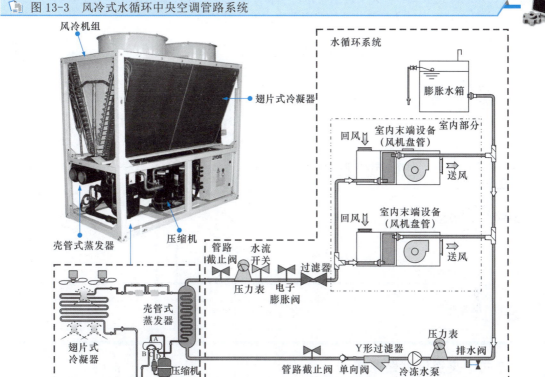

风冷式水循环中央空调制冷剂循环系统设置在风冷机组（室外机）中，如图 13-4 所示。从图中可以看到，制冷剂循环系统全部在风冷式室外机中。风冷式室外机（风冷机组）设有蒸发器、冷凝器、压缩机和闸阀组件等完整的循环系统。

图 13-4 风冷式水循环中央空调制冷剂循环系统

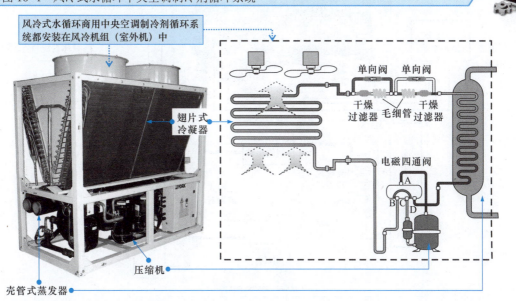

图13-5为风冷式水循环中央空调水管路传输和分配系统。风冷式水循环中央空调制冷剂循环系统产生的冷量或热量通过水管路传输和分配到室内末端设备中。

图13-5 风冷式水循环中央空调水管路传输和分配系统

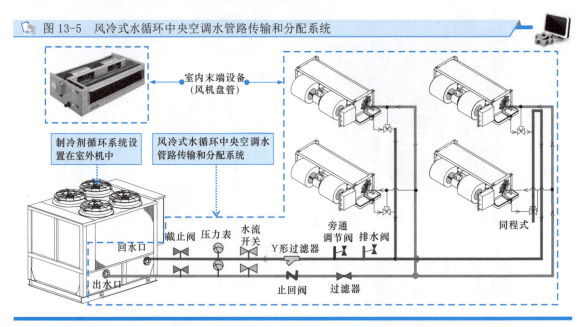

3 水冷式中央空调管路系统

水冷式中央空调管路系统主要包括制冷剂循环和水管路循环两大系统。

图13-6为水冷式中央空调制冷剂循环系统，由蒸发器、冷凝器、压缩机和闸阀组件构成，均安装在水冷式中央空调主机内。

图13-6 水冷式中央空调制冷剂循环系统

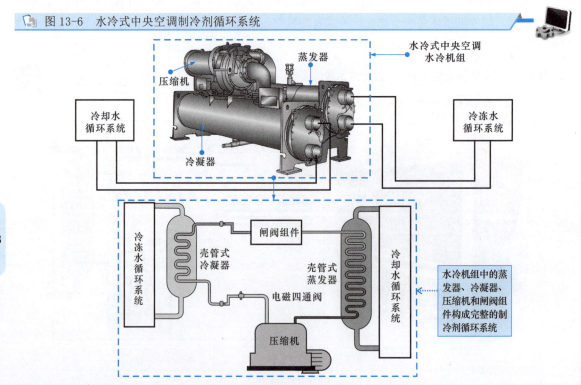

| 提示说明 |

在水冷式中央空调制冷剂循环系统中,制冷剂的循环同样是在蒸发器、冷凝器和压缩机等组件中实现的,不同的是蒸发器、冷凝器和压缩机的结构形式不同。在一般情况下,水冷式中央空调的蒸发器和冷凝器均采用壳管式,压缩机多为离心式和螺杆式。

图 13-7 为水冷式中央空调水管路循环系统。该系统主要是由冷却水塔、水管路闸阀组件、水泵、膨胀水箱及室内末端设备构成的。制冷剂循环系统中的各种热交换过程都是通过水管路循环系统实现的。

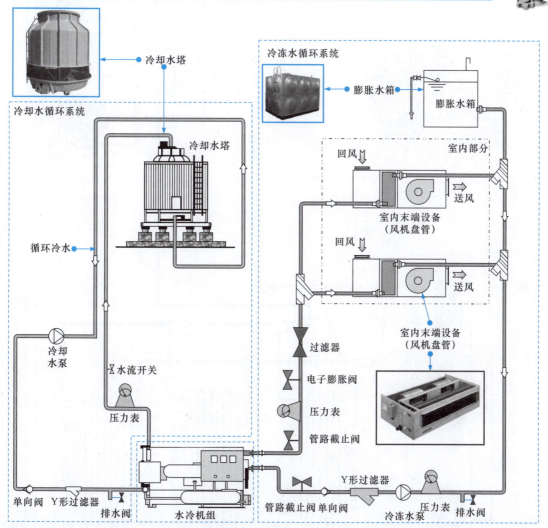

图 13-7　水冷式中央空调水管路循环系统

4　多联式中央空调管路系统

图 13-8 为多联式中央空调管路系统。该系统主要是由室内机的蒸发器和室外机的冷凝器、压缩机、电磁四通阀、干燥过滤器、毛细管、单向阀及电子膨胀阀等部分构成的,通过制冷剂铜管连接并构成循环管路。

图 13-8 多联式中央空调管路系统

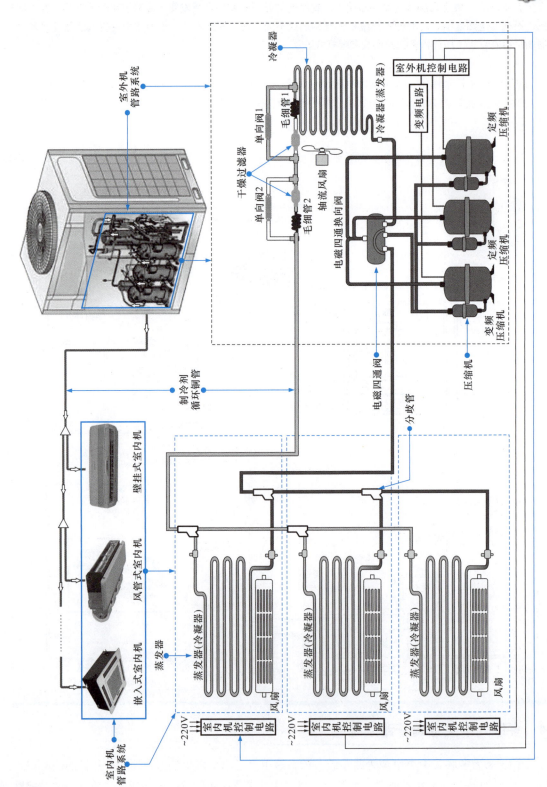

13.1.2 中央空调管路系统检修流程

中央空调管路系统是整个系统中的重要组成部分。管路系统中任何一个部件不良都可能引起中央空调功能失常的故障，最终体现为制冷或制热功能失常和无法实现制冷或制热。当怀疑中央空调管路系统故障时，一般可从系统的结构入手，分别针对不同范围内的主要部件进行检修。

图 13-9 为中央空调管路系统的基本检修流程。

图 13-9 中央空调管路系统的基本检修流程

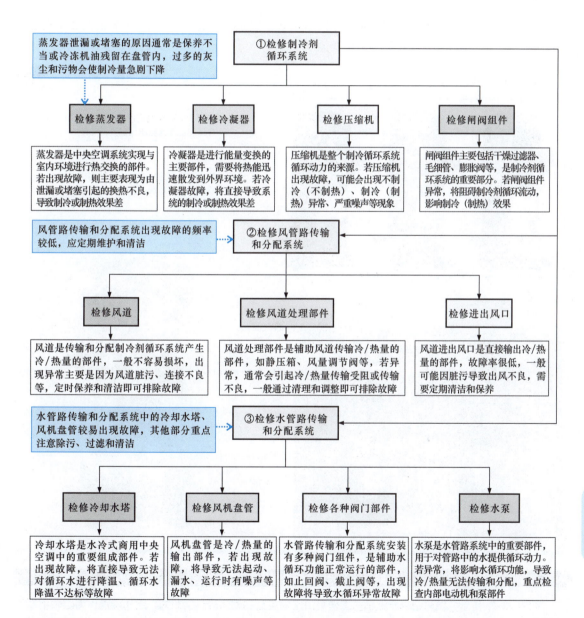

13.2 压缩机的检修

13.2.1 压缩机的特点

压缩机是中央空调制冷剂循环的动力源，可驱动管路系统中的制冷剂往复循环，通过热交换达到制冷或制热的目的。

目前，在中央空调系统中常用的压缩机主要有涡旋式压缩机、螺杆式压缩机和离心式压缩机几种。

1 涡旋式变频压缩机

如图 13-10 所示，多联式中央空调多采用多组涡旋式变频压缩机。这种压缩机的主要特点是驱动压缩机电动机的电源频率和幅度都是可变的。

图 13-10 涡旋式变频压缩机

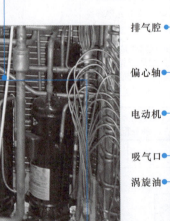
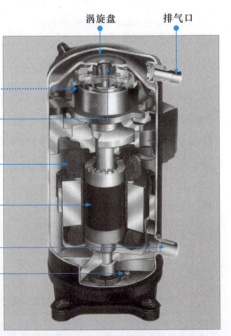

多联式中央空调室外机中多采用多组涡旋式变频压缩机协同工作

定涡旋盘固定在支架上，动涡旋盘由偏心轴驱动，基于轴心运动

涡旋盘　排气口
排气腔
偏心轴
电动机
吸气口
涡旋油

| 提示说明 |

如图 13-11 所示，涡轮结构压缩机的工作是由定涡旋盘和动涡旋盘实现的。定涡旋盘作为定轴不动，动涡旋盘在电动机的带动下围绕定涡旋盘旋转，对压缩机吸入的制冷剂气体进行压缩，使气体受到挤压。当动涡旋盘与定涡旋盘相啮合时，内部的空间不断缩小，使制冷剂气体压力不断增大，最后通过涡旋盘中心的排气管排出。

图 13-11 涡旋式变频压缩机的工作特点

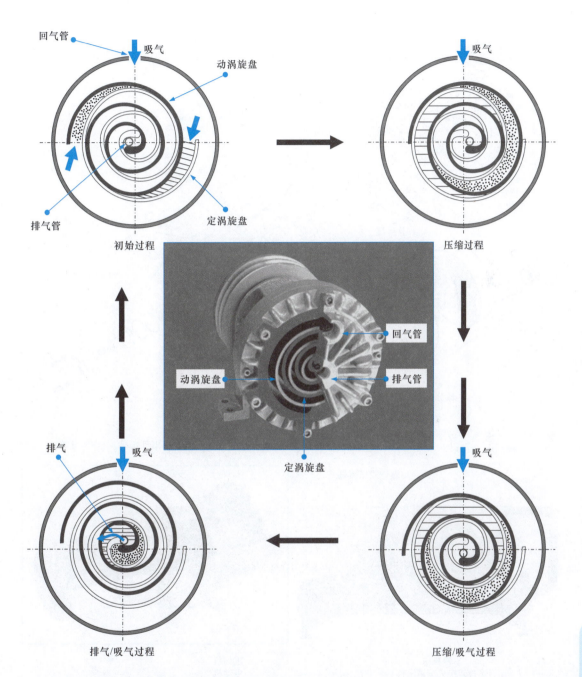

2 螺杆式压缩机

如图 13-12 所示,水冷式中央空调中的冷水机组常采用螺杆式压缩机。这种压缩机是一种容积回转式压缩机。

图 13-12 螺杆式压缩机

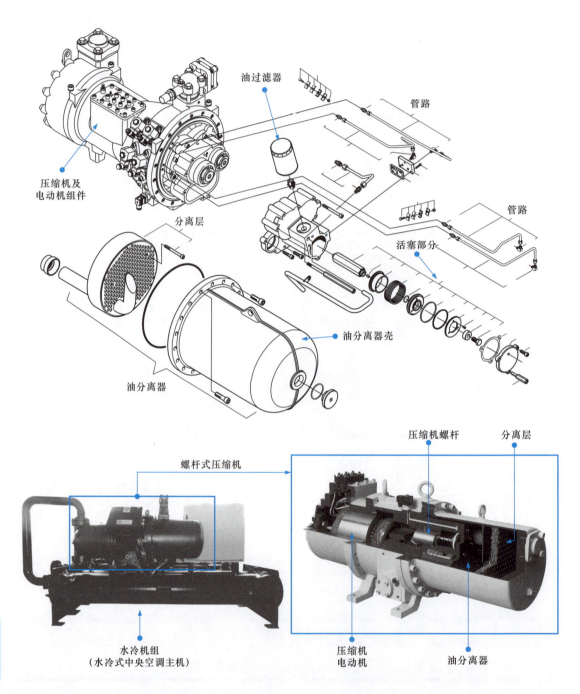

如图 13-13 所示，压缩机及电动机组件主要是由压缩机电动机定子线圈、电动机转子、压缩机螺杆（阴转子、阳转子）、温度检测器、油分离器、分离层、轴承组件、法兰、活塞部分等构成的。

图 13-13 螺杆式压缩机及电动机组件的内部结构

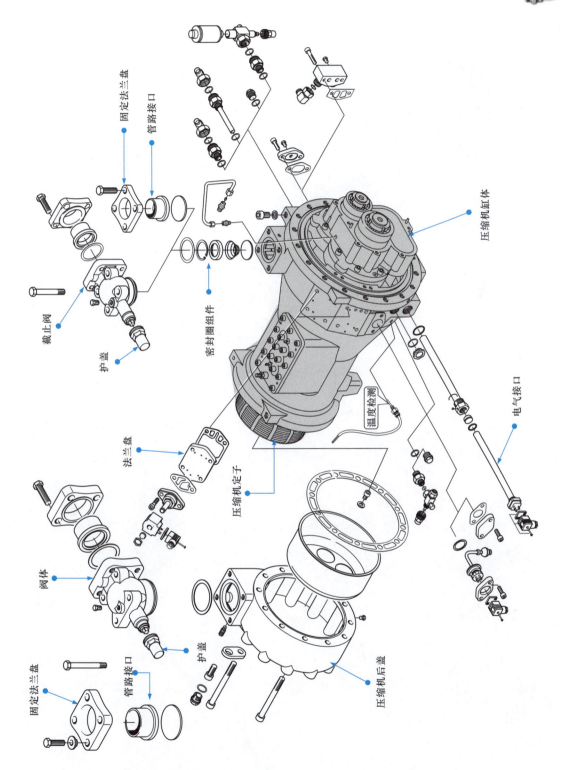

图 13-14 为螺杆式压缩机缸体的内部结构。

图 13-14 螺杆式压缩机缸体的内部结构

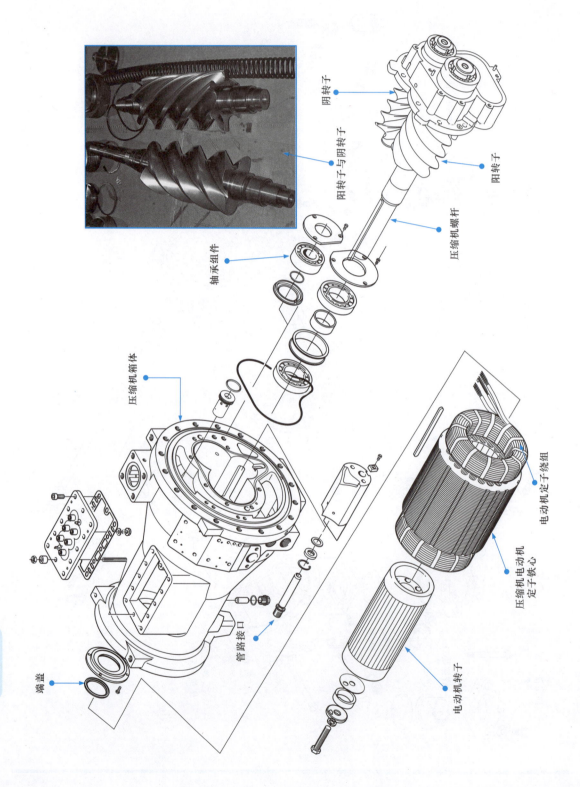

| 提示说明 |

如图 13-15 所示,螺杆式压缩机的工作是依靠啮合运动的阳转子和阴转子,并借助包围这一对转子四周机壳内壁的空间完成的。当螺杆式压缩机开始工作时,进气口吸气,经阳转子、阴转子的啮合运动对气体进行压缩,当压缩结束后,将气体由出气口排出。

图 13-15 螺杆式压缩机的工作特点

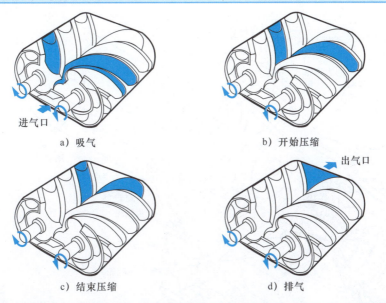

3 离心式压缩机

如图 13-16 所示,离心式压缩机利用内部叶片高速旋转,使速度变化产生压力,具有单机容量大、承载负载能力高、低负载运行时出现间歇停止的特点。

图 13-16 离心式压缩机

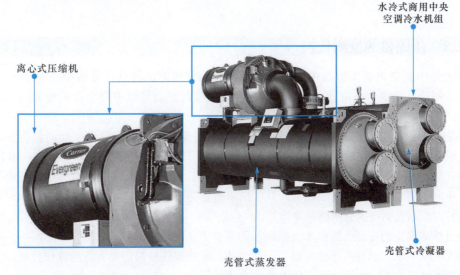

图 13-17 为离心式压缩机的内部结构。

图 13-17 离心式压缩机的内部结构

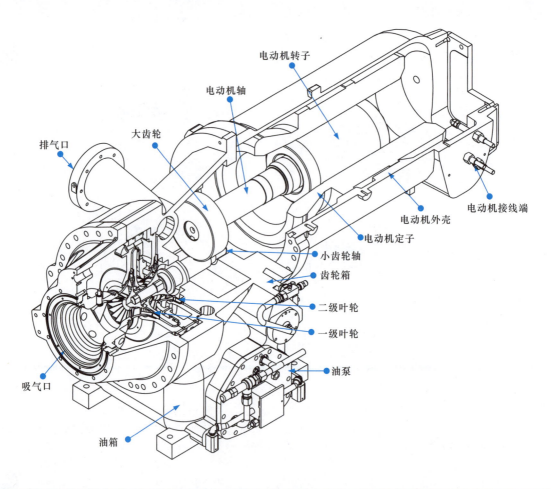

13.2.2 压缩机的检测代换

压缩机是中央空调制冷管路中的核心部件,若出现故障,将直接导致中央空调出现不制冷(不制热)、制冷(制热)效果差、噪声大等现象,严重时还会导致中央空调系统无法起动开机的故障。

以涡旋式变频压缩机为例,若出现异常,需要先将变频压缩机接线端子处的护盖拆下,再使用万用表检测变频压缩机电动机接线端子间的阻值,即可判断是否出现故障,如图 13-18 所示。

变频压缩机电动机多为三相永磁转子式交流电动机。其内部为三相绕组,在正常情况下,三相绕组两两出线端之间均有一定的阻值,且三组阻值是完全相同或非常接近的。若检测时发现有阻值趋于无穷大,则说明绕组有断路故障。

若经过检测确定为变频压缩机本身损坏,则需要更换损坏的变频压缩机。

如图 13-19 所示,螺杆式压缩机属于大型设备,检修或代换都需要专业的操作技能。一旦确定螺杆式压缩机出现故障,应从故障表现入手完成故障检修。

图 13-18 涡旋式变频压缩机的检测

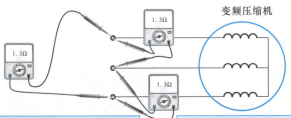
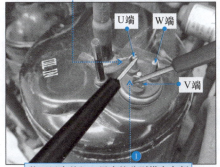
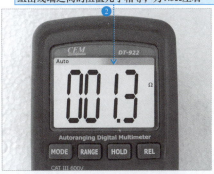

在检测压缩机电动机绕组之前，需要先使用钢丝钳将端子上的引线拆除

U端　W端　V端

将万用表的红、黑表笔分别搭在变频压缩机电动机的任意两个接线柱上，检测任意两相绕组出线端之间的阻值

在正常情况下，变频压缩机电动机任意两相绕组出线端之间的阻值几乎相等，为1.3Ω左右

若检测发现变频压缩机电动机绕组阻值为零或无穷大，均说明压缩机损坏，需选择同型号的压缩机更换

图 13-19 螺杆式压缩机的故障表现与检修方法

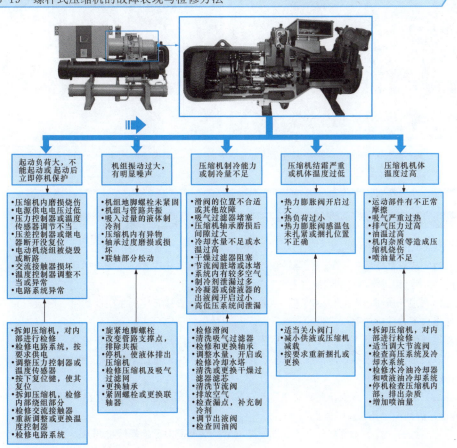

起动负荷大，不能起动或起动后立即停机保护
- 压缩机内磨损烧伤
- 电源供电电压过低
- 压力控制器或温度传感器调节不当
- 压差控制器或继电器断开没复位
- 电动机绕组被烧毁或断路
- 交流接触器损坏
- 温度控制器调整不当或异常
- 电路系统异常

机组振动过大，有明显噪声
- 机组地脚螺栓未紧固
- 机组与管路共振
- 吸入过量的液体制冷剂
- 压缩机内有异物
- 轴承过度磨损或损坏
- 联轴部分松动

压缩机制冷能力或制冷量不足
- 滑阀的位置不合适或其他故障
- 吸气过滤器堵塞
- 压缩机轴承磨损后间隙过大
- 冷却水量不足或水温过高
- 干燥过滤器阻塞
- 节流阀脏堵或冰堵
- 系统内有较多空气
- 制冷剂泄漏过多
- 冷凝器或储液器的出液阀开启过小
- 高低压系统间泄漏

压缩机结霜严重或机体温度过低
- 热力膨胀阀开启过大
- 热负荷过小
- 热力膨胀阀感温包未扎紧或捆扎位置不正确

压缩机机体温度过高
- 运动部件有不正常摩擦
- 吸气严重过热
- 排气压力过高
- 油温过高
- 机内杂质等造成压缩机烧伤
- 喷油量不足

- 拆卸压缩机，对内部进行检修
- 检修电路系统，按要求供电
- 调整压力控制器或温度传感器
- 按下复位键，使其复位
- 拆卸压缩机，检修内部绕组部分
- 检修交流接触器
- 重新调整或更换温度控制器
- 检修电路系统

- 旋紧地脚螺栓
- 改变管路支撑点，排除共振
- 停机，使液体排出压缩机
- 检修压缩机及吸气过滤网
- 更换轴承
- 紧固螺栓或更换联轴器

- 检修滑阀
- 清洗吸气过滤器
- 检修和更换轴承
- 调整水量，开启或检修冷却水塔
- 清洗或更换干燥过滤器滤芯
- 清洗节流阀
- 排放空气
- 检查漏点，补充制冷剂
- 调节出液阀
- 检查回油阀

- 适当关小阀门
- 减小供液或压缩机减载
- 按要求重新捆扎或更换

- 拆卸压缩机，对内部进行检修
- 适当调大节流阀
- 检查高压系统及冷却水系统
- 检修水冷油冷却器和喷液油冷却系统
- 停机检查压缩机内部，排出杂质
- 增加喷油量

若经检测确定为压缩机故障，则需要更换压缩机。通常，涡旋式变频压缩机可整体更换；螺杆式压缩机可进一步排查故障点，更换损坏的功能部件，如图 13-20 所示。

图 13-20 螺杆式压缩机主要部件的更换

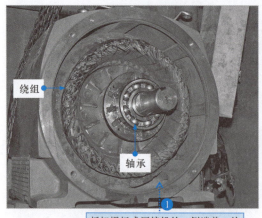

① 拆卸螺杆式压缩机的一侧端盖，检查内部轴承、绕组等部分有无损伤

② 检查轴承中的钢珠有无磨损情况，若磨损严重或出现裂痕，则应更换轴承

③ 拆卸螺杆式压缩机另一侧的端盖及连轴部分，找到阴、阳转子进行检查

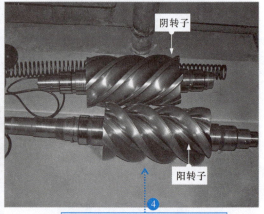

④ 拆下阴、阳转子检查有无明显损伤，若损伤严重，应用同规格的转子更换

| 提示说明 |

检修更换压缩机时应注意：

● 在拆卸损坏的压缩机之前，应当检查制冷系统及电路系统中导致压缩机损坏的原因，再合理更换相关的损坏部件，避免再次损坏的情况发生。

● 必须对损坏压缩机中的制冷剂进行回收，回收过程中要保证空调主机房的空气流通。

● 在选择更换压缩机时，应当尽量选择同厂家同型号的压缩机。

● 将损坏的压缩机取下并更换新压缩机后，应当使用氮气清洁制冷剂循环管路。

● 对系统进行抽真空操作时，应执行多次抽真空操作，保证管路系统内部绝对的真空状态，系统压力达到标准数值。

● 压缩机安装好后，应当在关机状态下充注制冷剂，当充注量达到 60% 之后，将中央空调开机，继续充注制冷剂，达到额定充注量时停止。

● 拆卸压缩机，打开制冷剂管路，更换压缩机后，需要同时更换干燥过滤器。

13.3 电磁四通阀的检修

13.3.1 电磁四通阀的特点

电磁四通阀是一种用于控制制冷剂流向的部件,一般安装在中央空调室外机的压缩机附近,可以通过改变压缩机送出制冷剂的流向改变空调系统的制冷和制热状态。

图 13-21 为电磁四通阀的外形及内部结构。可以看到,电磁四通阀是由四通换向阀与电磁导向阀两个部分组成的,与多个管路连接,换向动作受主控电路控制。

图 13-21 电磁四通阀的外形及内部结构

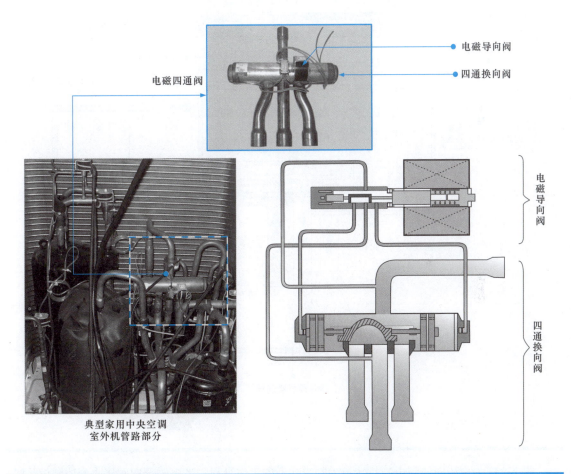

| 提示说明 |

电磁四通阀中的电磁导向阀部分是由阀芯、弹簧、衔铁电磁线圈等构成的;四通换向阀部分是由滑块、活塞与四根连接管路等构成的。四通换向阀上的四根连接管路可以分别连接压缩机的排气孔、压缩机的吸气孔、蒸发器与冷凝器。电磁导向阀部分是通过 3 根毛细管与四通换向阀部分进行连接的。

工作时,当电磁四通阀中的电磁导向阀接收到控制信号后,驱动电磁线圈牵引衔铁运动,电磁铁带动阀芯动作,从而改变毛细管导通的位置。毛细管的导通可以改变管路中的压力,当压力发生改变时,四通换向阀中的活塞带动滑块动作,实现换向工作。

图13-22为电磁四通阀由制冷状态转换成制热状态的工作过程。当电磁导向阀接收到控制信号,使电磁线圈吸引衔铁动作时,衔铁带动阀芯向右移动,导向毛细管E堵塞,导向毛细管F、G导通。由于导向毛细管E堵塞,使区域H内充满高压气体。

在区域I内,通过导向毛细管F、G及连接管C与压缩机回气管相通,形成低压区,当区域H的压强大于区域I的压强时,滑块被活塞带动,向右移动,使连接管C和连接管D相通,连接管A和连接管B相通。

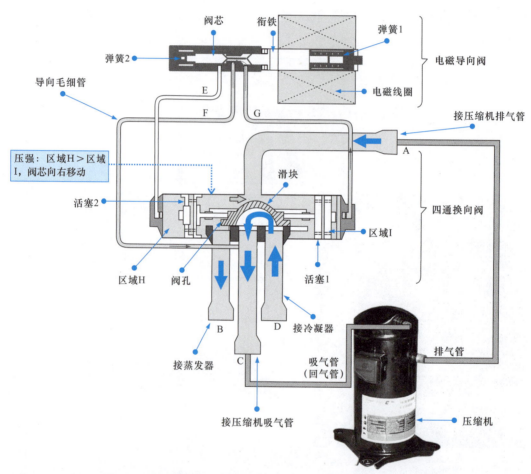

图13-22 电磁四通阀由制冷状态转换成制热状态的工作过程

图13-23为电磁四通阀由制热转换为制冷状态的工作过程。当电磁导向阀接收到控制信号时,使电磁线圈松开衔铁,衔铁带动阀芯向左移动,导向毛细管G堵塞,导向毛细管E与F导通,当区域I的压强大于区域H的压强时,滑块被活塞带动向左移动,使连接管B和连接管C相通,连接管A和连接管D相通。

13.3.2 电磁四通阀的检测代换

电磁四通阀主要用来控制制冷管路中制冷剂的流向,实现制冷、制热时制冷剂的循环。电磁四通阀常出现的故障有线圈断路、线圈短路、无控制信号、控制失灵、内部堵塞、换向阀块不动作、窜气及泄漏等。

图13-23 电磁四通阀由制热转换为制冷状态的工作原理

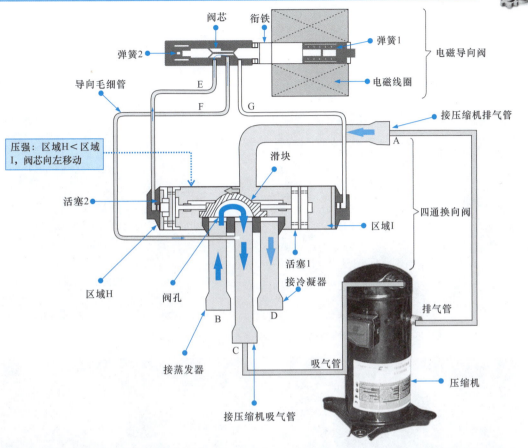

1 电磁四通阀的检漏方法

当电磁四通阀连接管路泄漏时,通常会导致电磁四通阀无动作,可以采用电焊补焊的方式对连接管路重新焊接。电磁四通阀连接管路泄漏的检测方法如图13-24所示。

图13-24 电磁四通阀连接管路泄漏的检测方法

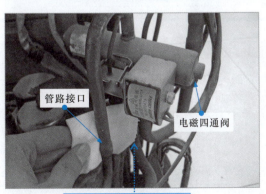

❶ 用白色纸巾擦拭电磁四通阀与制冷剂管路的接口处

❷ 查看是否有油污

2 电磁四通阀内堵或窜气的检修方法

图13-25为电磁四通阀内堵或窜气的检修方法。电磁四通阀内部发生堵塞或窜气时,常会导致电磁四通阀在没有接收到自动换向的指令时进行自行换向动作,或接收到换向指令后,电磁四通阀内部无动作的故障。

图13-25 电磁四通阀内堵或窜气的检修方法

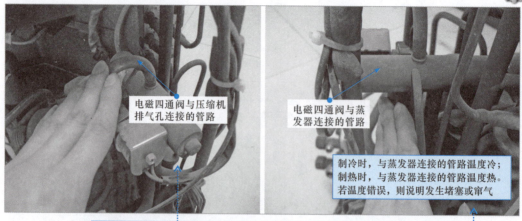

① 用手分别触摸电磁四通阀的4个连接管路,通过与正常温度的对比判定堵塞位置

制冷时,与蒸发器连接的管路温度冷;制热时,与蒸发器连接的管路温度热。若温度错误,则说明发生堵塞或窜气

② 当确定电磁四通阀内部堵塞时,可用木棒轻轻敲击电磁四通阀,使内部的滑块归位

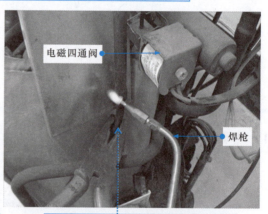

③ 当敲击无法使电磁四通阀恢复正常时,应当选配相同规格的电磁四通阀更换

| 提示说明 |

在正常情况下,电磁四通阀连接管路的温度应符合标准。当温度完全相同时,说明电磁四通阀内部窜气,应进行更换;当温度与正常温度相差过大时,说明电磁四通阀内部发生堵塞,可以通过敲击的方法将故障排除;若仍不能排除,则可以通过更换电磁四通阀排除故障。表13-1为家用中央空调制冷剂循环系统的温度情况说明。

表13-1 家用中央空调制冷剂循环系统的温度情况说明

工作情况	接压缩机排气管	接压缩机吸气管	接蒸发器	接冷凝器
制冷状态	热	冷	冷	热
制热状态	热	冷	热	冷

3 电磁四通阀线圈的检测方法

图13-26为电磁四通阀线圈的检测方法。电磁四通阀内的线圈故障时,会导致电磁四通阀可以正常接收控制信号,但接收到控制信号后发出异常的响声,可以通过检测线圈的绕组阻值进行判断,若出现故障,则应当更换电磁四通阀或线圈。

图13-26 电磁四通阀线圈的检测方法

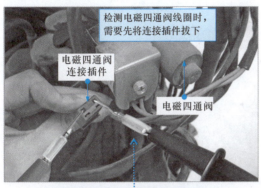

4 电磁四通阀的更换方法

如图13-27所示,电磁四通阀通常安装在室外机变频压缩机的上方,与多根制冷剂管路相连,使用气焊设备和钳子可对电磁四通阀进行拆焊。

图13-27 电磁四通阀的拆卸方法

图 13-28 为电磁四通阀的更换方法。卸下损坏的电磁四通阀后,将与损坏的电磁四通阀相同规格的新电磁四通阀重新焊接到制冷剂管路中即可。

图 13-28 电磁四通阀的更换方法

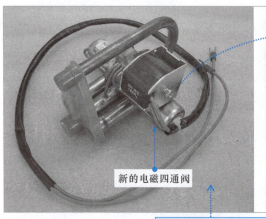
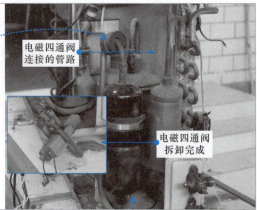

新的电磁四通阀
电磁四通阀连接的管路
电磁四通阀拆卸完成

❶ 选用与原电磁四通阀的规格参数、体积大小等相同的新电磁四通阀进行更换

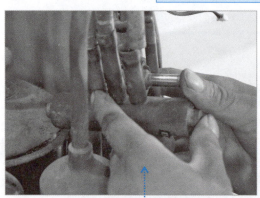

湿布

❷ 将新电磁四通阀放置到原电磁四通阀的位置,注意对齐管路

❸ 在电磁四通阀体上覆盖一层湿布,防止焊接时阀体过热

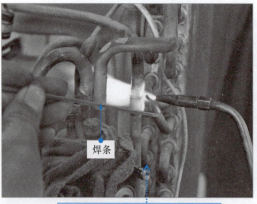

焊条

❹ 使用气焊设备将新电磁四通阀的4根管路分别与制冷剂管路焊接在一起

❺ 焊接完成,进行检漏、抽真空、充注制冷剂等操作后,通电试机,故障被排除

13.4 风机盘管的检修

13.4.1 风机盘管的特点

风机盘管是中央空调系统中非常重要的室内末端设备。其主要作用是将制冷管路输送来的冷量（热量）吹入室内，以实现温度调节。

图 13-29 为风机盘管的结构组成。风机盘管主要是由出水口、进水口、排气阀、凝结水出口、积水盘、管路接口支架、接线盒、回风箱、过滤网、风扇组件、电加热器（可选）、盘管、出风口等部分构成的。

图 13-29 风机盘管的结构组成

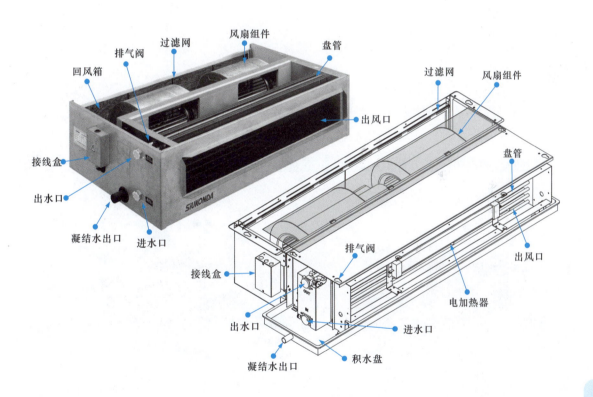

| 提示说明 |

风机盘管中的风扇组件是由电动机座、风扇支架、电动机、风扇叶轮及蜗壳等组成的，如图 13-30 所示。电动机控制蜗壳中的风扇叶轮旋转，从而产生风。

图 13-30　风机盘管中风扇的结构

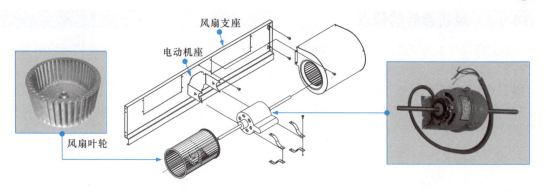

图 13-31 为风机盘管的工作特点。当中央空调系统制冷时，由入水口将冷水送入风机盘管中，冷水会通过盘管循环，风扇组件中的电动机接到起动信号带动风扇运转，使空气通过进风口进入，与风机盘管中的冷水发生热交换，对空气降温，再由风扇将降温后的空气送出，对室内降温。当空气与风机盘管热交换时，容易形成冷凝水，冷凝水进入积水盘，由凝结水出口排出。

当中央空调系统制热时，需要由入水口进入热水，使热水与室内空气热交换，输出热风，当风机盘管中的热水经过热交换后，由出水口流出。

扫一扫看视频

图 13-31　风机盘管的工作特点

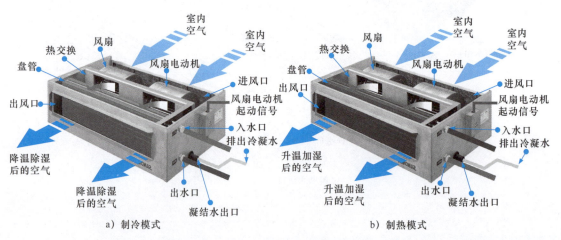

a）制冷模式　　　　　　　　　　　　b）制热模式

13.4.2　风机盘管的检修

风机盘管常见的故障有无法起动、风量小或不出风、风不冷（或不热）、机壳外部结露、漏水、运行中有噪声等，可通过对损坏部位的检修或更换排除故障。

图 13-32 为风机盘管的常见故障检修方法。检修时，应重点针对不同的故障表现进行相应的检修处理。

图 13-32 风机盘管的常见故障检修方法

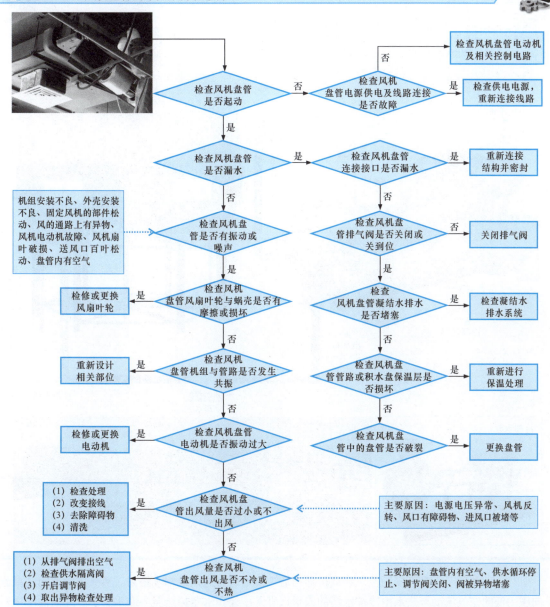

若经检查或检测风机盘管内部功能部件损坏严重，则应对损坏的部件或整个风机盘管进行更换。

13.5 冷却水塔的检修维护

13.5.1 冷却水塔的特点

冷却水塔是水冷式中央空调冷却水循环系统中的重要组成部分。其主要作用是对冷却水进行降温。

如图 13-33 所示，将降温后的水经水管路送到冷凝器中降温。当水与冷凝器进行热交换后，水温升高，由冷凝器的出水口流出，经冷却水泵循环后，再次送入冷却水塔中降温，冷却水塔再将降温后的水送入冷凝器，再次进行热交换，从而形成一套完整的冷却水循环系统。

图 13-33 冷却水塔的作用

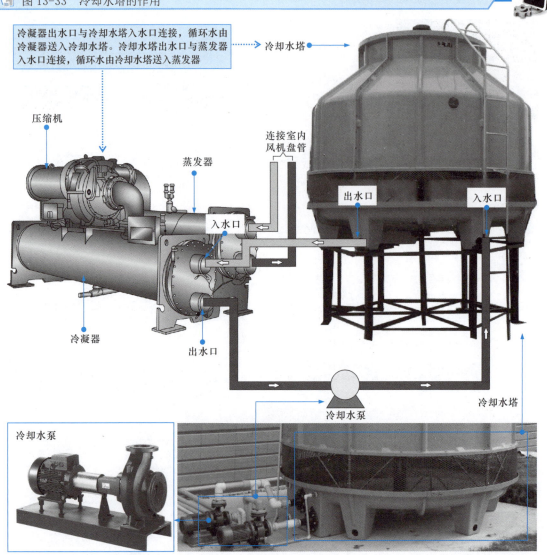

如图 13-34 所示,当干燥的空气经风机抽动后,由进风窗进入冷却水塔内,蒸气压力大的高温分子向压力低的空气流动,热水由冷却水塔的入水口进入,经布水器后送至各布水管中,并向淋水填料中喷淋。当与空气接触后,空气与水直接进行传热形成水蒸气,水蒸气与新进入的空气之间存在压力差,在压力差的作用下进行蒸发,从而达到蒸发散热,即可将水中的热量带走,达到降温的目的。

进入冷却水塔的空气为低湿度的干燥空气,在水与空气之间存在明显的水分子浓度差和动能压力差。当冷却水塔中的风机运行时,在塔内静压的作用下,水分子不断蒸发,形成水蒸气分子,剩余水分子的平均动能会降低,使循环水的温度下降。

13.5.2 冷却水塔的检测维护

冷却水塔由内部的风扇电动机控制风扇扇叶,并由风扇吹动空气使冷却水塔的淋水填料中的水与空气进行热交换。冷却水塔出现故障主要表现为无法对循环水进行降温、循环水降温不达标等。该类故障多是由冷却水塔风扇电动机故障引起风扇停转、布水管内部堵塞无法进行均匀的布水、淋水填料老化、冷却水塔过脏等造成的,检修时可重点从这几个方面逐步排查。

◆ 图 13-34 冷却水塔的工作特点

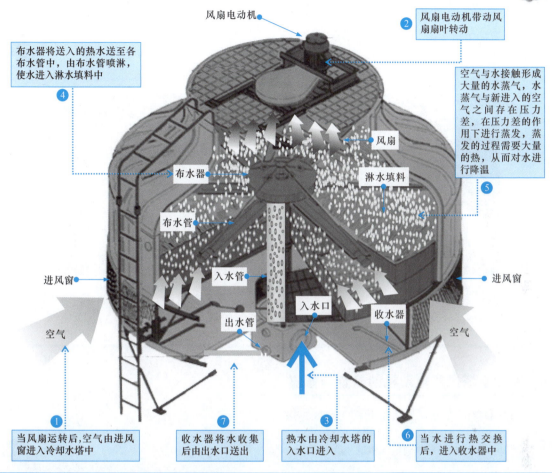

1 冷却水塔外壳的检查与修复

图 13-35 为冷却水塔外壳的检查与修复。

◆ 图 13-35 冷却水塔外壳的检查与修复

2　冷却水塔风扇扇叶的检查与代换

图 13-36 为冷却水塔风扇扇叶的检查与代换。

图 13-36　冷却水塔风扇扇叶的检查与代换

 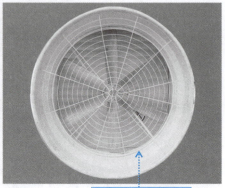

❶ 检查冷却水塔内的风扇扇叶是否损坏

❷ 若损坏，应使用相同规格的风扇扇叶代换

3　冷却水塔风扇电动机的检查与修复

图 13-37 为冷却水塔风扇电动机的检查与修复。

图 13-37　冷却水塔风扇电动机的检查与修复

❶ 检查风扇电动机能否正常起动，扇叶能否正常运转

❷ 检查风扇的轴承部分是否润滑，根据实际情况判断是否需要补充润滑油

4　冷却水塔淋水填料的检查与更换

图 13-38 为冷却水塔淋水填料的检查与更换。

图 13-38 冷却水塔淋水填料的检查与更换

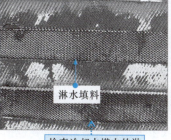
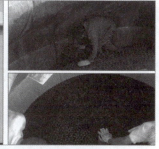

❶ 检查冷却水塔中的淋水填料是否发生老化

❷ 选择规格、材料、类型与原淋水填料相同的淋水填料后，进入冷却水塔内部，将损坏的淋水填料更换

5　冷却水塔内部的清污处理

图 13-39 为冷却水塔内部的清污处理。

图 13-39 冷却水塔内部的清污处理

❶ 检查冷却水塔内部脏污是否过多

❷ 使用高压水枪将冷却水塔内部的脏污清除

第14章 中央空调电路系统的检修技能

14.1 中央空调电路系统的检修分析

14.1.1 风冷式中央空调电路系统的特点

图14-1为典型风冷式中央空调电路系统的结构特点。风冷式中央空调电路系统主要包括室外机电气控制箱及相关电气部件和室内机控制及遥控、远程控制系统等部分。

图14-1 风冷式中央空调电路系统

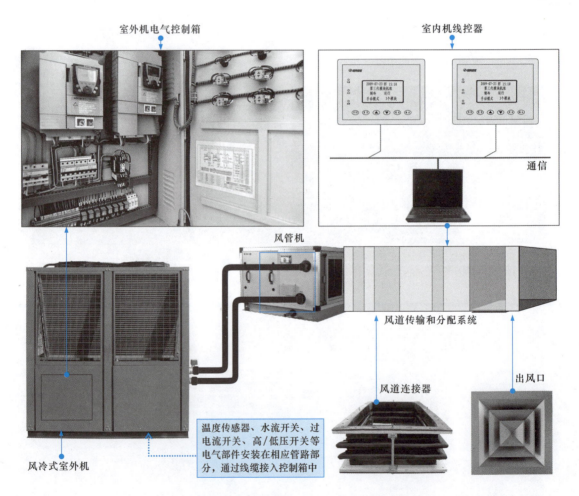

图14-2为风冷式中央空调的电气原理图。

图 14-2 风冷式中央空调的电气原理图

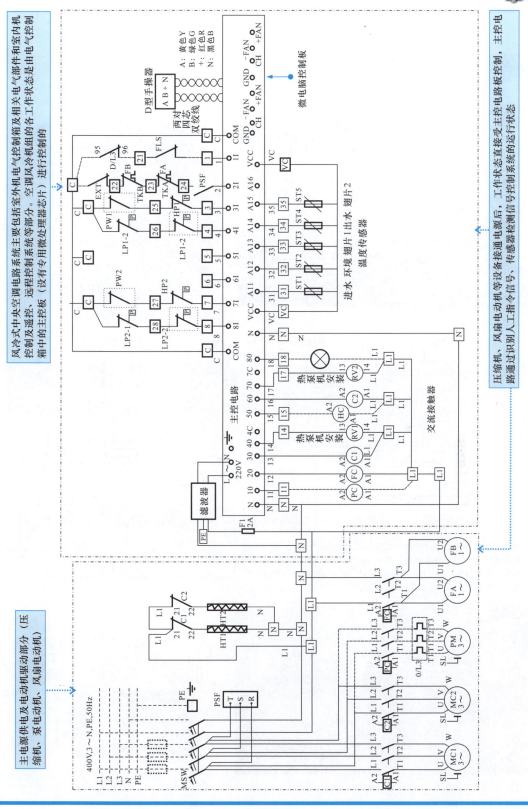

14.1.2 水冷式中央空调电路系统的特点

如图 14-3 所示,水冷式中央空调电路系统主要包括电路控制柜,传感器、检测开关等电气部件,压缩机、水泵等电气设备,室内线控器或遥控器及相关电路部分。

图 14-3 水冷式中央空调的电路系统

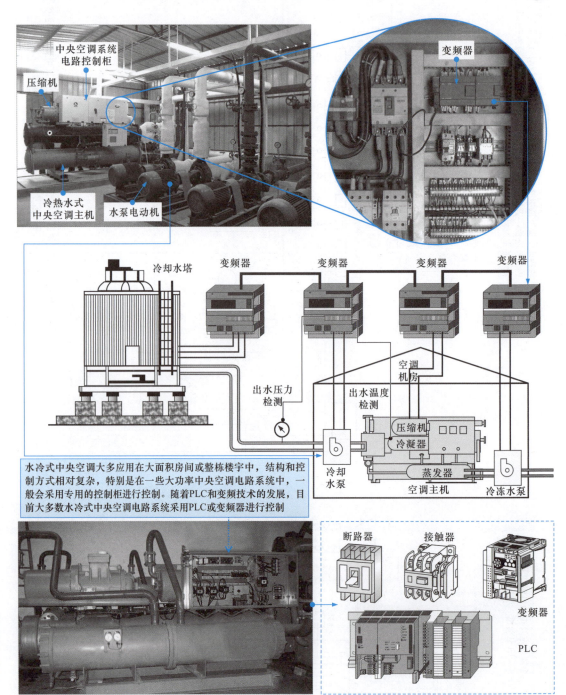

1 采用变频器控制的水冷式中央空调电路系统

图 14-4 为采用变频器控制的水冷式中央空调电路系统。该电路采用 3 台西门子通用型变频器分别控制中央空调系统中的回风机电动机 M1 和送风机电动机 M2、M3。

图 14-4　采用变频器控制的水冷式中央空调电路系统

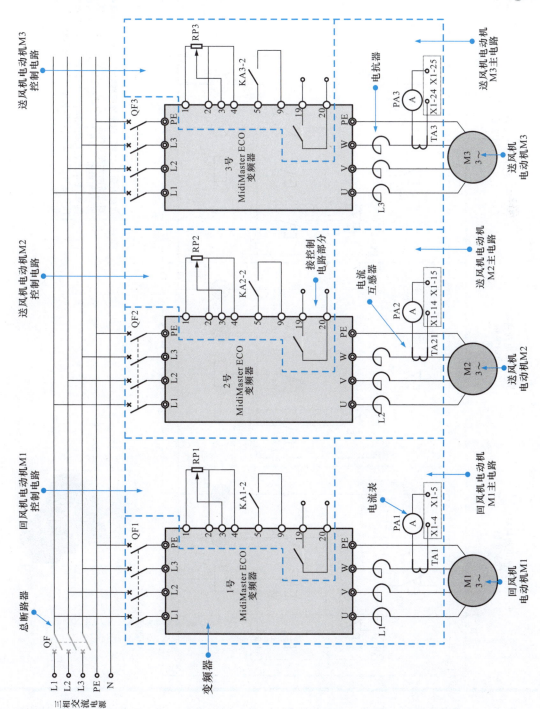

图 14-4 采用变频器控制的水冷式中央空调电路系统（续）

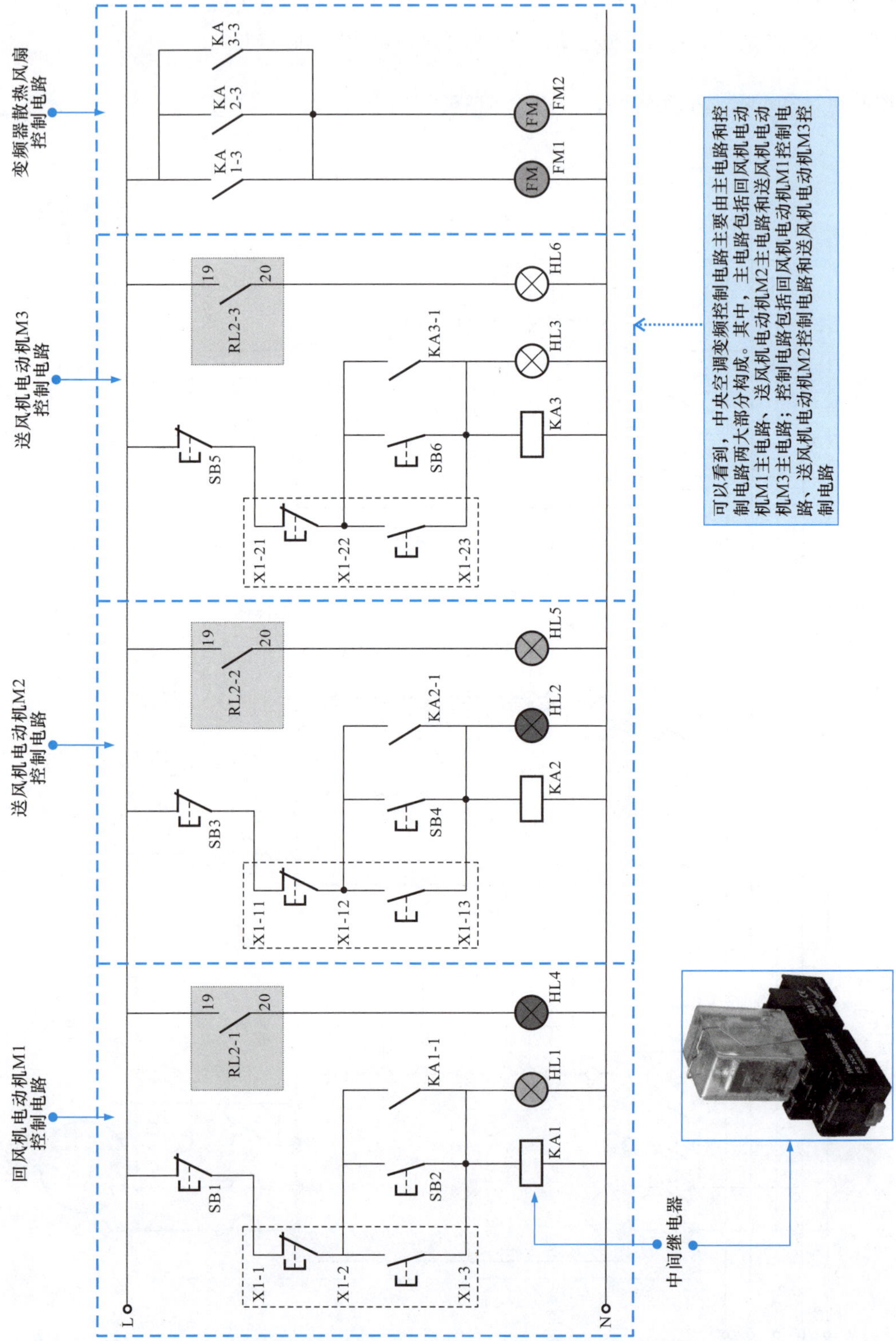

可以看到，中央空调变频控制电路主要由主电路和控制电路两大部分构成。其中，主电路包括回风机电动机M1主电路、送风机电动机M2主电路；控制电路包括回风机电动机M1控制电路、送风机电动机M2控制电路和送风机电动机M3控制电路。

变频器散热风扇控制电路
送风机电动机M3控制电路
送风机电动机M2控制电路
回风机电动机M1控制电路

中间继电器

在中央空调变频控制电路中，回风机电动机 M1、送风机电动机 M2 和 M3 的电路结构和变频控制关系均相同。图 14-5 为回风机电动机 M1 的变频起动控制过程。

图 14-5 回风机电动机 M1 的变频起动控制过程

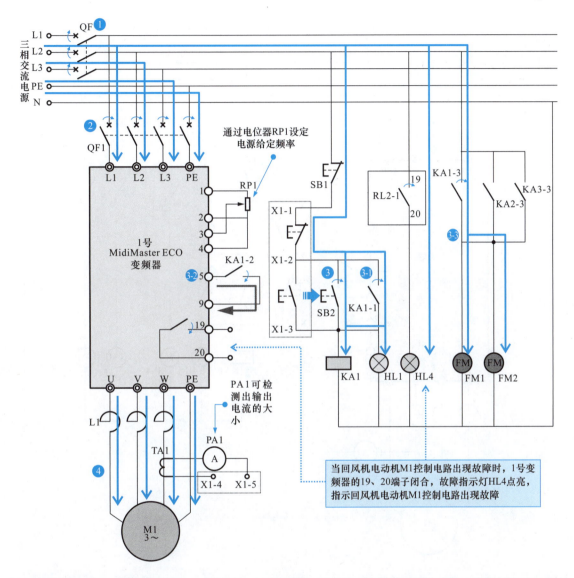

【1】合上总断路器 QF,接通三相电源。

【2】合上断路器 QF1,1号变频器得电。

【3】按下起动按钮 SB2,中间继电器 KA1 线圈得电。

　　【3-1】KA1 常开触头 KA1-1 闭合,实现自锁功能,同时运行指示灯 HL1 点亮,指示回风机电动机 M1 起动工作。

　　【3-2】KA1 常开触头 KA1-2 闭合,变频器接收到变频起动指令。

　　【3-3】KA1 常开触头 KA1-3 闭合,接通变频柜散热风扇 FM1、FM2 的供电电源,散热风扇 FM1、FM2 起动工作。

【4】变频器内部主电路开始工作,U、V、W 端输出变频驱动信号,信号频率按预置的升速时间上升至频率给定电位器设定的数值,回风机电动机 M1 按照给定的频率运转。

图 14-6 为回风机电动机 M1 的变频停机控制过程。

图 14-6 回风机电动机 M1 的变频停机控制过程

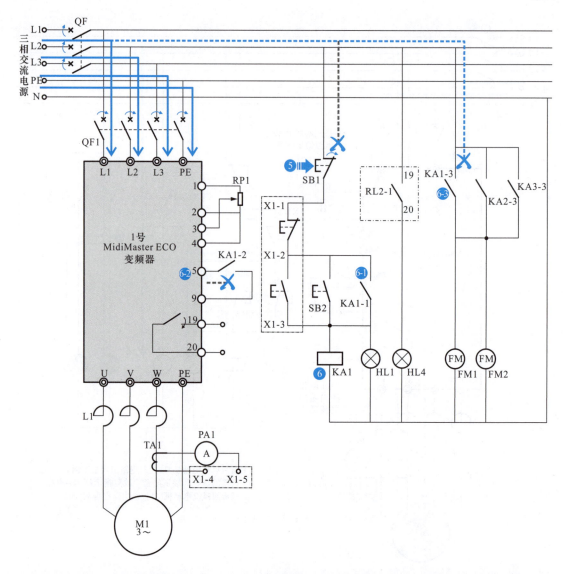

【5】按下停止按钮 SB1,运行指示灯 HL1 熄灭。

【6】中间继电器 KA1 线圈失电,触头全部复位。

　　【6-1】KA1 的常开触头 KA1-1 复位断开,解除自锁功能。

　　【6-2】KA1 常开触头 KA1-2 复位断开,变频器接收到停机指令。

　　【6-3】KA1 常开触头 KA1-3 复位断开,切断变频柜散热风扇 FM1、FM2 的供电电源,FM1、FM2 停止工作。

【7】经变频器内部电路处理,由 U、V、W 端输出变频停机驱动信号,加到回风机电动机 M1 的三相绕组上,M1 转速降低,直至停机。

在中央空调系统中,送风机电动机 M2、送风机电动机 M3 的变频起动、停机控制过程与回风机电动机 M1 的控制过程相似,可参照上述分析了解具体过程。

2 采用变频器与 PLC 组合控制的水冷式中央空调电路系统

图 14-7 为由西门子变频器和 PLC 构成的水冷式中央空调电路系统。该控制系统主要由西门子变频器（MM430）、PLC 触摸屏（西门子 S7-200）等构成。

图 14-7 由西门子变频器和 PLC 构成的水冷式中央空调电路系统

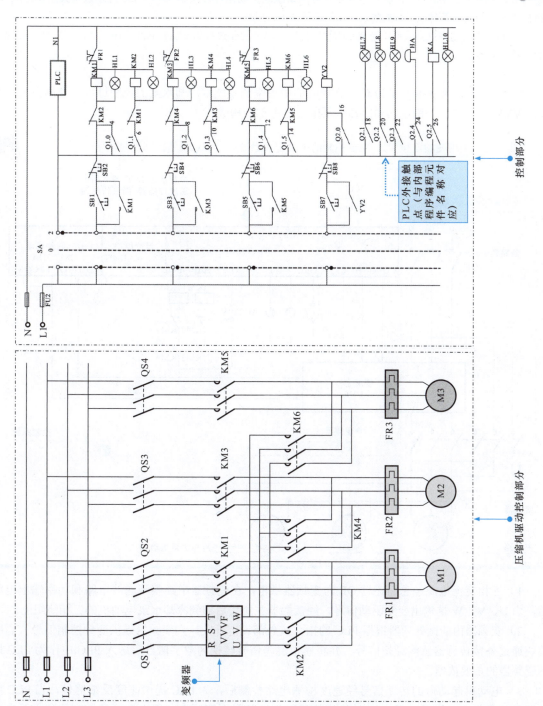

| 提示说明 |

图 14-7 中，中央空调三台风扇电动机 M1～M3 有两种工作形式：一种是受变频器 VVVF 和交流接触器 KM2、KM4、KM6 的变频控制；另一种是受交流接触器 KM1、KM3、KM5 的定频控制。

在主电路部分，QS1～QS4 分别为变频器和三台风扇电动机的电源断路器；FR1～FR3 为三台风扇电动机的过热保护继电器。

在控制电路部分，PLC 控制该中央空调送风系统的自动运行；按钮 SB1～SB8 控制该中央空调送风系统的手动运行。这两种运行方式的切换受转换开关 SA 控制。

由 PLC 构成的中央空调系统受 PLC 内程序控制，具体控制过程需要结合 PLC 程序（梯形图）具体理解，这里不再重点讲述。

图 14-8 为采用变频器和 PLC 组合控制的中央空调系统中冷却水泵的控制过程。控制系统由变频器 VVVF、PLC、外围电路和冷却水泵电动机等部分构成。

图 14-8 采用变频器和 PLC 组合控制的中央空调系统中冷却水泵的控制过程

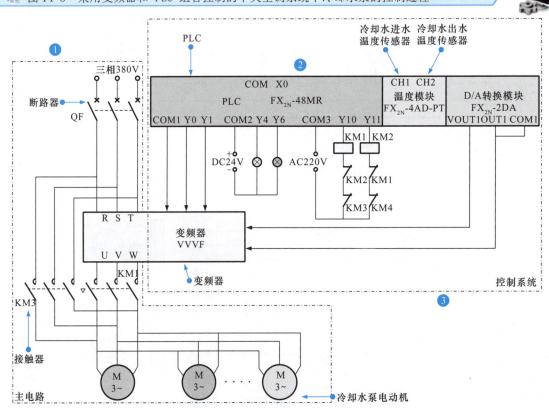

1）三相交流电源经总断路器 QF 为变频器供电，在变频器中经整流滤波电路和功率输出电路后，由 U、V、W 端输出变频驱动信号，经接触器主触头后加到冷却水泵电动机的三相绕组上。

2）变频器内的微处理器根据 PLC 的指令或外部设定开关，为变频器提供变频控制信号；温度模块通过外接传感器感测温差信号，并将模拟温差信号转换为数字信号后送入 PLC 中作为 PLC 控制变频器的重要依据。

3）电动机起动后的转速信号经速度检测电路检测后，为 PLC 提供速度反馈信号，当 PLC 根据温差信号做出识别后，经 D/A 转换模块输出调速信号至变频器，再由变频器控制冷却水泵电动机的转速。

| 提示说明 | |

一般来说，在用PLC进行控制的过程中，除了接收外部的开关信号以外，还需要对很多连续变化的物理量进行监测，如温度、压力、流量、湿度等。其中，温度的检测和控制是不可缺少的，在通常情况下是将温度传感器感测到的连续变化的物理量变为电压或电流信号，再将这些信号连接到适当的模拟量输入模块的接线端上，经过模块内的A/D转换器后，将数据送入PLC内进行运算或处理，通过PLC输出接口输出到设备中。

14.1.3 多联式中央空调电路系统的特点

图14-9为典型多联式中央空调的结构特点。这种中央空调的电路系统分布在室外机和室内机两个部分。电路之间、电路与电气部件之间由接口及电缆实现连接和信号传输。

图14-9 典型多联式中央空调的结构特点

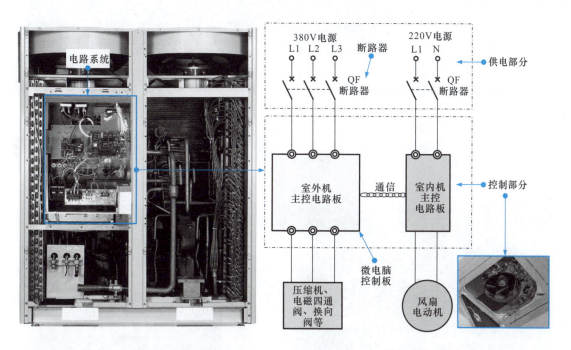

1 多联式中央空调室内机电路系统

如图14-10所示，多联式中央空调室内机有多种类型，不同类型室内机电路系统的安装位置和结构组成不同，但基本都是由主控电路板和操作显示电路板两块电路板构成的。

2 多联式中央空调室外机电路系统

多联式中央空调室外机电路系统一般安装在室外机前面板的下方，打开前面板后即可看到，如图14-11所示。

如图14-12所示，在中央空调系统中，连接交流电源并进行滤波的电路被称为交流输入电路，在该电路中一般还设有防雷击电路。

图 14-10 多联式中央空调室内机电路系统

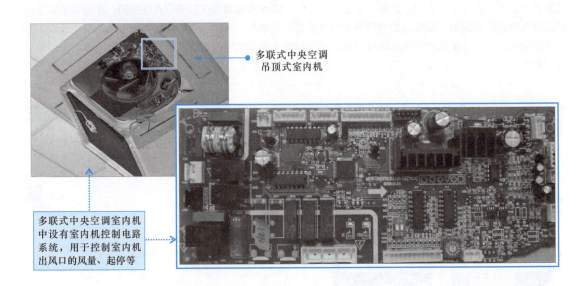

多联式中央空调吊顶式室内机

多联式中央空调室内机中设有室内机控制电路系统，用于控制室内机出风口的风量、起停等

图 14-11 多联式中央空调室外机电路系统

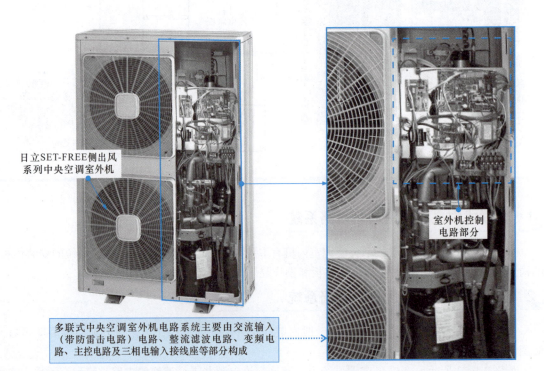

日立SET-FREE侧出风系列中央空调室外机

室外机控制电路部分

多联式中央空调室外机电路系统主要由交流输入（带防雷击电路）电路、整流滤波电路、变频电路、主控电路及三相电输入接线座等部分构成

图 14-12　多联式中央空调室外机交流输入电路

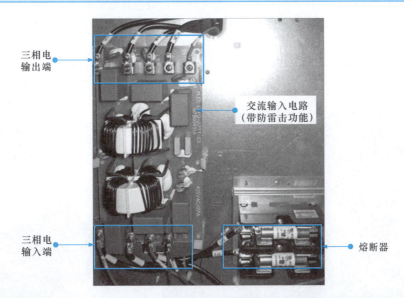

图 14-13 为多联式中央空调室外机电路系统中的滤波和整流电路。

图 14-13　多联式中央空调室外机电路系统中的滤波和整流电路

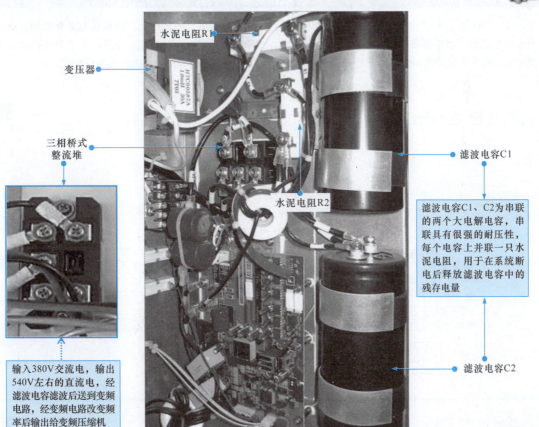

如图 14-14 所示，变频电路是整个中央空调室外机电路系统的核心部分，也是用弱电（主控板）控制强电（压缩机驱动电源）的关键。变频电路中一般包含自带的开关电源和变频模块两个部分，其中高频变压器与外围元器件构成开关电源电路，在该电路板的背面为变频模块部分。

图 14-14 多联式中央空调室外机变频电路

| 提示说明 | |

图 14-15 为变频控制电路简图。交流供电电压经整流电路先变成直流电压，再经过晶体管电路变成三相频率可变的交流电压后控制压缩机的驱动电动机。该电动机通常有两种类型，即三相交流电动机和三相交流永磁转子式电动机。后者的节能和调速性能更为优越。逻辑控制电路通常由微处理器组成。

图 14-15 变频控制电路简图

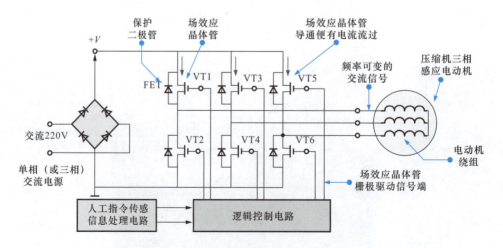

如图 14-16 所示，多联式中央空调主控电路中安装有很多集成电路、接口插座、变压器及相关电路，也是室外机部分的控制核心。

图 14-16 多联式中央空调室外机主控电路

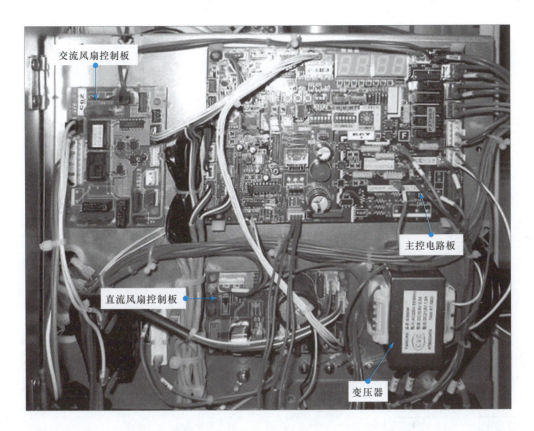

3 多联式中央空调电路系统的通信关系和工作原理

如图 14-17 所示,多联式中央空调室内机与室外机电路系统配合工作,控制相关电气部件的工作状态及整个中央空调系统实现制冷、制热等功能。

图 14-18 为多联式中央空调壁挂式室内机的电路系统接线图。可以看到,室内机电路系统主要是由主控电路板及相关的送风电动机、摇摆电动机、电子膨胀阀、室温传感器、蒸发器中部管温传感器、蒸发器出口管温传感器等电气部分构成的。

图 14-19 为多联式中央空调室外机电路系统的接线图。可以看到,该电路主要是由主控电路、变频电路、防雷击电路、整流滤波电路及相关的变频压缩机、定频压缩机、风机、温度传感器、四通阀、电子膨胀阀等电气部件构成的。

14.1.4 中央空调电路系统的检修流程

中央空调电路系统是一个具有自动控制、自动检测和自动故障诊断的智能控制系统,若出现故障,则常会引起中央空调控制失常、整个系统不能起动、部分功能失常、制冷/制热异常及起动断电等故障。

中央空调出现故障时,应先从系统的电源部分入手,排除电源故障后,再针对控制电路、负载等进行检修。图 14-20 为中央空调电路系统的检修流程。

图 14-17 多联式中央空调电路系统的工作原理

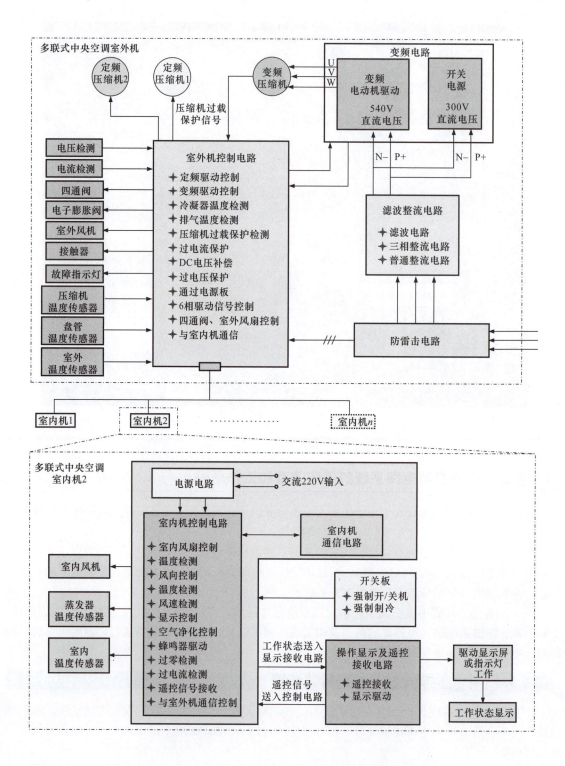

图 14-18 多联式中央空调壁挂式室内机的电路系统接线图

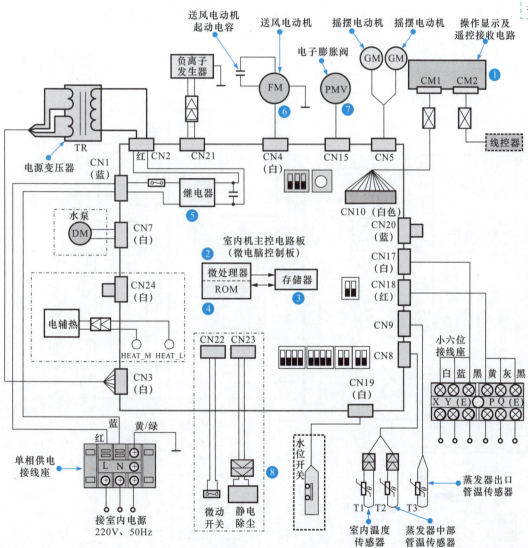

图 14-19 多联式中央空调室外机电路系统的接线图

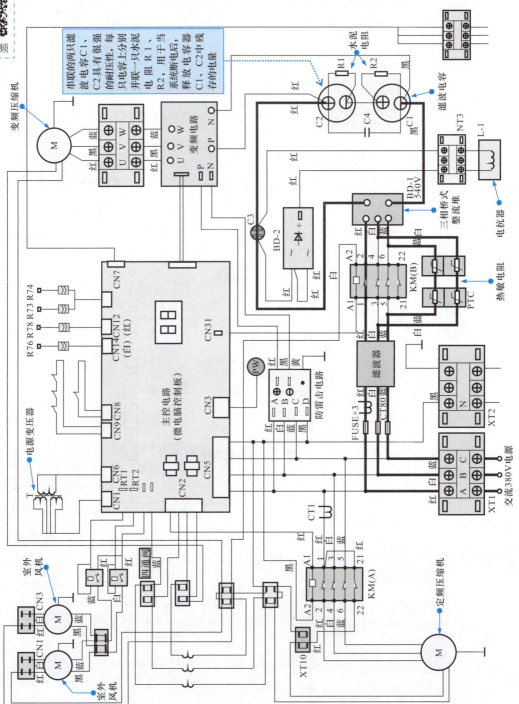

图 14-20 中央空调电路系统的检修流程

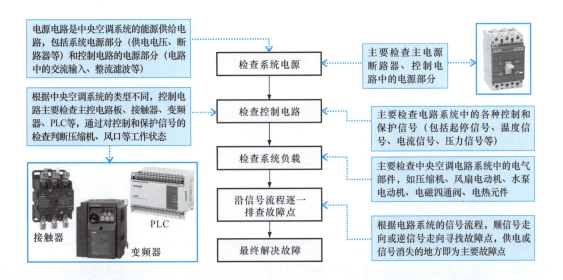

14.2 中央空调电路系统的检修

14.2.1 断路器的检修

断路器又称为空气开关，是安装在中央空调系统总电源线路上的电器部件，用于手动或自动控制整个系统供电电源的通断，可在系统中出现过电流或短路故障时自动切断电源，起到保护作用，也可以在检修系统或较长时间不用控制系统时切断电源，起到将中央空调系统与电源隔离的作用。

如图 14-21 所示，断路器具有操作安全、使用方便、安装简单、控制和保护双重功能、工作可靠等特点。

图 14-21 中央空调电路系统中的断路器

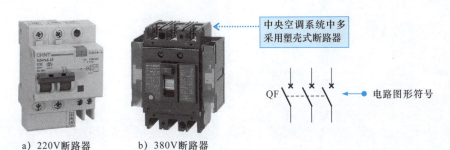

断路器的手动或自动通断状态通过内部机械和电气部件联动实现，图 14-22 为塑壳式低压断路器通断两种状态。

图 14-22 塑壳式低压断路器通断两种状态

扫一扫看视频

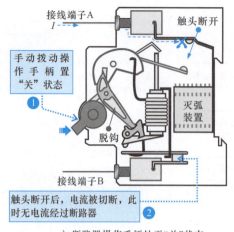

a) 断路器操作手柄处于"关"状态

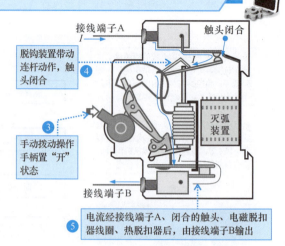

b) 断路器操作手柄处于"开"状态

提示说明

当操作手柄处于"开"状态时，触头闭合，操作手柄带动脱钩动作，连杆部分带动触头动作，触头闭合，电流经接线端子A、触头、电磁脱扣器、热脱扣器后，由接线端子B输出。

当操作手柄处于"关"状态时，触头断开，操作手柄带动脱钩动作，连杆部分带动触头动作，触头断开，电流被切断。

在中央空调系统中，断路器主要应用到线路过载、短路、欠电压保护或不频繁接通和切断的主电路中。室外机多采用380V断路器，室内机多采用220V断路器。选配断路器时可根据所接机组最大功率的1.2倍进行选择。

当怀疑中央空调电路系统故障时，应检查电源部分的主要功能部件。如图14-23所示，检测断路器时，可以在断电情况下，利用通断状态的特点，借助万用表检测断路器输入端子和输出端子之间的阻值判断好坏。

图 14-23 中央空调电路系统中断路器的检测方法

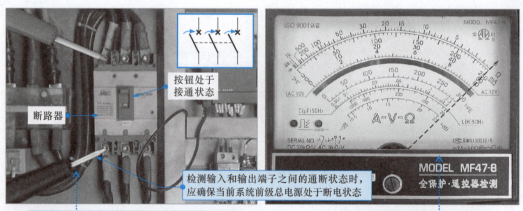

◨ 图 14-23　中央空调电路系统中断路器的检测方法（续）

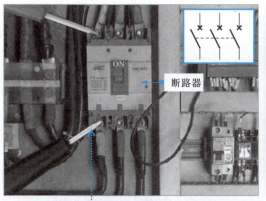

❸ 保持万用表挡位旋钮位置不变、表笔位置不变，将断路器的操作手柄扳下，使其断开

❹ 实测断路器同一相线路输入和输出端子之间的阻值为无穷大

| 提示说明 |

在正常情况下，当断路器处于断开状态时，输入和输出端子之间的阻值应为无穷大；处于接通状态时，输入和输出端子之间的阻值应为0Ω；若不符合，则说明断路器损坏，应用同规格的断路器更换。

14.2.2　交流接触器的检修

交流接触器在中央空调系统中的应用十分广泛，主要作为压缩机、风扇电动机、水泵电动机等交流供电侧的通断开关。

图 14-24 为中央空调电路系统中的交流接触器。

◨ 图 14-24　中央空调电路系统中的交流接触器

交流接触器1

交流接触器2

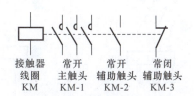

接触器线圈 KM　常开主触头 KM-1　常开辅助触头 KM-2　常闭辅助触头 KM-3

电路图形符号

接触器中主要包括线圈、衔铁和触头等部分。工作时的核心过程即在线圈得电状态下，使上下两块衔铁磁化相互吸合，衔铁动作带动触头动作，如常开触头闭合，常闭触头断开。图 14-25 为接触器线圈得电的工作过程。

图 14-25　接触器线圈得电的工作过程

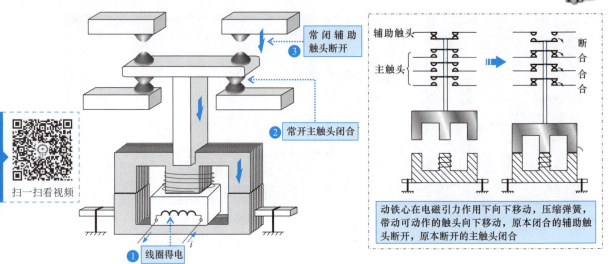

如图 14-26 所示，在实际控制线路中，接触器一般利用主触头接通和分断主电路及连接负载，用辅助触头执行控制指令，如中央空调水系统中水泵的起/停控制线路。可以看到，控制线路中的交流接触器 KM 主要是由线圈、一组常开主触头 KM-1、两组常开辅助触头和一组常闭辅助触头构成的。

图 14-26　接触器控制线路

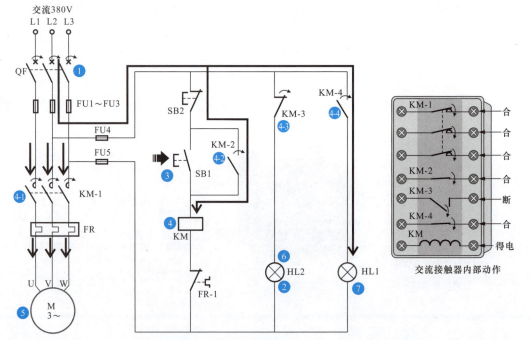

交流接触器是中央空调电路系统中的重要元件，主要利用内部主触头控制中央空调负载的通断状态，用辅助触头执行控制指令。

交流接触器安装在控制配电柜中接收控制端的信号,线圈得电,触头动作(常开触头闭合,常闭触头断开),负载开始通电工作;线圈失电,各触头复位,负载断电并停机。若交流接触器损坏,则会造成中央空调不能起动或正常运行。判断其性能的好坏主要是使用万用表判断交流接触器在断电的状态下,线圈及各对应引脚间的阻值是否正常。

图14-27为交流接触器的检测方法。

图14-27 交流接触器的检测方法

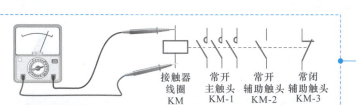

扫一扫看视频

❶ 将万用表的挡位旋钮调至"×1"欧姆挡,红、黑表笔分别搭在交流接触器线圈两端的连接端子上

❷ 检测交流接触器内线圈的阻值,在正常情况下应有一定的阻值

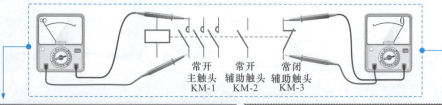

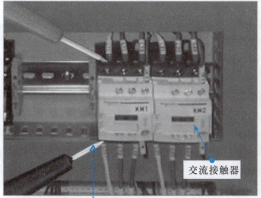

❸ 将万用表的挡位旋钮调至"×1"欧姆挡,红、黑表笔分别搭在交流接触器常开触头的连接端子上

❹ 交流接触器常开触头在初始状态时的阻值应为无穷大;常闭触头在初始状态时的阻值应为0Ω

| 提示说明 |

当交流接触器内部线圈得电时,会使其内部触头做与初始状态相反的动作,即常开触头闭合,常闭触头断开;当内部线圈失电时,内部触头复位,恢复初始状态。检测时,需依次对内部线圈的阻值及内部触头在开启和闭合状态时的阻值进行检测。由于是断电检测,因此检测常开触头的阻值为无穷大,当按动交流接触器上端的按键强制接通后,常开触头闭合,检测阻值应为0Ω。

14.2.3 变频器的检修

变频器是目前很多水冷式中央空调控制系统主电路中的核心部件,在控制系统中用于将频率固定的工频电源(50Hz)变成频率可变(0～500Hz)的交流电源,实现对压缩机、风扇电动机、水泵电动机起动及转速的控制。

图14-28为中央空调系统中的变频器。

图14-28 中央空调系统中的变频器

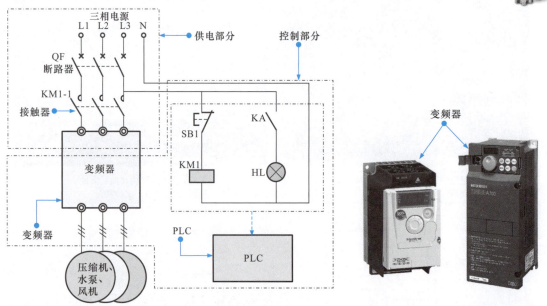

| 提示说明 |

变频器在中央空调系统中分别对主机压缩机、冷却水泵电动机、冷冻水泵电动机进行变频驱动,实现对温度、温差的控制,有效实现节能,可通过两种途径实现节能效果:

◆ 压差控制为主,温度/温差控制为辅。以压差信号为反馈信号反馈到变频器电路中进行恒压差控制。压差的目标值可以在一定范围内根据回水温度适当调整。当房间温度较低时,压差的目标值适当下降一些,降低冷冻水泵的平均转速,提高节能效果。

◆ 温度/温差控制为主,压差控制为辅。以温度/温差信号为反馈信号反馈到变频器电路中进行温度、温差控制,目标信号可以根据压差大小适当调整。当压差偏高时,说明负荷较重,应适当提高目标信号,提高冷冻水泵的平均转速,确保最高楼层具有足够的压力。

在中央空调电路系统中,变频器控制电路系统安装在控制箱中,变频器作为核心控制部件主要用于控制冷却水循环系统(冷却水塔、冷却水泵、冷冻水泵等)及压缩机的运转状态。

由此可知，当变频器异常时往往会导致整个变频控制系统失常。判断变频器的性能是否正常，主要可检测变频器供电电压和输出控制信号。

图14-29为变频器供电电压和输出控制信号的检测方法。若输入电压正常，无变频驱动信号输出，则说明变频器本身异常。

图14-29 变频器供电电压和输出控制信号的检测方法

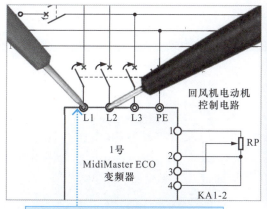

❶ 将万用表的挡位旋钮调至"交流500V"电压挡，红、黑表笔分别搭在变频器交流电压的输入端检测变频器的工作条件

❷ 变频器供电及变频信号需要在通电工作状态下进行检测。在正常情况下，变频器输入端经控制部件后与电源连接，电源电压约为380V

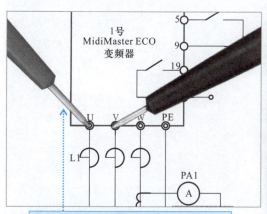

❸ 将万用表的挡位旋钮调至"交流500V"电压挡，红、黑表笔分别搭在变频器U、V、W输出端的任意两端上，检测变频器输出端的信号

❹ 实测变频器输出变频电压为120V。在正常情况下，变频器输出端输出的变频电压应为几十伏至200V左右。若输入正常，无任何输出，则多为控制部分异常或变频器本身异常

| 提示说明 |

由于变频器属于精密电子部件，内部包括多种电路，因此检测时除了检测输入及输出外，还可以通过显示屏显示的故障代码排除故障。例如，三菱 FR-A700 变频器，若显示屏显示"E.LF"，则表明变频器出现输出断相的故障，应正确连接输出端子及查看输出断相保护选择的值是否正常。

变频器的使用寿命也会受外围环境的影响，如温度、湿度等，所以变频器应安装在环境允许的位置，连接线的安装也要谨慎，如果误接，也会损坏变频器，为了防止触电，还需要将变频器的接地端接地。

14.2.4 PLC 的检修

在中央空调控制系统中，很多控制电路采用 PLC 进行控制，不仅提高了控制电路的自动化性能，还简化了电路的结构，方便后期对系统的调试和维护。

PLC（Programmable Logic Controller，可编程控制器）是一种将计算机技术与继电器控制技术结合起来的现代化自动控制装置。

PLC 在中央空调系统中主要与变频器配合使用，共同完成中央空调系统的控制，使控制系统简易化，使整个控制系统的可靠性及维护性提高，如图 14-30 所示。

图 14-30　中央空调系统中的 PLC

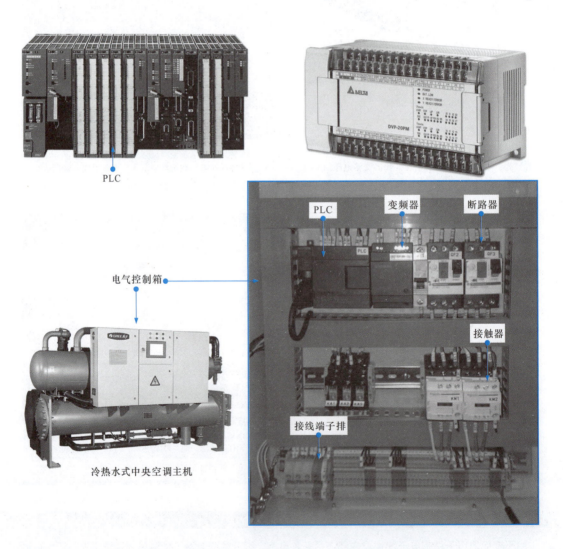

如图 14-31 所示，判断中央空调系统中 PLC 本身的性能是否正常，应检测供电电压是否正常，若供电电压正常，但没有输出，则说明 PLC 异常，需要进行检修或更换。

第14章 中央空调电路系统的检修技能

图 14-31 中央空调系统中 PLC 的检测方法

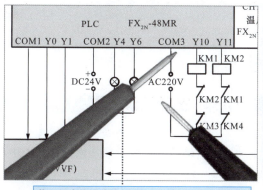

❶ 将万用表的挡位旋钮调至"交流250V"电压挡，红、黑表笔搭在PLC的交流供电输入端上

❷ 观察万用表指针指示位置可知，实际检测输入电压值为交流220V

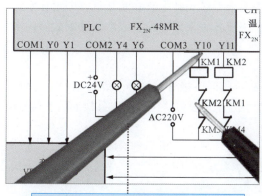

❸ 保持万用表挡位旋钮位置不变，红、黑表笔搭在PLC控制端子外接交流接触器的两端

❹ 实际检测交流接触器线圈两端电压为220V，说明PLC正常，如无电压，则说明PLC有故障

第15章 中央空调调试检修案例

15.1 格力中央空调故障检修案例

15.1.1 格力水冷式中央空调出现水流开关保护故障检修案例

故障表现：

一台采用离心式冷水机组的格力水冷式中央空调系统，触摸显示屏上显示水流开关保护，机组无法运行。

故障分析：

水冷式中央空调报水流开关保护故障，应重点检查水管路的相关部件。

结合水系统结构图，该类故障常见的原因主要有水系统设计上存在负压区，即设计水流量不足，低于水流开关保护值；水系统内没水或缺水；水流开关未正确安装或水流开关故障；水系统未充分排空存在空气；水泵故障等。

故障检修：

根据故障分析，首先检查水系统设计没有存在负压区。接着，打开水路排水口，有水流出，说明系统内有水。打开水流开关盒盖，拨动触头，水流开关触头动作灵活，且接通后有信号输出，则初步排除水流开关的安装异常或损坏情况。

检查水路系统，找到排气阀。一般在管道最上端及主管出主机后都会安装排气阀，另外空调末端进出水口附近也有排气阀。将排气阀打开，发现水系统内有大量空气。保持排气将水系统中的空气排出。

排查水泵。首先进行点动控制，发现水泵可正常起动，叶轮转向正确，但水泵吸入口处压力迅速降低至0，说明水系统内部严重缺水，立即断电关闭水泵。

接下来，对水系统进行持续补水，大约30min后，重新起动水泵，发现水泵前后压力表指针摆动明显，继续保持排气阀排空。

当排气阀无空气排出，水系统中膨胀水箱水位基本保持不变，水泵入口处压力为$1.5kgf/cm^2$，且水泵运行电流值和额定值比较接近时，表明补水基本完成。

最后，打开机组，机组可正常起动，水流开关保护故障排除。

| 专家经验谈 | |

在水冷式中央空调系统中，若水管路中的水流量少或断水，导致冷凝压力过高或者蒸发压力过低，从而导致设备故障，为保证设备的安全，应当保证一定的水流量，否则机组将保护停机。

15.1.2 格力风冷冷（热）水机组断相故障检修案例

故障表现：

一台格力风冷冷（热）水机组开机不运行，报断相保护。

故障分析：

在格力风冷冷（热）水机组电气系统中均安装有相序保护器，若机组电源出现相序错误或断相，会进行断相或逆相保护，使机组整机控制器掉电，无法开机，起到保护作用。

图15-1为格力风冷冷（热）水机组电路图（带两个风机的机型）。

图15-1 格力风冷冷（热）水机组电路图（带两个风机的机型）

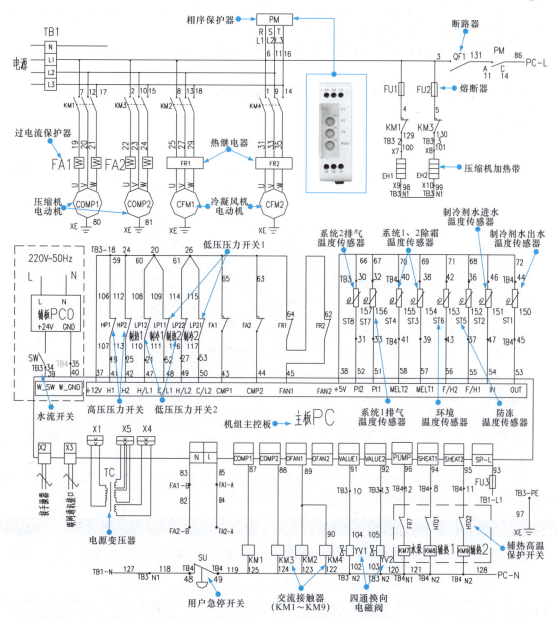

故障检修：

首先检查电源进线的相序，检查电源进线相序未发现异常。接着使用万用表的电压挡来测量电源进线相对于地线以及零线之间的电压，一般都在220V左右。如果是电压为零或是太低，则说明这个相线断相。

经检测，中央空调电源进行无断相情况，怀疑相序保护器PM本身损坏。

接下来，在断电的情况下，使用万用表检测相序保护器PM内部的常开/常闭触头，发现其中一组触头断路，用同规格相序保护器更换后，通电试机故障排除。

| 提示说明 |

相序保护器是一种自动判别相序正确与否的保护继电器，主要是用来保护运行设备的正常运行。在中央空调中主要是用于保护压缩机的正常运行，例如，对于采用旋转活塞式压缩机的中央空调，如果其相序接反的情况下，就可能造成其反转，从而引起故障，为了使其正常运行，则需要使用相序保护器来保证压缩机相序接反或是断相的情况下停止运转。

中央空调断相是很严重的故障，必须排除掉故障才能继续使用，否则容易造成空调更大的损伤。

15.1.3　格力 GMV 多联式中央空调室内机显示 L5 故障检修案例

故障表现：

格力 GMV 多联式中央空调风管式室内机线控器显示故障代码 L5，如图 15-2 所示。

图 15-2　格力 GMV 多联机风管式室内机线控器显示故障代码 L5

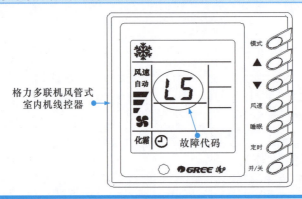

故障分析：

根据故障表现，查格力 GMV 多联机故障代码表可知，L5 代码含义为防冻结保护。

根据维修经验可知，一般情况下当多联机室内机管温温度过低时，为了防止蒸发器结冰冻坏，会出现防冻结保护。

格力多联式中央空调出现防冻结保护常见的故障原因有室内机过滤网和蒸发器脏污严重、室内机电动机堵转、室内外机环境温度过低、系统制冷剂泄漏等。

| 相关资料 |

格力 GMV 多联式中央空调室内机和室外机故障代码分别见表 15-1、表 15-2。

表 15-1　格力 GMV 多联式中央空调室内机故障代码

显示代码	内容	显示代码	内容	显示代码	内容
L0	室内机故障	L9	一控多机室内机台数不一致	d8	水温传感器故障
L1	室内机风机保护	LA	一控多机室内机系列不一致	d9	跳线帽故障
L2	辅热保护	LH	空气质量严重浑浊报警	dA	室内机网络地址异常
L3	水满保护	LC	室内外机机型不匹配	dH	线控器电路板异常
L4	供电电源过电流保护	d1	室内电路板不良	dC	容量拨码设置异常
L5	防冻结保护	d3	环境温度传感器故障	dL	出风感温包故障
L6	模式冲突	d4	入管温度传感器故障	dE	室内 CO_2 传感器故障
L7	无主室内机	d6	出管温度传感器故障	C0	通信故障
L8	电源供电不足	d7	湿度传感器故障	AJ	过滤网清洗提醒
db			特殊代码：工程调试代码		

表 15-2 格力 GMV 多联式中央空调室外机故障代码

显示代码	内容	显示代码	内容	显示代码	内容
A0	机组待调试	C6	室外机数量不一致报警	nA	冷暖机型
A1	压缩机运行参数查询	C8	压缩机应急状态	nC	单冷机型
A2	售后制冷剂回收运行	C9	风机应急状态	nE	负数代码
A3	化霜	CA	模块应急状态	nF	送风机型
A4	回油	Cb	IP 地址分配溢出	nH	单热机型
A5	在线测试	CC	无主控机故障	P0	压缩机驱动板故障
A6	冷暖功能设定	CF	多主控机故障	P1	压缩机驱动板工作异常
A7	静音模式设定	CH	额定容量配过高	P2	压缩机驱动板电源电压保护
A8	抽真空模式	CJ	系统址拨码冲突	P3	压缩机驱动模块复位保护
A9	综合性能系数测试（IPLV）	CL	额定容量配过低	P4	压缩机驱动 PFC 保护
AA	欧盟 AA 级能效测试模式	CU	室内机与接收灯板通信故障	P5	变频压缩机过电流保护
Ab	紧急停止运行	E0	室外机故障	P6	压缩机驱动 IPM 模块保护
Ad	限制运行	E1	高压保护	P7	压缩机驱动温度传感器故障
AE	手动灌注制冷剂	E2	排气低温保护	P8	压缩机驱动 IPM 过温保护
AF	送风	E3	低压保护	P9	变频压缩机失步保护
AH	制热	E4	压缩机排气温度过高保护	PC	压缩机驱动电流检测电路故障
AJ	过滤网清洗提醒	EC	压缩机 1 排气感温包脱落保护	PE	变频压缩机断相
AL	自动灌注制冷剂	F0	外机主板不良	PF	压缩机驱动充电回路故障
AP	机组起动调试确认	F1	高压传感器故障	PH	压缩机驱动直流母线电压过高保护
AU	远程急停	F3	低压传感器故障	PJ	变频压缩机起动失败
b1	室外环境温度传感器故障	F5	压缩机 1 排气温度传感器故障	PL	压缩机驱动直流母线电压过低保护
b2	化霜温度传感器 1 故障	J0	其他模块保护	PP	变频压缩机交流电流保护
b3	化霜温度传感器 2 故障	J1	压缩机 1 过电流保护	U0	压缩机预热时间不足
b4	过冷器液出温度传感器故障	J7	四通阀串气保护	U2	室外机容量码/跳线帽设定错误
b5	过冷器气出温度传感器故障	J8	系统压力比过高保护	U4	缺制冷剂保护
b6	汽分进管温度传感器 1 故障	J9	系统压力比过低保护	U5	压机驱动板地址错误
b7	汽分出管温度传感器故障（出管 A）	JL	高压过低保护	U6	阀门异常报警
b9	换热器气出温度传感器故障	n0	系统节能运行设定	U8	室内机管路故障
bH	系统时钟异常	n1	化霜周期 K1 设定	U9	室外机管路故障
C0	室内外机、室内机手操器通信故障	n2	室内外机容量配置率上限设定	UC	主室内机设置成功
C2	主控与变频压缩机驱动通信故障	n4	最高能力输出能力限制设定	UE	制冷剂灌注无效
C3	主控与变频风机驱动通信故障	n6	室内机工程编号查询	UL	紧急运转拨码错误
C4	室内机缺失故障	n7	机组故障查询		
C5	室内机工程编号冲突报警	n8	组参数查询		

故障检修：

结合故障表现和检修分析可知，首先打开室内机盖板，检查过滤网和蒸发器发现有明显灰尘，过多灰尘将堵塞过滤网，导致风量过小，换热变差，从而引起蒸发器结霜，因此需要先清洗室内机过滤网，并对蒸发器进行除尘维护操作。

清洗室内机后，试机，运行一段时间后仍报 L5 故障，怀疑故障未排查完全。继续查可能引起防冻结保护的其他原因。

观察发现室内机电动机转速过低，检查发现室内机使用交流抽头电动机，怀疑室内机电动机损坏，用同规格电动机更换后，转速恢复正常，蒸发器不再结霜，故障排除。

| 相关资料 |

在多联式中央空调故障检修中，除了室内机过滤网、蒸发器脏污，室内机电动机损坏外，室内外机环境温度过低，也会导致冷凝压力和蒸发压力均过低，也比较容易出现防冻结保护故障，这种情况可适当提升室内机风挡来排除故障。

另外，当制冷剂管路系统中制冷剂不足或发生泄漏时，会引起蒸发压力偏低，从而导致蒸发器结霜，当这种情况持续一段时间后，同样会引起室内机防冻结保护故障。需要对制冷剂管路系统进行检漏、追加制冷剂等。

15.1.4　格力 GMV 多联式中央空调室外机显示 P5 故障检修案例

故障表现：

格力 GMV 多联式中央空调室外机主板数码管显示故障代码 P5，如图 15-3 所示。

图 15-3　格力 GMV 多联式中央空调室外机主板数码管显示故障代码 P5

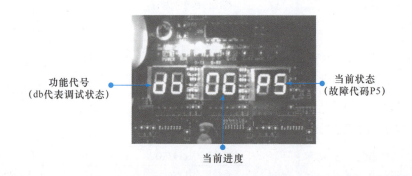

故障分析：

根据故障表现，查格力 GMV 多联机故障代码表可知，P5 代码含义为压缩机过电流保护。

格力多联式中央空调出现压缩机过电流保护故障，常见的原因主要有压缩机 U、V、W 端接触不良；压缩机 U、V、W 端接线顺序错误；压缩机损坏；压缩机驱动板 IPM 模块损坏；系统堵塞等。

故障检修：

根据故障表现和分析，首先检查压缩机 U、V、W 端接线无松动和顺序错误情况，接着借助万用表检测压缩机各相绕组间阻值两两相等（阻值小于 2Ω），用绝缘电阻表检测压缩机各相绕组对地绝缘阻值均大于 2MΩ，也正常。

然后，检查系统控制阀无异常动作、无堵塞情况。怀疑故障是由 IPM 模块异常引起，更换 IPM 模块后，通电试机故障排除。

第15章 | 中央空调调试检修案例

| 相关资料 |

在故障检修时，若室外机除报 P5 故障代码外，还存在 PJ（压缩机起动失败）、P6（IPM 模块保护）、P9（压缩机失步）等故障时，说明压缩机故障，应更换压缩机。

15.1.5　格力 GMV_star 直流变频多联式中央空调线控器显示 L9 故障检修案例

故障表现：

格力 GMV_star 直流变频多联式中央空调室内机显示板和线控器均显示故障代码 L9，如图 15-4 所示。

图 15-4　格力 GMV_star 直流变频多联式中央空调室内机显示板和线控器均显示故障代码 L9

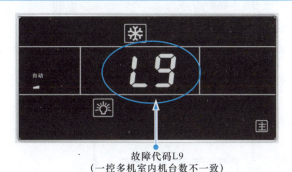

故障代码 L9
（一控多机室内机台数不一致）

故障分析：

根据故障表现，查 GMV_star 直流变频多联机故障代码表（见表 15-1、表 15-2）可知，L9 代码含义为一控多机室内机室台数不一致。

GMV_star 直流变频多联机可实现一台线控器控制多台室内机。当线控器连接的室内机数量超过 16 台或实际连接的室内机台数与设置的组控室内机台数不一致时，线控器或室内机接收灯板会显示 L9 故障。

故障检修：

根据检修分析，首先检查报故障代码线控器所连接的室内机台数为 9，并未超过 16 台，继续下一步检查。

进入线控器参数设置（P14），检查发现线控器参数为默认的数值 1，应将其改为实际所连接室内机台数，即将该参数改为数字 9，通电调试，不再显示故障代码，故障排除。

15.2　美的中央空调故障检修案例

15.2.1　美的水冷螺杆机组排气温度低，不能回油故障检修案例

故障表现：

美的水冷螺杆机组在开机约 1~3min 后，出现油位保护，机组报警停机；机组排气温度只有 40℃左右；在油位保护状态时，在压缩机的油视镜中看到不润滑油。

故障分析：

水冷螺杆机组出现油位保护的主要原因有漏油、长期停机或断电后电加热时间不够，导致油内溶入太多制冷剂。

图 15-5 为美的水冷螺杆机组压缩机内部结构图。

图 15-5 美的水冷螺杆机组压缩机内部结构图

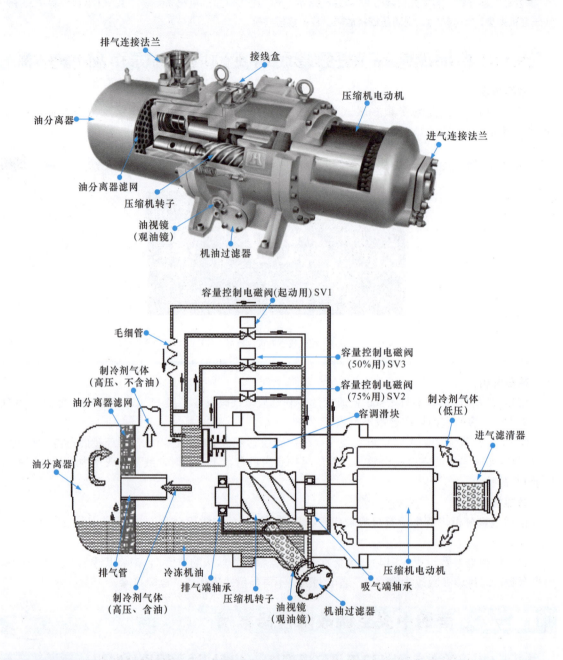

故障检修：

根据故障分析，首先检查机组无漏油，怀疑故障是因开机前油加热器未加热到 8h 以上，使压缩机中的油全部累积在蒸发器中，从而导致蒸发器换热效果差，吸气带液，因此每次开机机组排气温度始终上不来，排气温度低影响油分离器的分离效果，最终引起压缩机缺油保护。

这种情况则需要将中央空调系统中的制冷剂和油全部回收或释放，然后按照出厂程序重新灌注制冷剂，添加润滑油。开机前将油加热器加热到 8h 以上后开机运行，机组运行正常，故障排除。

| 相关资料 |

美的水冷螺杆机组故障代码见表 15-3。

表 15-3 美的水冷螺杆机组故障代码

故障代码	含义	故障代码	含义
E1	压缩机高压保护	F0	室内感温头故障
E2	室内防冻结保护	F1	蒸发器感温包故障
E3	压缩机低压保护	F2	冷凝器感温包故障
E4	压缩机排气高温保护	F3	室外感温包故障
E5	压缩机过载保护	F4	排气感温包故障
E6	通信故障	FF	待机状态(子房间未开)
E8	室内机过载保护	EE	按键锁

15.2.2 美的风冷热泵型模块机组通信故障检修案例

故障表现：

美的风冷模块机组开机报故障代码 E2。

故障分析：

查美的风冷热泵模块机组代码可知，代码 E2 代表通信故障。排查通信类故障，主要查机组线路连接和通信线。

图 15-6 为美的风冷模块机组主机与从机电气控制图（25、30 模块）。

图 15-7 为美的风冷模块机组主机与从机联网通信示意图（25、30 模块）。

故障检修：

根据检修分析，机组通信故障，应查通信相关的电路。首先检查故障电路板的地址码等设置参数，确认参数设置正确。然后根据联网通信示意图，检查该故障电路板的通信线路连接有无异常、所选用通信线是否正确。

检查参数和通信线路均正常，怀疑故障电路板本身损坏。可用其他完好电路板调换，并重新设置参数。更换电路板后新板未出现报警情况，则说明原电路板损坏，应进一步检查电路板通信电路相关元器件，或更换故障电路板排除故障。

| 相关资料 |

机组出现异常时，中央空调控制板、线控器上都显示故障代码，并且线控器上的指示灯会以 5Hz 的频率闪烁。美的风冷模块机组故障代码见表 15-4。

15.2.3 美的风冷热泵型模块机组系统水流量不足故障检修案例

美的风冷模块机组系统出现水流量不足故障，设备处于停机状态。

故障分析：

风冷模块机组出现水流量不足会触发故障自锁装置，关闭水流量开关，停止设备。该类故障应重点检查水系统，包括水系统阀门开启状态、水流开关有无损坏、水泵或管道异常导致无法供水、系统漏水导致水箱或系统管道中的水流很少等。

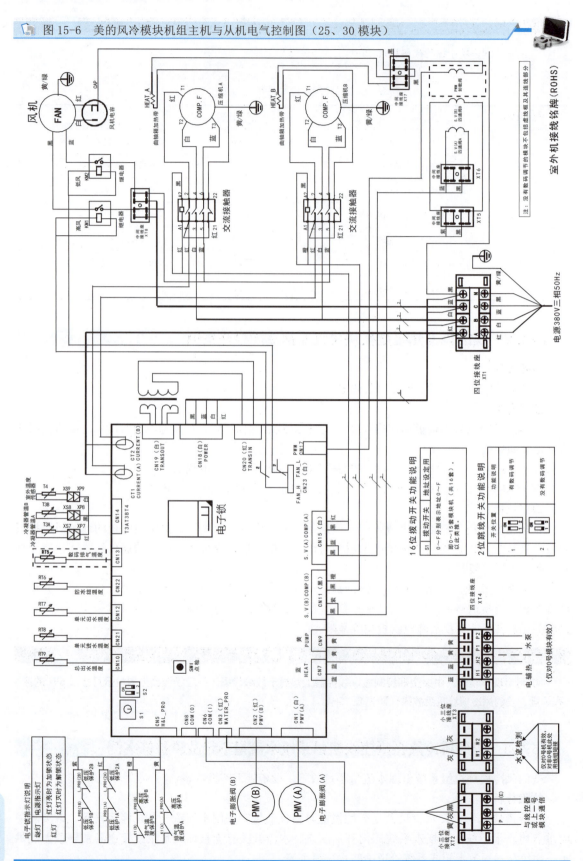

图 15-6 美的风冷模块机组主机与从机电气控制图（25、30 模块）

图 15-7 美的风冷模块机组主机与从机联网通信示意图（25、30模块）

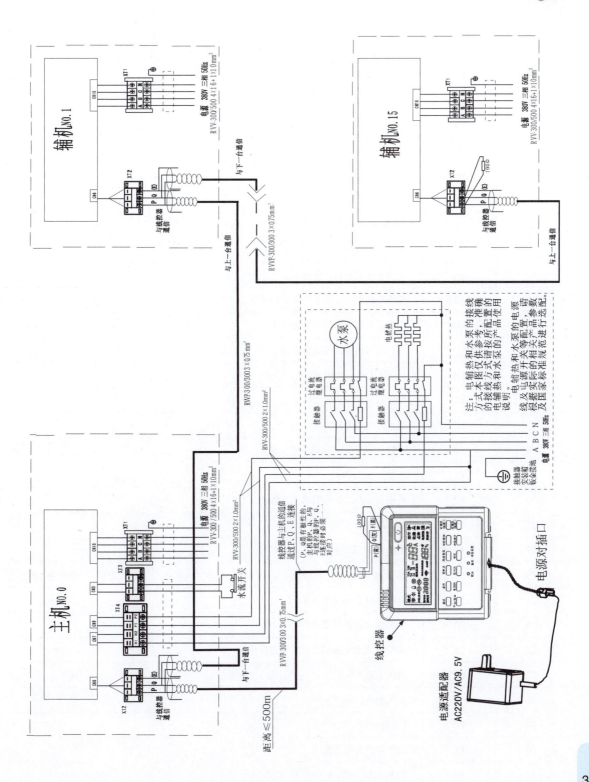

表 15-4　美的风冷模块机组故障代码

序号	故障代码	原因
1	E0	水流检测故障（第三次）
2	E1	电源相序故障
3	E2	通信故障
4	E3	总出水温度传感器
5	E4	壳管换热器出水温度传感器故障
6	E5	冷凝器 A 管温传感器故障
7	E6	冷凝器 B 管温传感器故障
8	E7	室外环境温度传感器故障
9	E8	（预留故障代码）
10	E9	水流检测故障（第一次、第二次）
11	EA	主机检测到从机台数减少
12	Eb	壳管换热器防冻温度传感器 1 故障
13	EC	线控器未找到在线的模块单元
14	ED	线控器与模块通信数据错误
15	Ed	1 小时连续 4 次 PE 保护
16	EE	线控器与计算机通信错误
17	EF	进水温度传感器故障
18	P0	系统 A 高压保护或排气温度保护
19	P1	系统 A 低压保护
20	P2	系统 B 高压保护或排气温度保护
21	P3	系统 B 低压保护
22	P4	系统 A 电流保护
23	P5	系统 B 电流保护
24	P6	系统 A 冷凝器高温保护
25	P7	系统 B 冷凝器高温保护
26	P8	系统 A 为数码压缩机时排气温度保护
27	P9	进出水温差保护
28	Pb	系统防冻结保护
29	PC	（预留故障代码）
30	PE	壳管换热器低温保护
31	F1	EEPROM 故障
32	F2	多线控器并联时，线控器台数减少故障（预留）

图 15-8 为美的风冷热泵型模块机组水系统结构示意图。

图 15-8 美的风冷热泵型模块机组水系统结构示意图

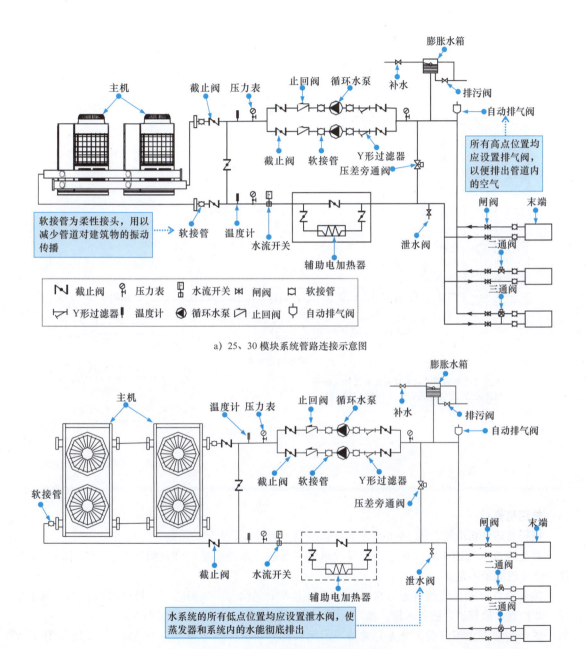

a) 25、30 模块系统管路连接示意图

b) 65kW、65kW(R410a)模块系统管道连接示意图

图 15-8 美的风冷热泵型模块机组水系统结构示意图（续）

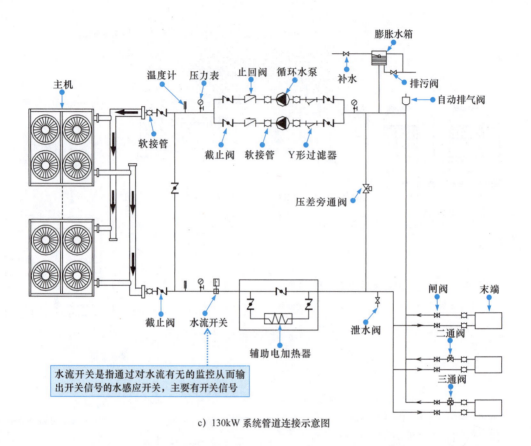

c）130kW 系统管道连接示意图

故障检修：

根据检修分析并结合图 15-8 所示的管道连接示意图排查故障。

首先检查水管路中有无堵塞情况导致水循环受阻，水流不足。排查循环水泵转向正常、密封性正常，进水量不足。

接着检查自动排气阀有无异常，排除管路进入空气情况。然后进一步检查系统是否有漏水情况，即检查水流管道、膨胀水箱、循环水泵、过滤装置等部分，检查无漏水点。

进一步检查水流开关本身无异常情况，闸阀均开启，怀疑故障是由管道堵塞引起的，清洁循环水泵和叶轮，以及过滤器后，再次试机，故障排除。

15.2.4　美的多联式中央空调系统中一台室内机报 E9 故障检修案例

故障表现：

在美的多联式中央空调系统中，四台室内机其中一台报 E9 故障代码，如图 15-9 所示。

◐ 图 15-9 美的多联式中央空调系统报 E9 故障代码

故障分析：

查美的多联机故障代码可知，故障代码 E9 代表室内机与线控器通信故障。根据故障表现可知，四台室内机中仅有一台室内机报故障，其他三台正常，则说明该故障应为单线路故障，可排除室内机公共线路或供电问题。

排查故障时，应重点查室内机与线控器连接情况，线控器本身有无损坏等。

故障检修：

根据故障表现和分析可知，可首先拆下线控器固定螺钉，检查线控器背部接线与室内机连接处有无松脱情况，如图 15-10 所示。

◐ 图 15-10 拆开美的线控器并检查与室内机线路连接情况

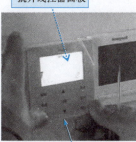

检查线路各连接均正常。检查线控器背部电路板也无明显氧化、松脱情况。接下来可用替换法排查。

将显示故障代码的线控器拆下，并将其安装到旁边未报故障代码的室内机接线上，此时发现线控器仍报故障代码，怀疑线控器本身损坏，选配规格相同的线控器进行代换，如图 15-11 所示。

图 15-11　线控器的更换

选择同型号线控器进行更换

更换后，不再显示故障代码，故障排除

更换后，通电测试，显示正常，故障排除。

| 相关资料 |

不同类型和型号的美的空调故障代码有所区别。例如，美的定频空调故障代码 E9 含义为防冷风保护；美的变频空调故障代码 E9 表示自动门故障；美的家用中央空调故障代码 E9 表示室内机主板与显示板（线控器）通信故障；美的风冷模块机组故障代码 E9 表示水流检测故障。

15.3　大金中央空调故障检修案例

15.3.1　大金单螺杆水冷机中央空调制冷效果不佳故障检修案例

故障表现：

大金单螺杆水冷机中央空调制冷效果不佳，显示故障代码 2-E4。

故障分析：

查大金单螺杆水冷机故障代码可知，故障代码 2-E4 表示第二机组低压压力过低故障。检查可知，机组的冷冻水进出口温差较小，低压压力较低，干燥过滤器前后温差较大（3～4℃），可能的原因主要有冷冻水设定温度过低、冷冻水水流量不足或过小、冷冻水系统未循环、膨胀阀开度过大、干燥过滤器堵塞、制冷剂不足等。

图 15-12 为大金单螺杆水冷机制冷剂系统结构图。

故障检修：

根据故障分析，首先检查发现冷冻水设定温度无过低情况，冷冻水流量也正常；接着检查发现系统膨胀阀开度适当，冷冻水系统已经进行循环，无明显异常。

由此怀疑多为干燥过滤器堵塞，导致制冷系统循环不良。检查发现干燥过滤器滤芯处聚集有杂质，应更换干燥过滤器滤芯。

更换干燥过滤器滤芯，首先需要将滤芯堵塞所在单元系统的制冷剂进行回收，即需要关闭冷凝器出口截止阀，然后起动机组，运行一段时间后，机组出现低压保护停机，如此反复回收 3～4 次，制冷剂基本上已进入冷凝器，此时关闭冷凝器截止阀。

接下来拆下干燥过滤器端盖，更换内部滤芯后再装回端盖，更换完成。接着，在操作中可能有少量空气进入系统中，需要将空气排出。即将冷凝器出口截止阀与制冷剂充填阀同时开启少部分，利用制冷剂将系统的空气顶出。

排气完成后，关闭阀门，然后进行检漏，即借助检漏仪、肥皂水等检测确认无漏点后，全开冷凝器进出口截止阀，通电运行试机。

图 15-12　大金单螺杆水冷机制冷剂系统结构图

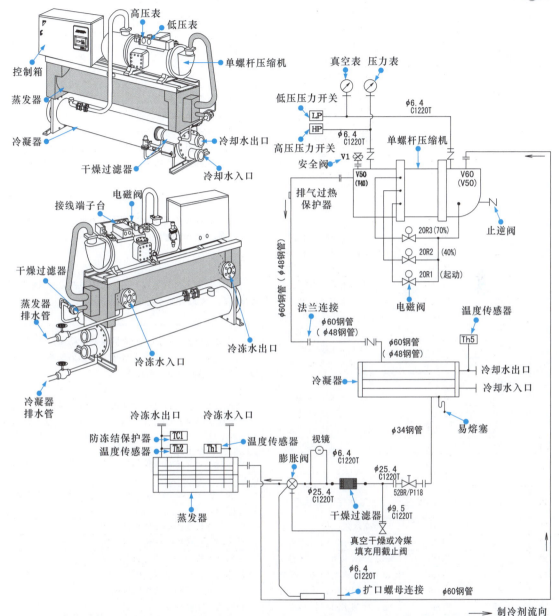

|相关资料|

在利用制冷剂将系统的空气顶出时,一般情况下,排空空气消耗的制冷剂极少,对机组的运行影响不大,可不再追加制冷剂;排出空气时,若消耗的制冷剂量较大,或不同机组两个系统的高低压表数值相差较大,应在压缩机吸入端充填部分制冷剂。

|知识拓展|

大金单螺杆水冷机故障代码见表 15-5。

表 15-5　大金单螺杆水冷机故障代码

序号	异常代码	关联元件	异常内容	异常原因
1	1-E6	51C1	NO.1 压缩机过电流	冷却水入口温度过高,冷凝器换热管结垢,冷却水流量不足或过小,高压压力过高,主电源380V断相,电压高或过低,长期满负荷运转
2	2-E6	51C2	NO.2 压缩机过电流	
3	3-E6	51C3	NO.3 压缩机过电流	
4	4-E6	51C4	NO.4 压缩机过电流	
5	1-U1	47-1	NO.1 电源反相保护	主电源在安装时接线错误造成反相,机组曾由于其他原因发生过电流保护造成过电流保护器上的95/96点断开,在保护装置未复位时产生
6	1-U2	47-2	NO.2 电源反相保护	
7	1-U3	47-3	NO.3 电源反相保护	
8	1-U4	47-4	NO.4 电源反相保护	
9	1-A4	26WL1	NO.1 防冻保护动作	冷冻水设定温度过低,冷冻水水流量不足或过小,冷冻水系统未循环,冷冻水温度过低,防冻保护器本身故障,膨胀阀度过大
10	2-A4	26WL2	NO.2 防冻保护动作	
11	3-A4	26WL3	NO.3 防冻保护动作	
12	4-A4	26WL4	NO.4 防冻保护动作	
13	1-E5	49C1	NO.1 压缩机线圈过热	压缩机长期满负荷运转,高压压力过高,吸入制冷剂温度过高,制冷剂量不足,冷冻机机油不足
14	2-E5	49C1	NO.2 压缩机线圈过热	
15	3-E5	49C1	NO.3 压缩机线圈过热	
16	4-E5	49C1	NO.4 压缩机线圈过热	
17	1-F3	26CH1	NO.1 高压排气温度过高	压缩机长期满负荷运转,高压压力过高,吸入制冷剂温度过高,制冷剂量不足,冷冻机机油不足
18	2-F3	26CH1	NO.2 高压排气温度过高	
19	3-F3	26CH1	NO.3 高压排气温度过高	
20	4-F3	26CH1	NO.4 高压排气温度过高	
21	1-E3	63H1	NO.1 高压压力过高	冷却水入口温度过高,冷凝器换热管结垢,冷却水流量不足或过小,干燥过滤器堵塞,冷却塔散热不良,维修时制冷剂填充过多造成高压
22	2-E3	63H2	NO.2 高压压力过高	
23	3-E3	63H3	NO.3 高压压力过高	
24	4-E3	63H4	NO.4 高压压力过高	
25	1-E4	63L1	NO.1 低压压力过低	冷冻水设定温度过低,冷冻水水流量不足或过小,冷冻水系统未循环,膨胀阀开度过大,干燥过滤器堵塞,制冷剂不足
26	2-E4	63L2	NO.2 低压压力过低	
27	3-E4	63L3	NO.3 低压压力过低	
28	4-E4	63L4	NO.4 低压压力过低	
29	90	AXP	水泵联锁装置	水泵联锁装置未连接或松动。水泵未起动,常开接点断开
30	AE	63WE/L63WCL	断水保护继电器	断水保护继电器未连接或松动。水系统未循环或断水保护继电器损坏
31	1-80	TH1	冷冻水入口传感器异常	传感器连接线松动或传感器损坏
32	1-81	TH2	No.1 冷冻水出口传感器异常	传感器连接线松动或传感器损坏
33	2-81	TH3	No.2 冷冻水出口传感器异常	传感器连接线松动或传感器损坏
34	3-81	TH4	No.3 冷冻水出口传感器异常	传感器连接线松动或传感器损坏
35	1-8F	TH5	No.1 冷却水出口传感器异常	传感器连接线松动或传感器损坏
36	2-8F	TH6	No.2 冷却水出口传感器异常	传感器连接线松动或传感器损坏
37	3-8F	TH7	No.3 冷却水出口传感器异常	传感器连接线松动或传感器损坏
38	A-A4	TH1	冷冻水入口传感器低温	传感器连接线松动或传感器损坏
39	b-A4	TH2	No.1 冷冻水出口传感器低温	传感器连接线松动或传感器损坏
40	c-A4	TH3	No.2 冷冻水出口传感器低温	传感器连接线松动或传感器损坏
41	d-A4	TH4	No.3 冷冻水出口传感器低温	传感器连接线松动或传感器损坏
42	E-A4	26WL1,2,3 TH1,2,3,4	防冻计时器异常	传感器连接线松动或传感器损坏,防冻保护器故障

15.3.2　大金变频多联式中央空调室外机报 E9 故障检修案例

故障表现:

大金变频多联机室外机（机型：RHXYQ8-48SY1）报 E9 故障,机组无法起动运行。

故障分析：

查大金变频多联机故障代码可知，故障代码 E9 表示室外机电子膨胀阀线圈故障。重点检查电子膨胀阀接线端子是否松脱、检测电子膨胀阀线圈阻值来判断其是否损坏等。故障检修前，首先找到室外机电子膨胀阀的安装位置，如图 15-13 所示。

图 15-13 大金变频多联式中央空调室外机电子膨胀阀安装示意图

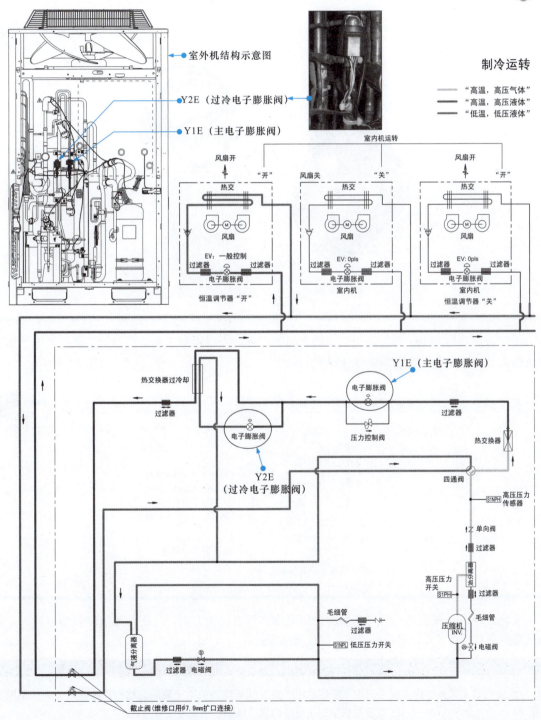

故障检修：

首先检查室外机电子膨胀阀接线端子插接状态（注意，若需要拔插操作，需切断电源后再进行）良好，无明显松脱、断线情况。

接下来可重点检测电子膨胀阀线圈阻值来判断线圈有无故障。首先将电子膨胀阀接线端子从电路板上拆下，通过检测接线端子引脚之间的阻值和导通情况判断好坏。

图 15-14 为大金变频多联机常用电子膨胀阀的实物外形。

图 15-14 大金变频多联机常用电子膨胀阀的实物外形

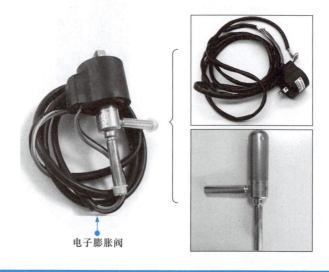

借助万用表检测电子膨胀阀相应引脚之间的阻值，查该机型手册资料可知，室外机电子膨胀阀接线端子引脚关系及阻值如图 15-15 所示。

图 15-15 室外机电子膨胀阀接线端子引脚关系及阻值

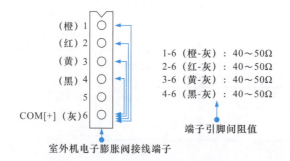

实测发现电子膨胀阀接线端子引脚之间阻值多组出现无穷大，与正常数值比较偏差较大，怀疑是线圈内部断线故障，更换电子膨胀阀线圈排除故障。

| 相关资料 |

大金变频多联式中央空调系统中，室内机电子膨胀阀与室外机电子膨胀阀结构及线圈阻值有所不同。图 15-16 为大金 RHXYQ8-48SY1 型多联机室内机电子膨胀阀线圈结构及阻值参数。

图 15-16 大金 RHXYQ8-48SY1 型多联机室内机电子膨胀阀线圈结构及阻值参数

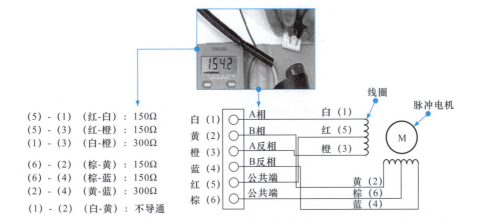

知识拓展

大金变频多联式中央空调器故障代码见表 15-6。详细故障代码见表 15-7。

表 15-6 大金变频多联式中央空调器故障代码

	故障代码	故障内容
室内机	A0	外部保护装置故障
	A1	P 板不良
	A3	排水水位控制系统故障
	A6	风扇电动机锁定，过载
		室内机风扇电动机故障
		过载 / 过电流 / 室内机风扇电动机锁定
	A7	摆动电动机故障
	A8	电源电压异常
	A9	电子膨胀阀线圈故障·灰尘堵塞
		电子膨胀阀线圈异常
	AF	排水水位超限
	C1	传送故障（室内机 P 板 Q 风扇 P 板）
	C4	热交液管热敏电阻故障
	C5	热交气管热敏电阻故障
	C9	吸入空气热敏电阻故障
	C6	室内机 P 板和风扇 P 板组合不当
	CC	湿度传感器系统故障
	CJ	遥控器温控传感器故障

（续）

	故障代码	故障内容
室外机	E1	P板故障
	E2	辅助P板不良
	E3	排气高压异常
	E4	吸气低压异常
	E5	变频压缩机电动机锁定
	E7	室外机风扇电动机故障
	E9	电子膨胀阀线圈故障
	F3	排气管温度异常
	F6	制冷剂充填过量
	H7	室外机风扇电动机信号异常
	H9	室外热敏电阻系统故障
	J3	排气管热敏电阻故障
	J5	气液分离器进口热敏电阻故障
	J6	室外热交除霜用热敏电阻故障
	J7	过冷却热交液管热敏电阻故障
	J8	热交液管热敏电阻故障
	J9	过冷却热交气管热敏电阻故障
	JA	高压压力传感器故障
	JC	低压压力传感器故障
	L1	变频P板故障
	L4	变频P板散热片温度升高
	L5	变频压缩机瞬间过电流
	L8	变频压缩机异常过电流
	L9	变频压缩机起动故障
	LC	变频P板和主控器P板之间的信号传输系统故障
	P1	变频器过脉动保护
	P4	热敏电阻或相关故障
	PJ	在更换主控P板后出现现场设定不当或P板组合不当
系统	U0	制冷剂不足
	U1	反相，断相
	U2	电源电压不足或瞬间断电
	U3	未实施检查运转
	U4	室内机和室外机之间的信号传输故障
	U5	遥控器和室内机之间的信号传输故障
	U7	室外机之间的信号传输故障
	U8	主遥控器和辅遥控器之间的信号传输故障
	U9	同一系统内的室内机和室外机之间的信号传输故障
	UA	室内机和室外机、室内机和遥控器的组合不当
	UC	集中控制器地址重复
	UE	集中控制器和室内机之间的信号传输故障
	UF	系统尚未设定
	UH	系统故障、制冷剂系统地址未确定

表 15-7 大金变频多联式中央空调器详细故障代码

故障代码	故障说明	故障代码	故障说明
A6-01	风扇电动机锁定	H9-01	外气热敏电阻故障（主机）
A6-10	风扇过电流故障	H9-02	外气热敏电阻故障（副机1）
A6-11	风扇位置检测故障	H9-03	外气热敏电阻故障（副机2）
A8-01	电源电压故障	J3-16	排气管1热敏电阻不良（主机：开放）
A9-01	电子膨胀阀故障	J3-17	排气管1热敏电阻不良（主机：短路）
A9-02	制冷剂泄漏检测故障	J3-18	排气管2热敏电阻不良（主机：开放）
C1-01	室内机P板和风扇P板之间的信号传输故障	J3-19	排气管2热敏电阻不良（主机：短路）
C6-01	室内机P板和风扇P板组合不当	J3-22	排气管1热敏电阻不良（副机1：开放）
E1-01	室外P板异常	J3-23	排气管1热敏电阻不良（副机1：短路）
E1-02	室外P板不良	J3-24	排气管2热敏电阻不良（副机1：开放）
E2-01	辅助P板不良（主机）	J3-25	排气管2热敏电阻不良（副机1：短路）
E2-02	辅助P板不良（副机1）	J3-28	排气管1热敏电阻不良（副机2：开放）
E2-03	辅助P板不良（副机2）	J3-29	排气管1热敏电阻不良（副机2：短路）
E3-01 E3-02	高压开关动作（主机）	J3-30	排气管2热敏电阻不良（副机2：开放）
E3-03 E3-04	高压开关动作（副机1）	J3-31	排气管2热敏电阻不良（副机2：短路）
E3-05 E3-06	高压开关动作（副机2）	J5-01	吸气管热敏电阻故障（主机）
		J5-02	储液器进气口热敏电阻故障（主机）
E3-07	高压开关动作（批量）	J5-03	吸气管热敏电阻故障（副机1）
E4-01	低压故障（主机）	J5-04	储液器进气口热敏电阻故障（副机1）
E4-02	低压故障（副机1）	J5-05	吸气管热敏电阻故障（副机2）
E4-03	低压故障（副机2）	J5-06	储液器进气口热敏电阻故障（副机2）
E5-01	变频压缩机1锁定（主机）	J6-01	热交热敏电阻故障（主机）
E5-02	变频压缩机1锁定（副机1）	J6-02	热交热敏电阻故障（副机1）
E5-03	变频压缩机1锁定（副机2）	J6-03	热交热敏电阻故障（副机2）
E5-07	变频压缩机2锁定（主机）	J7-01	过冷却热交液管热敏电阻故障（主机）
E5-08	变频压缩机2锁定（副机1）	J7-02	过冷却热交液管热敏电阻故障（副机1）
E5-09	变频压缩机2锁定（副机2）	J7-03	过冷却热交液管热敏电阻故障（副机2）
E7-01	风扇电动机1锁定（主机）	J8-01	热交液管热敏电阻不良（主机）
E7-02	风扇电动机2锁定（主机）	J8-02	热交液管热敏电阻不良（副机1）
E7-05	风扇电动机1瞬时过电流（主机）	J8-03	热交液管热敏电阻不良（副机2）
E7-06	风扇电动机2瞬时过电流（主机）	J9-01	过冷却热交出口热敏电阻故障（主机）
E7-09	风扇电动机1 IPM故障（主机）	J9-02	过冷却热交出口热敏电阻故障（副机1）
E7-10	风扇电动机2 IPM故障（主机）	J9-03	过冷却热交出口热敏电阻故障（副机2）
E7-13	风扇电动机1锁定（副机1）	JA-01	高压传感器故障（主机）
E7-14	风扇电动机2锁定（副机1）	JA-02	高压传感器故障（副机1）
E7-17	风扇电动机1瞬时过电流（副机1）	JA-03	高压传感器故障（副机2）
E7-18	风扇电动机2瞬时过电流（副机1）	JC-01	低压传感器故障（主机）
E7-21	风扇电动机1 IPM故障（副机1）	JC-02	低压传感器故障（副机1）
E7-22	风扇电动机2 IPM故障（副机1）	JC-03	低压传感器故障（副机2）
E7-25	风扇电动机1锁定（副机2）	L1-17	主机的变频P板不良
E7-26	风扇电动机2锁定（副机2）	L1-18	主机的变频P板不良
E7-29	风扇电动机1瞬时过电流（副机2）	L1-19	主机的变频P板不良
E7-30	风扇电动机2瞬时过电流（副机2）	L1-20	主机的变频P板不良
E7-33	风扇电动机1 IPM故障（副机2）	L1-21	主机的变频P板不良
E7-34	风扇电动机2 IPM故障（副机2）	L1-22	副机1的变频P板不良
E9-01	电子膨胀阀1线圈故障（主机）	L1-23	副机1的变频P板不良
E9-04	电子膨胀阀2线圈故障（主机）	L1-24	副机1的变频P板不良
E9-05	电子膨胀阀1线圈故障（副机1）	L1-25	副机1的变频P板不良
E9-07	电子膨胀阀2线圈故障（副机1）	L1-26	副机1的变频P板不良
E9-08	电子膨胀阀1线圈故障（副机2）	L1-28	主机的变频P板不良
E9-10	电子膨胀阀2线圈故障（副机2）	L1-29	主机的变频P板不良
F3-01	排气管温度异常（主机）	L1-32	副机1的变频P板不良
F3-03	排气管温度异常（副机1）	L1-33	副机1的变频P板不良
F3-05	排气管温度异常（副机2）	L1-34	副机2的变频P板不良
F6-02	制冷剂充填过量故障	L1-35	副机2的变频P板不良
F6-03	制冷剂充填过量报警	L1-36	主机的变频P板不良
H7-01	风扇电动机1信号故障（主机）	L1-37	主机的变频P板不良
H7-02	风扇电动机2信号故障（主机）	L1-38	副机1的变频P板不良
H7-05	风扇电动机1信号故障（副机1）	L1-39	副机1的变频P板不良
H7-06	风扇电动机2信号故障（副机1）	L1-40	副机2的变频P板不良
H7-09	风扇电动机1信号故障（副机2）	L1-41	副机2的变频P板不良
H7-10	风扇电动机2信号故障（副机2）	L1-42	副机2的变频P板不良

（续）

故障代码	故障说明	故障代码	故障说明
L1-43	副机 2 的变频 P 板不良	PJ-04	变频 P 板型号错误［变频器 1］（主机）
L1-44	副机 2 的变频 P 板不良	PJ-05	变频 P 板型号错误［变频器 1］（副机 1）
L1-45	副机 2 的变频 P 板不良	PJ-06	变频 P 板型号错误［变频器 1］（副机 2）
L1-46	副机 2 的变频 P 板不良	PJ-09	变频 P 板型号错误［风扇 1］（主机）
L1-47	主机的变频 P 板不良	PJ-10	变频 P 板型号错误［风扇 2］（主机）
L1-48	主机的变频 P 板不良	PJ-12	变频 P 板型号错误［变频器 2］（主机）
L1-49	副机 1 的变频 P 板不良	PJ-13	变频 P 板型号错误［变频器 2］（副机 1）
L1-50	副机 1 的变频 P 板不良	PJ-14	变频 P 板型号错误［变频器 2］（副机 2）
L1-51	副机 2 的变频 P 板不良	PJ-15	变频 P 板型号错误［风扇 1］（副机 1）
L1-52	副机 2 的变频 P 板不良	PJ-16	变频 P 板型号错误［风扇 1］（副机 2）
L4-01	散热片温度升高（主机：变频 P 板）	PJ-17	变频 P 板型号错误［风扇 2］（副机 1）
L4-02	散热片温度升高（副机 1：变频 P 板）	PJ-18	变频 P 板型号错误［风扇 2］（副机 2）
L4-03	散热片温度升高（副机 2：变频 P 板）	U0-05	制冷剂不足警报
L4-09	散热片温度升高（主机：变频 P 板 2）	U1-01	电源反相 / 断相（主机）
L4-10	散热片温度升高（副机 1：变频 P 板 2）	U1-04	［电源接通的情况下］电源反相（主机）
L4-11	散热片温度升高（副机 2：变频 P 板 2）	U1-05	电源反相 / 断相（副机 1）
L5-03	变频压缩机 1 瞬间过电流（主机）	U1-06	［电源接通的情况下］电源反相（副机 1）
L5-05	变频压缩机 1 瞬间过电流（副机 1）	U1-07	电源反相 / 断相（副机 2）
L5-07	变频压缩机 1 瞬间过电流（副机 2）	U1-08	［电源接通的情况下］电源反相（副机 2）
L5-14	变频压缩机 2 瞬间过电流（主机）	U2-01	变频器 1 电源电压不足（主机）
L5-15	变频压缩机 2 瞬间过电流（副机 1）	U2-02	变频器 1 电源断相（主机）
L5-16	变频压缩机 2 瞬间过电流（副机 2）	U2-03	变频器 1 主回路电容异常（主机）
L8-03	变频压缩机 1 过电流（主机）	U2-08	变频器 1 电源电压不足（副机 1）
L8-06	变频压缩机 1 过电流（副机 1）	U2-09	变频器 1 电源断相（副机 1）
L8-07	变频压缩机 1 过电流（副机 2）	U2-10	变频器 1 主回路电容异常（副机 1）
L8-11	变频压缩机 2 过电流（主机）	U2-11	变频器 1 电源电压不足（副机 2）
L8-12	变频压缩机 2 过电流（副机 1）	U2-12	变频器 1 电源断相（副机 2）
L8-13	变频压缩机 2 过电流（副机 2）	U2-13	变频器 1 主回路电容异常（副机 2）
L9-01	变频压缩机启动故障（主机）	U2-22	变频器 2 电源电压不足（主机）
L9-05	变频压缩机启动故障（副机 1）	U2-23	变频器 2 电源断相（主机）
L9-06	变频压缩机启动故障（副机 2）	U2-24	变频器 2 主回路电容异常（主机）
L9-10	变频压缩机 2 启动不良（主机）	U2-25	变频器 2 电源电压不足（副机 1）
L9-11	变频压缩机 2 启动不良（副机 1）	U2-26	变频器 2 电源断相（副机 1）
L9-12	变频压缩机 2 启动不良（副机 2）	U2-27	变频器 2 主回路电容异常（副机 1）
LC-05	数据异常［室外机之间］（主机）	U2-28	变频器 2 电源电压不足（副机 2）
LC-07	数据异常［室外机之间］（副机 1）	U2-29	变频器 2 电源断相（副机 2）
LC-09	数据异常［室外机之间］（副机 2）	U2-30	变频器 2 主回路电容异常（副机 2）
LC-14	数据异常［室外机之间，变频器 1］（主机）	U3-03	未实施试运转
LC-15	数据异常［室外机之间，变频器 1］（副机 1）	U3-04	试运转异常结束
LC-16	数据异常［室外机之间，变频器 1］（副机 2）	U3-05	试运转中途结束（非正常传送中）
LC-19	数据异常［室外机之间，风扇 1］（主机）	U3-06	试运转中途结束（正常传送中）
LC-20	数据异常［室外机之间，风扇 1］（副机 1）	U3-07	试运转中途结束（正常传送中）
LC-21	数据异常［室外机之间，风扇 1］（副机 2）	U3-08	试运转中途结束（全机传送异常）
LC-24	数据异常［室外机之间，风扇 2］（主机）	U4-01	内外传送异常
LC-25	数据异常［室外机之间，风扇 2］（副机 1）	U4-03	内机传送异常
LC-26	数据异常［室外机之间，风扇 2］（副机 2）	U7-01	外部控制装置安装时的异常
LC-30	数据异常［室外机之间，变频器 2］（主机）	U7-02	外部控制装置安装时的报警
LC-31	数据异常［室外机之间，变频器 2］（副机 1）	U7-03	主机 - 副机 1 之间的异常
LC-32	数据异常［室外机之间，变频器 2］（副机 2）	U7-04	主机 - 副机 2 之间的异常
P1-01	变频器 1 电源电压不平衡（主机）	U7-05	多联系统异常
P1-02	变频器 1 电源电压不平衡（副机 1）	U7-06	副机 1·2 手动地址错误
P1-03	变频器 1 电源电压不平衡（副机 2）	U7-07	同一系统连接有 4 台以上外机
P1-07	变频器 2 电源电压不平衡（主机）	U7-11	试运转室内连接容量异常
P1-08	变频器 2 电源电压不平衡（副机 1）	U9-01	其他内机异常
P1-09	变频器 2 电源电压不平衡（副机 2）	UA-17	室内机连接数超量
P4-01	散热片热敏电阻不良（主机：变频 P 板 1）	UA-18	室内连接机种错误
P4-04	散热片热敏电阻不良（副机 1：变频 P 板 1）	UA-20	室外机组合不良
P4-05	散热片热敏电阻不良（副机 2：变频 P 板 1）	UA-21	连接错误异常
P4-06	散热片热敏电阻不良（主机：变频 P 板 2）	UA-31	多联组合异常
P4-07	散热片热敏电阻不良（副机 1：变频 P 板 2）	UF-01	配线错误确认异常
P4-08	散热片热敏电阻不良（副机 2：变频 P 板 2）	UH-01	配线错误

15.3.3 大金变频多联式中央空调室外机报 A6 故障检修案例

故障表现：

大金变频多联机室内机（机型：FXFQ100M/125MVE）报 A6 故障，室内机风扇转速不上升，机组无法起动运行。

故障分析：

查大金变频多联机故障代码可知，A6 表示室内机风扇电动机异常，其中包括风扇电动机锁定、过载；室内机风扇电动机故障；过载、过电流、室内机风扇电动机锁定。

室内机风扇电动机异常多是由风扇电动机扇叶被异物缠绕，无法旋转；风扇电动机接线插件脱落；风扇电动机本身损坏（断线、绝缘不良等）；风扇电动机驱动电路（室内机主控板）异常等。

图 15-17 为大金 FXFQ100M/125MVE 型变频多联机室内机电路原理图。可以看到，室内机风扇电动机通过接线端子插件 X20A 与室内机主控板连接。

图 15-17 大金 FXFQ100M/125MVE 型变频多联机室内机电路原理图

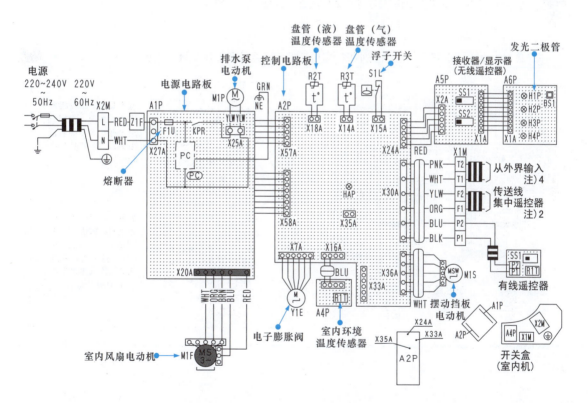

故障检修：

排查风扇电动机故障，断开或连接其连接插件时必须关闭电源开关。关闭室内机电源，等待几分钟后开始排查。首先检查和清理风扇周围或扇叶部分的异物，拔插风扇电动机接线插件 X20A，确保插件无松动、插接不良的情况，再次通电试机，故障依旧。

怀疑室内机风扇电动机故障，再次关闭电源开关，将室内机风扇电动机接线插件从电路板上取下，测量插件引脚间阻值，如图 15-18 所示。

图 15-18 室内机风扇电动机引脚间阻值的检测

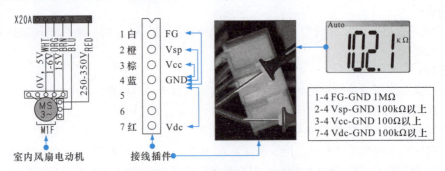

实测引脚间阻值与图 15-18 所示标准值偏差较大，风扇电动机损坏，更换后故障排除。

| 相关资料 |

大金多联机中央空调室外机风扇电动机故障排查与室内机风扇电动机排查方法相似，当出现故障代码 E7 时，应重点对室外机风扇电动机接线插件进行检测，如图 15-19 所示。

图 15-19 大金多联机中央空调室外机风扇电动机接线插件及故障排查

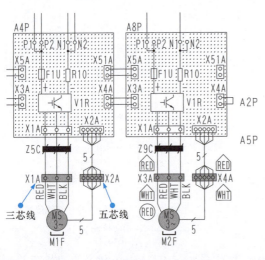
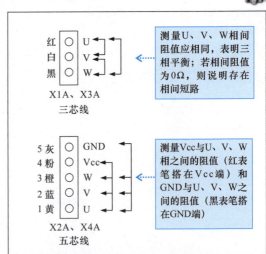